U0155917

袁春霞 著

四川三台县云台观研究

儒道释博士论文丛书

巴蜀书社

《儒道释博士论文丛书》缘起

国家"985 工程"四川大学宗教、哲学与
社会研究创新基地首席科学家
《儒道释博士论文丛书》
编委会主编　**卿希泰**

　　儒道释是中华民族传统文化的三大支柱，源远流长，内容丰富，影响深远，它对中华民族的共同心理、共同感情和强大凝聚力的形成与发展，均起了极其重要的作用，是我们几千年来战胜一切困难、经过无数险阻、始终立于不败之地的精神武器，在今天仍然显示着它的强大生命力，并在新的世纪里，焕发出更加灿烂的光彩。

　　自从 1978 年中国共产党第十一届三中全会确立改革开放路线以来，我国对儒道释传统文化的研究工作，也有了很大的发展，在全国各地设立了许多博士点，使年轻的研究人才的培养工作走上了有计划有组织地进行的轨道，一批又一批的博士毕业生正在茁壮成长，他们是我国传统文化研究方面的一支强大的新生

力量，是有关各学科未来的学术带头人。他们的博士学位论文有一部分在出版之后，已在国内外的同行学者中受到了关注，产生了很好的影响。但因种种原因，学术著作的出版甚难，尤其是中青年学者的学术著作出版更难。因此还有相当多的博士学位论文难以及时发表。不及时解决这一难题，不仅对中青年学者的成长不利，且对弘扬中华优秀传统文化，促进学术交流也不利。我们有志于解决此一难题久矣，始终均以各种原因未能如愿。直到1999 年，经与香港圆玄学院商议，喜得该院慨然允诺捐资赞助出版《儒道释博士论文丛书》，当年即出版了第一批共 5 本博士学位论文。此后的 10 余年间，在圆玄学院的鼎力支持及丛书编委会同仁的共同努力下，一批又一批优秀的博士学位论文通过这个平台展现在世人面前，到 2013 年，已出版了 15 批共 130 部；这些论著的作者，有很多已经成长为教授、博士生导师。2014年，圆玄学院因自身经济方面的原因，停止资助本丛书，我们深感遗憾，同时也对该院过往的付出与支持致以敬意和感谢！

令人欣慰的是，当陈耀庭教授得知本丛书陷入困境的消息后，即与上海城隍庙商议，上海城隍庙决定慷慨施以援手。2015年，慈氏文教基金有限公司董事长王联章先生也发心资助本丛书。学术薪火代代相传，施善之士前赴后继。在党中央弘扬中华民族优秀传统文化的英明决策指引下，本丛书必然会越办越好，产生它的深远影响。

本丛书面向全国（包括港澳台地区）征稿。凡是以研究儒、道、释为内容的博士学位论文，皆属本丛书的出版范围，均可向本丛书的编委会提出出版申请。

本丛书的编委会是由各有关专家组成，负责审定申请者的博士学位论文的入选工作。我们掌握的入选条件是：（1）对有关学科带前沿性的重大问题做出创造性研究的；（2）在前人研究的基础上有新的重大突破、得出新的科学结论从而推动了本学科向前发展的；（3）开拓了新的研究领域、对学科建设具有较大贡献的。凡具备其中的任何一条，均可入选。但我们对入选论文还有一个最基本的共同要求，这就是文章观点的取得和论证，都须有科学的依据，应在充分占有第一手原始资料的基础上进行，并详细注明这些资料的来源和出处，做到持之有故、言之成理，避免夸夸其谈、华而不实。我们提出这个最基本的共同要求，其目的乃是期望通过本丛书的出版工作，在年轻学者中倡导一种实事求是地、一步一个脚印地进行学术研究的严谨学风。

由于编委会学识水平有限和经验与人力的不足，难免会有这样或那样的失误，恳切希望能够得到全国各有关博士点和博士导师以及博士研究生们的大力支持和帮助，对我们的工作提出批评和建议，加强联系和合作，给我们推荐和投寄好的书稿，让我们一道为搞好《儒道释博士论文丛书》的出版工作、为繁荣祖国的学术文化事业而共同努力。

2015 年 10 月 1 日于四川大学宗教、哲学
与社会研究创新基地，道教与宗教文化研究所

编委会按：2017 年，慈氏文教基金有限公司因自身原因中止资助，其资助金额由北京东岳庙管委会慷慨承担，谨此致谢。

目　录

序

　　道教是以道为最高信仰的本土宗教，"道观"或称"宫观"，乃是道人"观道之所"，历史悠久，源远流长。有关"道观"的起源，学界有不少说法；对于历史上道观制度的形成年代，也存在分歧，尚未有定论。但稽索文献，参证道史，此与道士观星望气活动直接相关。《尔雅注疏》卷五："宫谓之室，室谓之宫。皆所以通古今之异语，明同实而两名。""释名"云："宫，穹也，言屋见于恒上穹崇然也。室，实也，言人物实满于其中也。"① 元代《道书援神契》亦云："宫观：古者，王侯之居皆曰宫，城门两旁高楼谓之观。"② 《楼观本起传》记载："楼观者，昔周康王大夫关令尹之故宅也。以结草为楼，观星望气，因以名楼观。"从语言学和发生学角度考察，它与古人"结草为楼，观星望气"的活动有密切关联。道教南宗五祖白玉蟾在

---

　　① （晋）郭璞注，（宋）邢昺疏，王世伟整理：《尔雅注疏》，上海：上海古籍出版社，2010年，第228页。
　　② 《道藏》第32册，上海：上海书店、北京：文物出版社、天津：天津古籍出版社，1988年，第144页。

《玉隆万寿宫道院记》就曾指出："所谓宫观，则始于尹喜之草楼，其所由来尚矣。"几年前，我在曾经造访过两次的四川三台县云台观，也见到一个有趣的与天文气象有关的建筑之谜。云台观乃是川北第一大道观，始建于南宋开禧二年（1206）的赵法应（别号肖庵），历史悠久，高道辈出。目前云台观住持傅当家，其传承的是全真道龙门丹台碧洞宗的法脉。云台观在明代地位显赫，曾获得皇家颁赐《道藏》。现存的明清古建筑有玄天宫、三皇观等，建筑布局与工艺独到，是全国文物保护单位。值得惊叹的是，玄天宫殿顶中央，在天晴阳光的照耀下，自然形成有 3 颗神秘的菱形图印，一颗略大，两边的稍小，极为罕见，引人入胜。

简而言之，道人秉持传统天人合一、天人相应、天人同律、天人同构的"道理"，仰观天文，俯察地理，中究人事，故将自己修行的场所称为"道观"。其蕴含的微言玄旨有二：一为"观道之所"，此乃"道观"本义；二为"以道观天下"，此乃"道观"引申义。《庄子·天地》有云："以道观言而天下之君正，以道观分而君臣之义明，以道观能而天下之官治，以道泛观而万物之应备。"从宗教社会学"结构与功能"的视野来分析，"道观""宫观"不仅与道人内在的求道、体道、证道、修行活动密切相关，也是道人弘道济世的物化载体，是道教与社会广大信仰群体链接的主要神圣空间。在特定的社会历史环境下，在广袤的洞天福地上构筑而成的或大或小的道观，成为中国传统社会信仰网络的一个枢纽。因此，以某一道观或者宫观为研究对象，其学术价值就不言而喻了。

呈现在读者面前的袁春霞副教授的新著《四川三台县云台

观研究》，就是以明代川北皇家道观云台观为典型研究对象，通过田野与历史文献互证，综合运用宗教学、社会学与文化人类学等多元方法路径，系统梳理云台观历史脉络，并对云台观历史上出现的道派、人物、典籍、庙会等社会信仰网络关系等进行了系统考察，对云台观在四川地方传统社会中所扮演的角色与功能进行细致的分析。同时，以小见大，将云台观放在中国道教发展历史的大背景之下，从局部与整体、小传统与大传统的耦合分别，讨论巴蜀道教的历史、制度、仪式、修行等因素与中国传统社会生活互动，勾勒巴蜀区域道教发展脉络。

这部书稿是袁君春霞在其博士论文基础上，进一步修订完璧的。作者秉承了四川大学宗教所以卿希泰先生为代表的老一辈学者经史研究的优良学风，注重深耕文本，同时又脚踏实地，克服了种种困难，在田野碑刻史料收集方面下了很大功夫，多有创获，不乏可圈可点之处。本书在充分占有资料的基础上，以存真求实的原则进行科学分析和系统研究。通过多方考察与收集，挖掘利用了许多新的道教文献史料。例如，三台县博物馆所藏《云台胜纪》既是珍贵的明代文物，又是川内保存较为完整、历史最为悠久的四川道教宫观志书，具有重要的历史文献价值与研究价值，以往学界未曾关注；作者在云台观田野调查时，发现了数通碑文与钟鼎铭文，在云台观建筑屋梁之上发现了数处重要的墨文，这些材料都是前人未曾发现的，是研究明清云台观以及清代四川全真道的重要材料；本书还利用日本东京图书馆藏明代《蜀王文集》来研究巴蜀道教相关人物；另外，作者善于利用档案资料来补充印证巴蜀道史，在三台县档案馆查阅到大量民国时期至近现代三台县道教的档案材料，这些档案材料对于揭示民国四川道教发展情况以及佛道关系具有重要的价值。

除了新史料、新材料的利用外，作者勤于思考，在解决云台观历史疑难问题方面也有所突破。其中，对明万历皇帝赏赐云台观两部《道藏》存本的考证，特别值得推介。明代是道教发展的黄金时期，官方雕版刻书的盛行使得道教重要典籍广为传播。自明永乐年间开始，数代皇帝都曾亲自主持编纂《道藏》。英宗正统九年《道藏》和万历《续道藏》在陆续校梓刊刻之后，均颁赐天下名山宫观。作者据现有史料记载，认定四川境内唯有云台观获此殊荣。不仅如此，云台观曾先后两次获得朝廷颁赐《道藏》，时间分别是万历二十七年（1599）及四十四年（1616）。陈国符先生曾经对云台观《道藏》进行过考证，但并未完全厘清两部《道藏》的存本情况。本书对四川境内两部明代《道藏》的流传与现存情况进行了详细考证，厘清了两部道藏的版式装帧、刻印内容、现存数量等基本信息，解决了《道藏》历史上的一个重要问题，这是本书一个亮点。又如，学界对蜀献王朱椿与张三丰交往的事情多持怀疑态度。本书通过对蜀献王文集——《献园睿制集》的探究，结合诸多历史文人诗文记载，研究发现蜀献王朱椿是一位好结交道士的藩王，通过研究还进一步发现，在明代云台观的发展历史中，不仅有蜀藩王府的大力扶持，还有远在甘肃的肃藩王府的出资赏赐。另外，明神宗生母"慈圣皇太后"李氏还参与了明万历三十二年云台观的重修，是当时重修工程的主要出资人。通过对云台观道派的研究可知，从康熙年间到近代，一直保持着法脉的承续不断。作者梳理了此派弟子谱系，考证了全真龙门派丹台碧洞宗在云台观从第十一代到二十七代都曾经住持云台观，从而拓展了四川全真道的研究。

从总体上看，本书贯穿历史和现实纵横两线，以道观为中心，连缀地方社会信仰、人物、道派和仪式，一方面还原云台观历史发展真实面目，另一方面深入探究区域道教在国家政权和乡土社会中的地位与影响。在研究方法的运用上，除了传统的文史研究方法之外，也充分运用了考古学、社会学、档案学和民俗学等相关人文社科的研究方法，将历史文献研究与田野考察有机结合，比较全面地刻画了川北道观云台观的前生后世，可圈可点之处甚多。当然，作为一部探索性著作，也还存在一些不足之处，有些与云台观相关的巴蜀道教历史问题，受作者掌握的史料限制，个别表述与论断尚有可商之点，有待作者在今后研究中升华。本书经过专家评审，入选《儒道释博士论文丛书》，在巴蜀书社即将出版之际，应作者之邀，略述一二以为序。

盖建民

2022 年国庆佳节书于青城山下

绪　论

一　选题意义

春秋末期老子《道德经》的出现创造了中国人思考生命源头的重要思想——道家思想。《道德经》中"道生一，一生二，二生三，三生万物"的阐述，是中国古人探讨生命起源的最初设想。随着历史的发展，道家思想逐渐成为影响中国数千年的思想源泉。黄老道和方仙道的发展，以及汉末五斗米道的创立，标志着道家思想在宗教领域的延伸与发展。道教作为中国本土宗教，秉承道家"天人合一""道法自然"等思想并进一步发挥，形成了独具特色的宗教思想理论体系，这些思想对中华民族的世界观和价值观的形成产生了重大影响，而道教从产生到发展的进程，也与中国漫长历史进程相互交织，并在政治、文化、社会生活等方面产生着不同程度的影响。

道教宫观作为道教发展和存在的物质空间与载体，是道士们修行与道教活动的重要场所，也是道教神仙信仰体系的具体载体。一个道观的发展历史，就是一部具象化道教发展史。从历史发展的角度来看，一个道观从创建之始，经过漫长的历史变迁，几经兴衰与沉浮，其政治地位、经济力量、文化影响、重要道教人物以及留存的珍贵道教文献史料，都值得探寻和研究。同时，道教在不同时期的兴衰与道教宫观的兴衰往往呈现正相关的联系：当道教受到统治者推崇而兴盛的时候，各地的道观数量和规模均呈蓬勃之势；而当道教受到打压而走向衰落的时候，各地道观就会逐渐出现颓败之势。所以也可以说，道观的存在形态，在某种程度上反映了道教以及宗派在历史上的地位与影响。将道观的兴衰发展放在整个国家历史的发展过程中来考察，从小的方面可以看到道教在某一时期内和特定区域内的发展态势；从大的方面看，则可以看到国家宗教政策和社会宗教信仰的变化。

云台观是四川历史上具有较大影响力的玄帝信仰道场、明代皇家道观，曾经在四川道教历史和地方社会信仰体系中发挥着重要的作用。自宋代创建开始，历经数百年的发展，均受到了历代统治者的大力扶持。因为"玄帝八十三化"这一传说的广为传播，云台观在宋代便引起了朝廷的注意，并得到官方认可和敕封。明代玄帝被奉为护国战神，云台观受到皇室的重视和护持，从蜀献王朱椿开始，历代蜀藩王均将云台观纳入王室修醮的地点，万历皇帝更是两次赏赐《道藏》遣官护送至观供奉，这显然是川内其他道观所没有的殊荣，云台观逐渐成为巴蜀名观。清代云台观屡次大规模重修，或为官方发内帑，或为官员倡议筹资，在其发展历史中我们可以很明显地看到国家权力和地方政权进入的痕迹，四川地域社会中的精英阶层对于云台观的重视与护持，既呼应了上层统治者的爱好，又顺应了下层普通信众的信仰要求，是云台观在清末仍然持续兴盛的主要原因。

　　通过文献史料的系统梳理与田野调查，围绕云台观的历史发展、宗派谱系、社会关系、社会影响以及当代发展等层面进行系统的研究，探究不同时期道教与国家权力、社会精英与民间信仰之间的密切联系，这在研究维度上既具有较大的空间延展性，又具有相当的历史纵深性。另外，在还原云台观作为"皇家道观"的本来面目的基础之上，深入探究道教在四川的发展脉络，更进一步探讨以宫观为物质依托的地方道教在现代社会中的价值与发展方向，对于四川乃至西南地区的道教学术研究的深化与拓展有着重要价值。

二　研究现状

　　近年来，随着研究领域的不断拓展，学界逐渐认识到道教在发展传播过程中，由于与不同地域文化的接触与融合而呈现出一种地域多样性的历史样态。基于这样一种认识，国内外许多学者逐渐把关注的焦点从道教发展的理论层次转向了对地方道教和区域道教的具体研究，研究方法除了传统的文献学、历史学、考据学以外，更加注重运用人类学、社会学等方法，使得道教研究的领域越来越宽，层次越来越丰富。随着学者们研究工作的开展与推进，一批卓有成效的区域道教研究成果纷纷面世。在这些成果中，对于地方道观的研究往往是其中重要的组成部分，而另外一些学者则更专注于对某一特定道观的深入研究①，这一现象说明学者们越来越重视对道教宫观的研究。

---

　　① 付海晏、刘迅、梅莉等：《国家、宗教与社会：以近代全真宫观为中心的探讨（1800－1949）》，武汉：华中师范大学出版社，2019年。

四川省云台观位于四川省东北部，迄今已有八百余年的历史。从现有研究来看，除个别关于云台观的介绍性文章之外，尚未有学者对其进行全面的学术性考察与研究，可以说本书对其进行的系统研究尚属首次。对四川云台观的研究属于区域道教研究的范畴，从研究的方法、路径和视角等方面，学习和借鉴前辈学者们在相关领域内的思维理路与研究成果是非常必要的，这也是本研究得以顺利开展的源泉和动力。有鉴于此，本节将从近年来国内外学者对于区域道教进行的研究和对其他国内名山宫观进行的个案研究等方面进行文献梳理，从而实现本书理论与方法来源的建构。

对于道教宫观的研究，最早可以追溯至 20 世纪 30 年代。傅勤家的《中国道教史》（商务印书馆 1937 年），其中有一章专门对宫观和道徒进行了研究，认为"道教祀神之祠庙谓之观"，并将道观的起源追溯到了《史记·封禅书》①。此后陈国符先生在其著作《道藏源流考》（中华书局 2014 年）的《道观考原》《楼观考》《焦旷传》等篇幅中，亦涉及了对道观起源问题的考证，认为最早的道观可以追溯到天师道的二十四治，同时对陕西楼观、四川云台观和玄都观均进行了细致考证，对此后相关研究具有开拓性意义。

近年来对于道教宫观的研究成果主要集中在区域道教和全真教历史研究之中，而专门系统的研究则有逐渐兴起之势，在许多关键性问题上也取得了突破性进展，使我们对于道教发展历史和特点有着更为深入和丰富的认识。有的学者将关注点放在中国某

---

① 傅勤家：《中国道教史》，《中国文化史丛书》第二辑，上海：上海书店，1984 年，第 237 页。

一较大地理区域之内，从历史的视角对其中的道观、道士以及仪式进行全面研究，如樊光春的《西北道教史》（商务印书馆 2010年）；有的学者则以某一特定历史时期内的全真道为研究对象，除了对重要道教人物及其影响进行研究之外，也涉及对重要道观丛林的研究，如赵卫东的《金元全真道教史论》（齐鲁书社 2010年）；还有的学者选取某一个特定的道观作为研究对象，从道观在地方社会的影响来探讨宗教与国家、社会之间的关系，如刘迅对南阳玄妙观进行的系列研究。以下将对近年来国内外区域道教和道观研究的成果逐一进行分析阐述。

（一）　对区域道教的研究

对于区域道教研究，较早的研究成果可以追溯到 20 世纪 80 年代。李远国《四川道教史话》（四川人民出版社 1985 年）研究了四川道教人物、宗派与知名道教宫观，其内容虽未全面覆盖四川道教的发展历史及全貌，但作为初步研究四川道教以及介绍川内名山宫观的专著可谓开创性经典著作。21 世纪以来，国内学界相继出版了许多地域性道教研究成果，研究区域涉及全国各地。这些著作有的以单个城市为重心，有的以省级行政区划为边界，还有的以东、西、南、北等地理分区为界限，或着重考察区域道教发展历史，或重点考察某一道派的区域传承，研究视角不可谓不具体。更重要的是，这些研究成果之中，无一例外都涉及了对重要的道教宫观的研究。

郭武《道教与云南文化——道教在云南的传播、演变及影响》（云南大学出版社 2000 年），系统地研究了道教在云南传播、演变历史及其对云南文化的影响，书中运用大量丰富翔实的材料，系统清晰地叙述了道教在云南传播和发展的历史轨迹，并分析了道教在云南传播过程中衍生出的特点，阐述了道教对云南民间宗教和少数民族宗教以及云南地方文化产生的广泛影响。杨学政与刘婷《云南道教》（宗教文化出版社2004年），着重阐述了道教在云南的传播、发展及演变，介绍云南道教史上曾出现的三大派别及其支派，对道教与云南少数民族宗教的相互影响以及现代云南道教发展情况也做了简要概述。萧霁虹与董允《云南道教史》（云南大学出版社2007年）主要研究了道教在云南的传播发展历程及其民族特色、地域特色，介绍了当代云南道教的恢复发展及云南道教文化。

吴亚魁《江南全真道教》（上海古籍出版社2012年）以江南六府一州为研究区域，以道教宫观为研究切入点，通过对宫观之兴衰、沿革的考察，深入研究了江南全真道教的历史盛衰与嬗变，指出江南全真教在清代呈现出的教派融合的倾向以及积极向世俗回归的特点。

张宗奇《宁夏道教史》（宗教文化出版社2006年）梳理了宁夏道教发生、发展的历史，并对宁夏道教的教派、义理、经典、神灵、道场、宗教活动和民俗事务、学术和艺术等内容进行了专门研究。

黎志添的多部著作从不同侧面与视角，较为系统全面地介绍了香港及华南地区道教的历史源流与现代发展，其研究广度与深度非常值得借鉴。其著作包括：《香港道堂科仪历史与传承》（香港中华书局2007）、《香港及华南道教研究》（香港中华书局2005年）、《广东地方道教研究：道观、道士及科仪》（香港中文大学出版社2007年）、《香港道教：历史源流及其现代转型》（香港中华书局2010年）、《广州府道教庙宇碑刻集释》（中华书局及香港三联书店 2013 年）等。在这些系列著作中，黎志添研究了广东历史上具有较大影响的几座道观，通过对元妙观等道观的研究，认为道观及道士的生活与城市文化生活密切联系，影响着一座城市的宗教历史与城市生活，更折射出千年来中国政治社会的种种变迁。他进一步以广东的宫观发展为核心，对全真教如何在清代成为广东道教正统、如何在广东逐渐取得主流话语权进行追问，探寻宗教力量的博弈与国家宗教控制之间的密切关系。

任林豪与马曙明《台州道教考》（中国社会科学出版社 2009 年）系统地介绍了台州道教从东汉发展至民国的曲折历程，对台州道教上清派、南宗和龙门派等道教宗派的发展亦有涉及，是一部比较完整的地域性道教通史著作。

樊光春《西北道教史》在全面稽考西北道教文献材料的基础上，娴熟运用传统史学考证、宗教学、人类学等研究方法，对西北道教发展历程进行了系统的研究。值得注意的是，该书对大量新发现金石碑刻资料的运用拓宽了西北道教研究的视野，得出了很多具有说服力的新观点。在该著作中，樊光春将西北地区自隋唐到明清时期的重要道观均进行了系统的梳理，对一些重要道观和相关人物进行了简要地介绍。当然，樊光春对于不同历史时期西北地区道观的研究是被纳入整个西北道教历史发展之中的，因此对于单个道观而言仅限于基本情况的介绍，研究不够系统和深入，但这种开拓性的工作对于相关内容的后续研究有着非常重要的参考价值。除此之外，樊光春在长安道教研究方面亦颇有见地，《长安终南山道教史略》（陕西人民出版社 1998 年）与《长安道教与道观》（西安出版社 2002 年）梳理了长安—终南山道教发展的脉络，对长安道教历史渊源与发展、楼观道派的发展以及长安道教与汉武帝之关系进行了系统的研究。

林正秋《杭州道教史》（中国社会科学出版社 2011 年）介绍了不同历史时期杭州道教的发展状况，并对杭州历史上的高道以及著名道观进行考察与研究。孔令宏与韩松涛《民国杭州道教》（杭州出版社 2013 年）对民国时期杭州道教的相关史迹进行了考证，全面展现了杭州道教的发展脉络。

汪桂平《东北全真道研究》（中国社会科学出版社 2012 年）考察了东北三省全真道教的发展历史，厘清了金元明清至民国时期东北全真道的概况，并对于金元时期全真道传入东北地区以及全真龙门派关东十四支传承谱系进行了考证。

佟洵主编《北京道教史》（宗教文化出版社 2013 年）以北京道教历史发展为主线，着重介绍北京道教发展过程中的宫观、高道，较为系统、全面地展现出北京道教历史发展的脉络。

赵芃《山东道教史》（中国社会科学出版社 2015 年）在中国道教发展的大背景下，考察了山东道教的形成、演变与发展，对方仙道、黄老道等早期道教派别与《太平经》等早期道教著作在山东地区的传播进行了梳理，论证了山东是中国道教发源地之一的观点。

（二）对道教名山和宫观的研究

就当今学者的研究成果来看，从不同角度对道教名山宫观进行研究的著述颇多。这些研究成果从名山宫观的发展历史、科仪、民俗活动、重要人物、典籍编纂以及社会关系、社会活动等不同角度进行考察研究。

1. 对道教名山的研究

中国道教的发展总是与遍布全国的名山大川有着不解之缘，

在杜光庭《洞天福地岳渎名山记》记载的洞天福地中，有着许多有迹可循的名山。这些名山除了流传着许多仙道的传说以外，也成为道教修行者们长期居留和修行之所。部分学者对中国诸多道教名山及其中的宫观进行了初步研究和介绍。如朱越利在其主编的《中国道教道观文化》（宗教文化出版社1996年）中初步介绍了包括武当山、崂山在内的道教名山发展历史和基本情况，其他学者对诸如青城山、龙虎山等的研究成果也颇丰富，以下对相关成果逐一进行介绍。

（1）对武当山的研究。武当山原名"太和山"，因供奉玄武，以"非玄武不足以当之"而名武当。武当山为宋明玄帝信仰的主要道场，山中建有大量宫观，近年来学界对武当山及其道观的研究成果也较多。王光德与杨立武《武当道教史略》（中国地图出版社2006年）阐述了武当道教的源流及玄天上帝信仰发展演变的规律，讨论了历代皇帝与武当道教的关系、著名道士及道派等，是研究武当道教历史及文化的重要参考书籍。梅莉《明清时期武当山朝山进香研究》（华中师范大学出版社2007年）对明清时期武当山的进香活动进行考察，探讨了武当山进香的历史过程以及明清时期真武信仰状况。梅莉《明代云南的真武信仰——以武当山金殿铜栏杆铭文为中心》（《世界宗教研究》2007年第1期）、《清初武当山全真龙门派中兴初探》〔《湖北大学学报（哲学社会科学版）》2009年第6期〕探究了清代武当山全真龙门派的复兴以及在此基础上各大宫观的修复情况，认为正是清代武当山全真派的复兴并以太子坡为中心向全国的传播，扩大了武当山道教的影响。该系列研究成果在武当山道教研究中具有一定参考价值。

（2）对青城山的研究。王纯五《青城山志》（巴蜀书社2004年）对青城山重要的道观发展历史与当前面貌、重要道士进行了介绍，将青城山上留存摩崖、造像、碑刻等珍贵文物资料悉皆列出，更重要的是其中对青城道乐、道医、养生、画派、武术等传统道教文化的介绍，加深了人们对于青城山作为近代四川道教文化传播中心的认识。

（3）对龙虎山的研究。张金涛《中国龙虎山天师道》（江西人民出版社1994年）在张继禹《天师道史略》的研究基础之上，总论天师道的历史、科仪、音乐、道术与养生、宫观府院，并对天师世系做了系统介绍，是一部研究天师道的重要基础性著作，对于本书的研究具有一定的借鉴意义。

（4）对茅山的研究。杨世华与潘一德《茅山道教志》（华中师范大学出版社2007年）对茅山的历史沿革、神祇、宗师、道经志书、宫观和科仪等方面进行了重新梳理，既利用了原来志书的资料，又有许多新的补充，是清代以来较为完整的一部茅山道教志书。

（5）对崂山的研究。任颖卮《崂山道教史》（中央编译出版社2009年）详细介绍了崂山道教发展历史、道教宫观、道教文化与道术以及道教碑刻资料等相关内容。

（6）对罗浮山的研究。赖保荣《罗浮道教史略》（花城出版社2010年）对罗浮道教两千年来的历史做了史料性的梳理，同时对罗浮山各主要的道教宫观之史迹、沿革与殿祠以及诗词楹联逐一做了介绍，比较详尽全面地展现了罗浮道教发展的基本情况。

（7）对天台山的研究。朱封鳌《天台山道教史》（宗教文化出版社 2012 年）对天台山道教发展历史进行系统梳理，对天台山道观、主要道教宗派以及著名高道及其思想均进行了研究，内容系统全面，具有一定学术价值。

2. 对道观的研究

（1）对白云观的研究。作为全真道祖庭，又处于中国政治经济文化中心的北京，白云观获得了比其他道教宫观更多的关注，早在中华人民共和国成立前就有日本学者对白云观进行了考察研究。中国学者中，李养正编著的《新编北京白云观志》（宗教文化出版社 2003 年）是国内对白云观进行研究的第一部著作，具有重要的价值。

王见川《清末的太监、白云观与义和团运动》（《台湾宗教研究通讯》第 7 卷，2005 年 7 月），孔祥吉、村田雄二郎《京师白云观与晚清外交》（《社会科学研究》2009 年第 2 期）均涉及清末白云观住持高仁峒参与晚清帝国的政治与外交，并在宫廷以及对外交往上起着举足轻重作用的情况。

尹志华的《北京白云观藏〈龙门传戒谱系〉初探》（《世界宗教研究》2009 年第 2 期）着重研究了白云观和全真龙门派从第一代到第二十一代传戒律师的生平以及传法的具体情况。

在白云观道教音乐的研究方面，张泓懿在《白云观道教音乐研究》（台湾新文丰出版股份有限公司 2001 年）中梳理了白云观音乐的起源与流变，对于道教音乐研究方面有重要参考价值。

付海晏在系列论文《1930 年代北平白云观的两次住持危机》（《近代史研究》2010 年第 2 期）、《安世霖与 1940 年代北京白云观的宫观改革——以〈白云观全真道范〉为中心的探讨》（《华中师范大学学报》2013 年第 1 期）、《清规还是国法：1946

年北京白云观住持安世霖火烧案再研究》(《南京社会科学》2016 年第 3 期)、《陈明霦与民初白云观》(《华中师范大学学报》2016 年第 1 期)以及专著《北京白云观与近代中国社会》(中国社会科学出版社 2018 年)中对白云观在近代社会变迁过程中产生的影响与作用进行了探讨,对 20 世纪 30 年代白云观住持危机以及 40 年代的宫观制度改革也进行了研究,较为全面地展示了清末民初白云观的整体面貌,也揭示出在社会变迁过程中道教、道士与政治的微妙关系。

(2)对长春观的研究。梅莉《民国〈湖北省长春观乙丑坛登真箓〉探研》(《世界宗教研究》2011 年第 2 期)以长春观留存至今的 1925 年《湖北省长春观乙丑坛登真箓》抄本为研究文本,通过分析当时的道士基本情况,考察了道教各宗派在晚清时期的活跃程度及社会影响。该文利用教内留存档案资料研究地方道教史,开创了道教研究的新思路与新途径。

(3)对玉皇山福星观的研究。郭峰与梅莉《晚清杭州玉皇山福星观传戒历史初探》(《宗教学研究》2013 年第 3 期)通过对晚清杭州玉皇山福星观传戒活动的考察,研究并探讨了以玉皇山福星观为中心的江南道教教团的形成过程及其对江南地区道教发展的深远影响。

此外,胡锐《道教宫观文化概论》(巴蜀书社 2008 年)结合道教神仙信仰与宫观艺术,系统阐述了道教宫观"神圣空间"的内核与外延,凸显了道教宫观文化在道教文化传播中的重要性,并深化了对宫观文化的认识。付海晏等著《国家、宗教与社会:以近代全真宫观为中心的探讨(1800 – 1949)》(华中师范大学出版社 2019 年)选取具有代表性的四个全真宫观作为研究个案，对全真宫观的嬗变进行梳理，研究全真宫观在近代中国国家、宗教与社会中的角色与地位，进而探究近代中国国家、宗教与社会之间的关系。

（三）对云台观的相关研究

就目前来看，学界没有对云台观进行系统研究的专著，唯有零星著作与少量论文中有涉及云台观的只言片语或者简要介绍。

卿希泰《中国道教史》第四卷（四川人民出版社 1996 年）有提到"张清云曾往三台县云台观任住持""陈清觉传有弟子多人，多为各地宫观的主持人……龙一泉，开建住持三台云台观"①，但并未有进一步的详细考证。

李远国《四川道教史话》（四川人民出版社 1985 年）对川内著名道观和古迹进行了考证，其中用少量笔墨简要介绍了云台观的历史和遗存文物。陈国符《道藏源流考》（中华书局 2014 年）详细记载了他于成书之初委托青城山易心莹道长到云台观查抄明赐两部《道大藏经》之具体情况，并大致介绍了当时云台观所存《道藏》的详细类目。

四川省三台县文物管理所研究员左启的论文《〈万历四十四年敕谕〉与三台云台观所存〈道大藏经〉》（《宗教学研究》1999 年第 3 期），介绍了保存于当地博物馆的明代"敕谕"古本以及明赐《道大藏经》的基本情况。左启另一篇文章《明代墨稿本〈云台胜纪〉》（《宗教学研究》1999 年第 1 期）对云台观留存的重要文物——明代墨稿本《云台胜迹》的主要内容进行了较为详细的介绍，并对其历史、艺术价值做了评介。

---

① 卿希泰：《中国道教史》第四卷，成都：四川人民出版社，1996 年，第 136 页。

　　张泽洪的论文《川北道教名胜——云台观》(《中国道教》
1991 年第 3 期) 对云台观做了简要介绍, 主要涉及云台观地理位
置、创始人历史及道观建筑群落兴毁变迁。刘延刚的论文《太一
祖庭　云台揽胜——四川三台云台观》(《中国宗教》2009 年第 3
期) 与周香洪的论文《蜀中著名的道观——云台观》(《四川文
物》1990 年第 1 期) 均简要介绍云台观基本情况、部分史料以及
当代建筑特色。

　　从以上几部著作以及散见于期刊的论文来看, 除了两篇论文
是对云台观留存文物的介绍以外, 其他仅仅是对云台观的基本情
况做简要介绍, 对云台观具体发展历史、道教重要人物、复杂的
社会关系以及重大的社会影响均未有深入地探讨。

(四) 外国学者的相关研究

　　如前所述, 白云观作为全真道祖庭, 吸引了许多海外学者的
关注。

　　日本学者小柳司气太《白云观志》(日本东方文化学院东京
研究所 1934 年)、吉冈义丰《道士的生活》(《中国道教》1983
年第 1 期) 等均涉及白云观及其中道士的生活。日本学者福井
康顺等监修的《道教》(上海古籍出版社 1990 年) 第一卷除了
绘出白云观平面图之外, 还对白云观各殿堂和神祇进行了详细介
绍, 内容虽较为简略, 却展现了境外学者眼中作为全真道观代表
的白云观建筑布局、道士形象与供奉之神祇的真实面貌。

　　法国学者马颂仁 (Pierre Marsone) 的《白云观的碑刻和历
史》(《三教文献》1999 年第 3 期) 详细介绍了白云观的碑刻历
史, 具有重要的文献价值。法国学者高万桑 (Vicent Goossaert)
在《1800—1949 的北京道士: 一部城市道士的社会史》(哈佛大

学 2007 年）中研究了近代白云观数位重要道士的生平与社会交往，特别是清末云台观住持高仁峒在晚清政治与外交之中发挥的作用，反映出当时社会背景下白云观道士行为的时代特征。

美国学者刘迅在 *Visualized Perfection: Daoist Painting, Court Patronage, Female Piety and Monastic Expansion in Late Qing*（1862 - 1908）（*Harvard Journal of Asiatic Studies*, Vol. 64, June, 2004）中研究了高仁峒结交宫廷内宦等方面的内幕与影响。除了对白云观的研究之外，刘迅对其他道教宫观的个案研究也较为系统深入。其著作《元代武昌的道教名观——武当万寿崇宁宫考略》（《全真道研究》2011 年第 2 期）着重探讨了武当万寿崇宁观在元代国醮祝延和真武崇祀道场中的角色和地位，认为武当万寿崇宁观是元末明初江汉地域文人与道士交往唱和的重要场所，并基于这一重要角色的定位进一步勾勒出元代道教宫观与地方文人的紧密联系；其论文《清末南阳玄妙观传戒考略》（《宗教学研究》2013 年第 3 期）通过新发现史料重新考证并构建了全真道教丛林南阳玄妙观在清末的传戒历史；《护城保国——十九世纪中叶清廷抵御太平军时期的南阳玄妙观》（《全真道研究》2011 年第 2 期）探讨和研究了在清代咸同年间太平天国战争时期，南阳全真道玄妙观在守护南阳城池的几次战斗中所扮演的角色，反映出南阳玄妙观长期与清廷合作的传统格局，以及玄妙观与地方社会的经济和仪式生活的紧密联系。

美国学者韩书瑞（Susan Naquin）的《北京：庙宇与城市生活（1400—1900）》（斯坦福大学出版社 2000 年）通过对以寺庙为中心的宗教信仰活动的分析讨论明清北京城内与城外、上层与下层、外地与本地以及不同种族的居民逐渐融合、形成城市认同的过程，展示了作者研究北京城市生活的独特视角。美国学者康豹（Paul R. Katz）《多面相的神仙——永乐宫的吕洞宾信仰》（齐鲁书社 2010 年）对山西永乐宫进行了全面考察，详细叙述了永乐宫的历史，集中研究了永乐宫的碑文及壁画，介绍了民众对吕洞宾的崇拜与信仰，是研究永乐宫及吕洞宾崇拜较有代表性的著作之一，具有较高的学术价值。

现任四川大学道教与宗教文化研究所副研究员的德国学者欧福克（Volker Olles）多年来持续关注四川新津老君山道教发展与民间团体刘门之间的相互关系，其著作《四川新津县老君山与道教二十四治》（Harrassowitz 出版社 2005 年）以翔实的史料与扎实的田野调查资料，分析了老君山道教发展基本情况以及其与道教二十四治之关联。他的另一部著作《法言：四川道教斋醮科仪与儒家团体刘门》（Harrassowitz 出版社 2013 年）探讨了四川火居道派与民间宗教团体刘门的关系，并重点描述与分析了《法言会纂》中的各种科仪，是一部详尽研究四川道教斋醮科仪"法言坛"的著作。

综上所述，国内外学者对于区域道教和道教宫观的相关研究已经取得了较大的成就，值得晚辈学者借鉴和学习。当然，其中也存在许多值得进一步探究的空间。首先，从研究对象上来看，一方面学者们大多注重于从宏观层面勾勒区域道教发展历史，在微观层面上还有待进一步深化；另一方面学者们的关注焦点主要集中在某一特定区域内道教宗派的发展、道教团体与重要道士的社会影响上，有部分学者已经注意到了个别重要道观在国家社会发展过程中发挥的重要作用，但从内容上来看亦有进一步拓展的空间。其次，从研究内容上来看，学者们侧重于对区域道教研究之中涉及的人物、典籍、道观的历史与现状进行探究，而对于隐藏在现象背后的国家、宗教以及其他社会力量之间的复杂关系关注不够，这为后学的研究着力点留有一定余地；最后，从研究视角上来看，学者们的已有研究一般较注重宗教学与历史学的视角，在创造性运用宗教文化学与宗教社会学等交叉学科的视角方面，进一步关注区域道教发展与地方社会的文化和社会之间的密切联系上，有着更为广泛的探讨空间。

通过对上述文献的梳理我们可以看到，已有研究中尚未有对云台观的专门性和系统性研究，对四川道教发展历史中的国家政权与地方社会、宗教与社会精英、道派传承与传播等重要论题也未有深入的探讨，因此相关论题还有许多方面有待拓展。由此，本书以四川三台县云台观作为研究的切入点，以点带面，将云台观历史发展纳入地方社会秩序构建、地方权力与国家权力、政治权力与精神权力等一系列关系中进行考察，以期在区域道教这一重要研究领域内形成基础性体系建构，为促进道教研究中国化、本土化而尽绵薄之力。

三　研究方法与创新之处

本书以明代皇家道观——四川省三台县云台观为研究对象，通过充分运用历史学、文献学、宗教学、社会学、文化学与人类学等方法，系统梳理云台观发展历史脉络，并对云台观历史上出现的道派、人物、社会关系等进行考证，对云台观在四川地方社会所扮演的角色与产生的影响进行深入分析和探究。同时，将云台观放在中国道教发展历史的大背景之下，进一步研究四川道教的历史、制度、仪式、修行实践等因素与中国传统社会生活的多重互动，形成对道教在四川发展历史与现状的一般认识。力求在揭示道教的社会性、政治性、文化性的基础之上，进一步拓展道教研究的广度和深度，展现区域道教研究的新脉络。

在获取资料的方法上，本书着重运用三重证据法具体进行，即通过获取纸面上的、地面上的和地下的三种资料作为研究材料，在充分占有资料的基础上，以存真求实的原则进行科学分析和系统的研究。其中，纸面上的证据是通过系统的文献梳理，大量查阅《道藏》、正史、野史、人物传记、地方志、碑刻等，获取与云台观相关的教派、道教典籍、道教人物、道教宫观建制沿革等相关资料；地面上的证据就是通过田野调查，实地考察现存的建筑群落、摩崖石刻、造像、器物铭文、碑刻、遗迹遗址与斋醮科仪等方面获取第一手的资料，并通过设计发放调查问卷和个别访谈的方式对云台观的道士和信众进行考察，获得口述史的相关资料；地下的证据，就是采用文物部门的考古资料，获取与云台观相关的资料。以材料证据收集的多重方法为基础，本书运用宗教学的基本研究方法，坚持历史与逻辑的统一，校勘辨正原典，考证还原史实，分析探原教义，探究宗教体验和实践，同时结合文化学、社会学等方法，全面研究以云台观为中心的道派、人物、科仪、典籍以及宗教文化等重要议题。

正如前文所说，区域道教是当前道教研究的新领域与新热点，有许多学者在这一领域内的研究已有较为丰硕成果，对某一地区的重要道观的历史发展与现状的考察研究也初见成效。他们或者对特定历史时期内道观的发展历史和兴衰进行研究，或者对道观中具有代表性的重要道士生平、贡献进行研究，或者对道观在特定时期内产生的政治、经济与文化影响进行研究。然而这些研究成果对于单个道观研究既不充分也不完全，系统全面的研究尚未有之。我们必须认识到，道教宫观是道教实现其法脉承续以及保证道教的社会影响力的物质基础与神圣空间，不同的道观在历史发展、地理位置、人文环境以及社会关系等方面均呈现出不同的面貌。个别重要的道观甚至在道教历史上产生着极为重大的影响，因而对于这些具有重要地位和影响的道观进行系统研究是非常有价值且有必要的。

正是基于以上原因，本书以四川境内具有较大影响力的道观——云台观作为个案研究对象，全面系统地研究与云台观相关的历史、文献、主神信仰、道派与人物等重要内容。除了新文献、新材料的使用以外，还着重解决并推进了道教研究中诸多疑难问题的解决，从而促进中国道教研究的拓展和深化。具体而言，本书的创新性主要表现在以下几个方面：

第一，对明万历皇帝赏赐云台观两部《道藏》存本的考证。

明代是道教发展的黄金时期，官方雕版刻书的盛行使得道教重要典籍广为传播。自明永乐年间开始，数代皇帝都曾亲自主持编纂《道藏》。英宗正统九年《道藏》和万历《续道藏》在陆续校梓刊刻之后，均颁赐天下名山宫观。据现有史料记载，四川境内唯有云台观获此殊荣。不仅如此，云台观曾先后两次获得朝廷颁赐《道藏》，时间分别是万历二十七年（1599）及四十四年（1616）。陈国符先生曾经对云台观《道藏》进行过考证，但并未完全厘清两部《道藏》的存本情况。本书对四川境内两部明代《道藏》的现存情况进行了详细考证，厘清了两部道藏的版式装帧、刻印内容、现存数量等基本情况，解决了《道藏》历史上的一个重要问题，这是本书一个重要研究价值所在。

第二，对诸多学术疑难问题的辨析与厘正。

首先，对于明代蜀藩王与明代高道张三丰交游情况的考证。由于直接材料的缺乏，学界对蜀献王朱椿与张三丰交往的事情多持怀疑态度。本书通过对蜀献王文集——《献园睿制集》的探究，结合诸多历史文人诗文记载，研究发现蜀献王朱椿是一位好为结交道士的藩王，他与张三丰不仅见过面，而且渊源颇深。这一研究结果解答了长久以来学界存在的争议与疑难。其次，本书通过研究还进一步发现，在明代云台观的发展历史中，不仅有蜀藩王府的大力扶持，还有远在甘肃的肃藩王府的出资及赏赐。另外，明神宗生母"慈圣皇太后"李氏还参与了明万历三十二年云台观的重修，是当时重修工程的主要出资人。以上研究结果说明云台观在明代影响力之广、与皇室关系之深，川内其他道观显然无可比拟。再次，对清光绪年间云台观募捐重修碑的考证与研究结果发现，即使是在清末，地方道教的发展由于深植民间厚土，仍然有着蓬勃的生命力，产生着巨大的影响。这一研究结果回应了学界关于清代道教发展趋势"普遍衰落"的观点，具有一定的理论创新性。最后，本书通过对云台观道派的研究，发现清代云台观是全真龙门派丹台碧洞宗住持的道观，从康熙年间到近代，一直保持着法脉的承续不断。文章进一步理清了各辈弟子姓名，论证了全真龙门派丹台碧洞宗在云台观从第十一代到二十七代都曾经住持云台观，从而拓展了四川全真道研究新的理论探讨空间。

第三，新文献新材料的挖掘与使用。

通过多方考察与收集，笔者掌握了许多尚未面世的道教文献与材料。首先，三台县博物馆所藏《云台胜纪》既是珍贵的明代文物，又是川内保存较为完整、历史最为悠久的四川道教宫观志书，具有重要的历史文献价值与道教文学研究价值。其次，笔者在云台观内发现了数通碑文与钟鼎铭文，在云台观建筑屋梁之上发现了数处重要的墨文，这些材料都是前人未曾发现的，是研究明清云台观以及清代四川全真道的重要材料。再次，本书利用日本东京图书馆藏明代《蜀王文集》作为研究的重要资料，这也是之前国内学界尚未涉及的珍贵材料。另外，笔者在三台县档案馆查阅到大量民国时期至近现代三台县道教的档案材料，这些档案材料对于揭示民国四川道教发展情况以及佛道关系具有重要的价值。最后，笔者通过深入云台观及周边地区，发放调查问卷、对单个访谈对象进行交流，收集了大量视频、音频、照片与书面资料，既为本书的研究提供重要参考和依据，也具有较高的收藏价值。

第一章　云台观名称沿革与史料论述

　　道教宫观既是道教宗教信仰的活动场所，又是道教法职人员演法传道的神圣空间，更是道教宗派传承与道教整体发展不可缺少的重要纽带。本书拟通过对云台观地理、历史以及主神信仰、道派、科仪等多个维度展开研究，以求展示在中国漫长的朝代更迭和历史兴衰之中，道教与道教宫观所展现出来的不同面向。在此基础之上，进一步揭示作为中国传统文化重要组成部分的道家与道教思想，在地方社会信仰体系建构和社会经济文化发展等层面所产生的重要影响。在全面展开研究之初，有必要对"云台"相关概念和云台观名称沿革进行解析。本章首先对云台治、云台观进行考证，同时也涉及相关地理历史知识的梳理和再现，以明晰它们在中国历史上和地理位置上的存在与分布特点，并展示它们与道教发展之间的内在联系；其次对研究云台观的重要文献史料《云台胜纪》进行全面阐述与探究，揭示该文献所蕴含的丰富的历史文献价值与文学研究价值。

第一节　云台观名称沿革

"云台"一词由来已久，历史上将"云""台"二字合称并进行解释，最早可追溯至西汉时期。在淮南王刘安与其门客所编纂之《淮南子·俶真训》中有云："云台之高，堕者折脊碎脑，而蚊虻适足以翱翔。……台高际于云，因曰云台也。蚊虻微细故翱翔而无伤毁之患，道所贵也。"[①]《淮南子·人间训》亦云："及至火之燔孟诸而炎云台。孟诸，宋大泽。云台，高至云也。"[②] 可见，云台是指耸入云端的高台，若从其上堕者粉身碎骨，从《淮南子》的这种描述来看，"云台"至少要高出一般的宫室建筑物，且极为险要。晋代名士郭璞有《客傲》云："夫欣黎黄之音者，不鞶螇蚰之吟；豁云台之观者，必阆带索之欢。"[③] 唐代著名诗人王勃在其所作《七夕赋》中有对宫廷之中云台的相关诗句："君王乃驭风殿而长怀，俯云台而自矫。"[④] 在汉朝时期的宫廷中均修建有这类高台，作为接见召集大臣议事的场所，此后亦被指代为朝廷，如唐高适诗句："白身谒明主，待诏登云台。"[⑤] 又如宋范成大《寄赠泉石使李元直入觐》云："诸公上

---

① （汉）高诱注：《淮南子注》，世界书局，1935 年，第 25 页。
② 同上，第 319 页。
③ （唐）房玄龄等撰：《晋书》卷七十二《郭璞传》，北京：中华书局，2000 年，第 1266 页。
④ （唐）王勃：《王子安集》卷一，《景印文渊阁四库全书》，台北：台湾商务印书馆，2008 年，第 1065 册，第 68 – 70 页。
⑤ 刘开扬：《高适诗集编年笺注》，北京：中华书局，1981 年，第 66 页。

云台，一叶渺湘浦。"① 均将云台与朝廷圣主联系在了一起。汉明帝时期，为纪念前朝协助汉光武帝一统天下、重兴汉室江山的二十八员大将，明帝将二十八位功臣的像画于洛阳南宫的云台，称"云台二十八将"②。后人更将这些将领对应上天二十八星宿，名"云台廿八宿"。如唐杜牧在《少年行》中所云："捷报云台贺，公卿拜寿卮。"③ 即是指将帅立战功之后捷报传回朝廷，而功名留于云台之上，得到朝廷公卿们的朝贺。

一　道教史上的云台治与云台观

"云台"一词在道教典籍中较为常见，笔者通过查阅《道藏》及《续道藏》等道教典籍之中诸文献，发现其中涉及"云台"二字的共有 82 类 237 处之多。通过对这些文献的梳理和辨析，可以初步确定"云台"在道教语境中的含义大致包括道教

---

　　① （宋）范成大：《石湖诗集》，摛藻堂《钦定四库全书荟要》集部·卷七，长春：吉林人民出版社，2005 年，第 12 页。
　　② 参见（宋）朱熹：《资治通鉴纲目》卷九，其文云："图画中兴功臣于云台：帝思中兴功臣，乃图二十八将于南宫云台。以邓禹为首……又益以王常……合三十二人。"所以，在云台上实际有三十二位功臣的画像。《资治通鉴纲目》，东方文化学院东京研究所影印本。
　　③ 吴在庆：《杜牧集系年校注》，北京：中华书局，2008 年，第 629 页。

名山与宫观、神仙府第和科仪存思之神圣空间等①。在道教历史
上，最早以"云台"作为地域名称的当属"天师道二十四治"
之一的"云台治"。在了解"云台治"之前，有必要对道教早期
活动场所"治"进行简要探析。

（一）对道教"治"的探析

治的本意为管理、治理、安定等意。按《说文解字》，治原
为水名，段玉裁注："盖由借治为理。"② 《荀子·大略》云：
"故义胜利者为治世，利克义者为乱世。"③ 将治乱作为一对描述
世间安定与否状态的范畴。而在《道德经》之中，圣人出世有
着教化和治世的重大责任，"是以圣人之治，说圣人治国与治

---

① 这些文献包括：《灵宝无量度人上经大法》《修真十书》《广黄帝本行记》
《历世真仙体道通鉴》《茅山志》《太华希夷志》《西岳华山志》《三洞赞颂灵章》
《太上洞渊神咒经》《太上灵宝五符序》《上清众经诸真圣秘》《西山许真君八十五化
录》《太极葛仙公传》《要修科仪戒律钞》《灵宝领教济度金书》《太上黄箓斋仪》
《无上黄箓大斋立成仪》《洞玄灵宝钟磬威仪经》《摄生纂录》《道迹灵仙记》《洞天
福地岳渎名山记》《金华赤松山志》《仙都志》《道德真经衍义手钞》《太上说玄天大
圣真武本传神咒妙经注》《混元圣纪》《太上老君年谱要略》《犹龙传》《华盖山浮丘
王郭三真君事实》《玄品录》《墉城集仙录》《老君音诵诫经》《太上正一朝天三八谢
罪法忏》《蓬莱山西灶还丹歌》《抱朴子神仙金汋经》《终南山祖庭仙真内传》《玄天
上帝启圣录》《甘水仙源录》《诸真歌颂》《太上洞玄灵宝三一五气真经》《太玄金锁
流珠引》《真诰》《云笈七籤》《伊川击壤集》《洞渊集》《还真集》《鸣鹤余音》《上
清道类事相》《无上秘要》《三洞珠囊》《太上感应篇》《淮南鸿烈解》《抱朴子》
《无上三天法师说荫育众生妙经》《太上三五正一盟威箓》《太上正一盟威法箓》《正
一法文传都功版仪》《道法会元》《上清灵宝大法》《道门定制》《道门科范大全集》
《道门通教必用集》《太平御览》《受箓次第法信仪》《三洞群仙录》《三十代天师虚
靖真君语录》《道法心传》《正一天师告赵升口诀》《高上神霄宗师受经式》《岷泉
集》《太上大道玉清经》《洞真上清太微帝君步天纲飞地纪金简玉字上经》《太上太
上开天龙蹻经》《长春真人西游记》《太上三元赐福赦罪解厄消灾延生保命妙经》
《汉天师世家》《弘道录》《逍遥墟经》《徐仙真录》《岱史》《搜神记》《天皇至道太
清玉册》等82类。
② （清）段玉裁：《说文解字注》，上海：上海古籍出版社，1981年，第955页。
③ （清）王先谦：《荀子集解》，北京：中华书局，1988年，第502页。

身。虚其心，除嗜欲，去烦乱。实其腹，怀道抱一，守五神也。
弱其志，和柔谦让，不处权也。强其骨，爱精重施，髓满骨坚
也。常使民无知无欲，反朴守淳。使夫知者不敢为也"①。内圣
外王，身国同治的抱负，自先秦道家之始，深刻影响后世诸多才
德兼具之人。汉末五斗米道创始人张道陵及其后代子孙将此理念
付诸实践，建立了具有一定影响力的教区组织系统和传教地
点——二十四治。

在道教史研究领域中，大多数学者认为道教有组织性的宗教
性活动应始于东汉时期的五斗米道和太平道。太平道和五斗米道
都有集中教徒进行修炼和祀神的场所，分别称为"方"和
"治"。太平道首领张角将其所统辖之地分为三十六方，而五斗
米道领袖张道陵则于川陕各地设立二十四治。至于为何要设治，
盖因当时社会信仰混乱，世俗渐衰，人鬼交错，"三道交错，于
是人民杂乱，中外相混，各有攸尚。或信邪废真，梼祠鬼神，人
事越错于下，天气勃乱在上，致天气混浊，人民失其本真"②。
所以太上老君下降拜张道陵为"太玄都正一平气三天之师"，并
授以正一盟威之道，并"立二十四治，置男女官祭酒，统领三
天正法，化民受户，以五斗米为信"③。

赵道一亦在《历世真仙体道通鉴》"张天师"条写道："老
君告曰：吾昔降蜀山，立二十四治。"④ 当然，二十四这个数字

① 河上公：《道德真经注》，《道藏》第12册，北京：文物出版社、天津：天
津古籍出版社、上海：上海书店，1998年，第1页。以下引《道藏》俱出此版本，
出版信息从略。
② 《三天内解经》，《道藏》第28册，第414页。
③ 同上。
④ （元）赵道一：《历世真仙体道通鉴》，《道藏》第5册，第202页。

并不是随意而定的，而是有特定深意的。"二十四治应二十四气，六十甲子分隶其间……乃二十八宿之下圉，实阴景黑簿之司分，掌人世死生罪福。"① 可见，其依照中国传统天文历法上二十四节气、二十八星宿之划分，并结合传统的六十甲子之纪年说，形成了相对完整的治所理论。

五斗米道通过设置二十四治，将教民根据地域进行分而治之，实现了宗教区域管理的规范化和对教民的有效控制。其后张道陵之孙张鲁将二十四治的宗教管理制度进一步完善，建立了以阳平治为中央教区的政教合一的教区制度。据《后汉书·张鲁传》载："其来学者，初名为'鬼卒'，后号'祭酒'。祭酒各领部众，众多者名曰'理头'。……不置长吏，以祭酒为理，民夷信向。"② 五斗米道设立了严格的治头祭酒的管理官长制度，各个官职阶层分明。初入道者为鬼卒，之上为祭酒，可以统领一定数量的部众，再往上就是治头大祭酒，统领一个治的教民。在各治中设置屋宇，作为教化教民的固定场所。"一治屋者。夫治，第一治室，靖室要瑕修治，下则镇于人心，上乃参于星宿，所立屋宇，各有典仪。"③ 并且在教民家中，专设靖室，为参拜及忏悔罪过之所："道民入化，家家各立靖室，在西向东，安一香火西壁下。"④

到了唐代，因为"避唐高宗讳，始改为化"⑤。唐高宗名李

---

① （元）赵道一：《历世真仙体道通鉴》，《道藏》第 5 册，第 202 页。
② （宋）范晔撰，（唐）李贤等注：《后汉书》，北京：中华书局，1999 年，第 1645 页。
③ （唐）朱法满：《要修科仪戒律钞》，《道藏》第 6 册，第 966 页。
④ 同上，第 967 页。
⑤ （元）赵道一：《历世真仙体道通鉴》，《道藏》第 5 册，第 202 页。

治，为避其名中"治"的名讳，道士们在撰写相关文集时便将
"二十四治"的名称更名为"二十四化"。唐末道士杜光庭所撰
《广成集》《洞天福地岳渎名山记》《墉城集仙录》谈及道教洞
天福地时，即已不再使用二十四治之名，并直接将二十四化与五
岳、三岛、十洲、三十六靖庐、七十二福地、四镇诸山并提。

（二）天师道二十四治之云台治

　　作为天师道二十四治之一的云台治位于四川省苍溪县与阆中
市交界的云台山之上。云台山古称天柱山、灵台山，历史上曾属
于阆中辖区，晋代分阆中置苍溪县，此后在诸多文献之中有言其
在苍溪，亦有言其在阆中。常璩《华阳国志·巴志》中提到在
巴国有灵台山，具体位置在阆中辖区之内，因古之繁体"靈"
与"雲"形似，故此处"灵台"或为"云台"误写所致。李吉
甫《元和郡县志》"苍溪"条说"有云台山"。《图书集成》引
《四川总志》云："云台山，在苍溪县东南三十五里，高四百丈，
峭拔插天，一名天柱。即汉张道陵升仙处。宋建永宁观，有洞曰
麻姑、芙蓉、平仙、峻仙，池曰浴丹、玉鱼，岩曰松根、蟠枕。
又有九转亭、丹灶尚存。山多棕柏，有一绝大者中空可坐数人，
旁有亭名魁柏。"[①] 宋李昉《太平御览》以及宋乐史《太平寰宇
记》均提到灵台山（云台山）又名天柱山。但是二者分别将该
山归为阆中和苍溪二县。有以上出入，实因云台山处于大巴山脉
余脉，刚好是苍溪县和阆中市的交界之处。此外，在云台山之东
还有葛洪读书台的遗迹，据《保宁府志》云："读书台，在保宁

---

① 《古今图书集成·方舆汇编·山川典》影印本，北京：中华书局，第178
卷，第197册，第36页。

府苍溪县云台之东，乃稚子读书之所，有抱朴子像存焉。"①

　　云台治为天师道二十四治下八治之首。约成书于唐代的《要修科仪戒律钞》卷十对于治屋、治名、治所以及治室设置、章表有详细阐述。书中"二治名"提到了"云台治"为右下品八治："三治所属……次中八，玄老治、云台治，主戌生。"② 另《云笈七籤》卷之二十八《二十四治并序》如此介绍云台治：

　　　　第一云台山治。在巴西郡阆州苍溪县东二十里，上山十八里方得，山足，去成都一千三百七十里。张天师将弟子三百七十人住治上教化，二年白日升天。其后一年，天师夫人复升天。后三十年，赵升、王长复得白日升天。治前有巴西大水，山有一树桃，三年一花，五年一实，悬树高七十丈，下无底之谷。唯赵升乃自掷取得桃子，余者无能取之。治应胃宿，有人形师人发之，治王五十年。又云云台治山中有玉女乘白鹤，仙人乘白鹿，又有仙师来迎天师白日升天，万民尽见之。一云此天柱山也。在云台治前有立碑处③。

　　以上记载了东汉汉安二年（143），张道陵在云台治白日升天，此后其夫人及其弟子王长、赵升也在此相继升天的故事。除此之外，还有玉女和仙人乘白鹤、白鹿来迎天师的传说。北周时期编纂的道教类书《无上秘要》与唐王题河编《三洞珠囊》、宋李思聪集《洞渊集》等书之中亦有关于张道陵携弟子修道云台治的记录，内容与《云笈七籤》大致相同。如《无上秘要》中

---

　　①　《中国地方志佛道教文献汇纂·寺观卷》，第351册，第35页。
　　②　（唐）朱法满：《要修科仪戒律钞》，《道藏》第6册，第966页。
　　③　（宋）张君房：《云笈七籤》，《道藏》第22册，第207页。

《正一炁治品》云："云台治，上应胃宿，昔张天师将诸弟子三百七十人住山治上，教化二年，白日升天，其后一年，天师夫人复升天，此即赵升取桃之处是也，在巴西郡界。"① 如果从时间上来看，《无上秘要》成书时间最早，其后文献应是循其相关内容而作。虽然传说故事年代久远，然而至今云台山侧还留有数处遗迹，据说是张天师的坟茔和修炼的数处丹室山洞。该遗迹是否为张道陵及其徒众修炼之所，现尚无充分证据。但经笔者实地考察，从墓室与墓道精致的建制特点来看，该坟茔并非普通百姓之墓冢。而数处高大空旷、结构奇特的石洞有人工打造的痕迹，观其制式又非常人居住之地，是否为古代修道炼丹之人长居之处则不得而知。

另外关于云台治的记载还有关于壶公的传说：

> 《云台治中录》曰：施存，鲁人，夫子弟子。学大丹之道，三百年十炼不成，唯得变化之术。后遇张申为云台治官，常悬一壶如五升器大，变化为天地，中有日月如世间；夜宿其内，自号壶天，人谓曰壶公，因之得道在治中②。

"壶公"是一个在许多道教文献中被提到过的神秘仙人，对于他的来历众说不一，但大多认为他是费长房的老师。赵道一《历世真仙体道通鉴》卷二十有述："壶公，不知何许人也。常卖药，悬一壶于肆头。及市罢，跳入壶中。市人莫之见，惟汝南人费长房于楼上观之。"③ 费长房后拜壶公为师修炼道法，最终

---

① 《无上秘要》，《道藏》第 25 册，第 1 页。
② （宋）张君房：《云笈七籤》，《道藏》第 22 册，第 207–208 页。
③ （元）赵道一：《历世真仙体道通鉴》，《道藏》第 5 册，第 216 页。

未得成就，归家以符箓为人治病。《上清灵宝大法》中也提到费长房得壶公授符箓："费长房受壶公符箓，此乃天界神授，所谓仙职真印是也。"① 关于壶公的来历，《历世真仙体道通鉴》又引《丹台录》云："壶公姓谢名元一。又兴化军有壶公山，昔有人遇壶公引至山顶，见官阙楼殿，曰：此壶中日月也。又有壶公庙存焉。一云蔡州悬壶观，即费长房旧隐，有悬壶树。信州灵阳观，亦云费长房竹杖化龙处，未知其故也。"② 此处名为"谢元一"的壶公与《云笈七籖》中所指云台治官张申是否是同一个人不得而知，但显然与费长房修仙的故事密切相关。

　　苍溪云台山上历代都有道士修行的痕迹，虽然在关于张道陵在此修道飞升的传说中并未提到有道观的修建，然而作为组织教团并进行统一修炼的固定地点，天师道的"治"应是一种早期道观的屋宇形式。据相关记载，云台山道观最早修建在东汉桓帝之时。据宋代道士王惠明撰《云台观白鹤楼记》，该云台山早在汉桓帝永寿年间（155－158）便建有道观，汉皇以纪年为其取名为"永寿观"，隋唐时更名为"凌霄观"，宋代由朝廷赐名"永宁观"。清《阆中县志》云："云台观，古永宁观，在东北四十五里云台山上。"该县志还载有宋之问《送云台观田道士诗》和马戴《寄云台观田秀才诗》，二诗均提到了云台观③。宋庆元二年（1196），道士张好璠及信众捐金培修，建白鹤楼、天师殿、紫微宫、九皇楼和司命堂。

---

① （宋）金尤中编：《上清灵宝大法》总序，《道藏》第31册，第345页。
② （元）赵道一：《历世真仙体道通鉴》，《道藏》第5册，第216－217页。
③ （清）徐继镛修，李惺等撰：《阆中县志》卷二《寺观》，咸丰元年（1851）刻本。

明代苍溪云台山分建三观，"东观、中观为元至正五年（1345）建，属阆中；西观汉永寿三年（157）建，属苍溪……永宁西观于明万历八年（1580）、清道光十三年（1833）、民国十一年（1922）培修过，明清两代都在这里设苍溪县道会司"①。另据新编《阆中县志》："云台观位于县城东北云台山顶，与苍溪交界处。由东观、中观、钟楼三部分构成。原东观、中观属阆中，钟楼属苍溪。"② 可见基于云台山位置的特殊性，修建其上的云台观的不同殿堂也出现了分属两个县域的情况。中华人民共和国成立后"破四旧"时旧观被拆除，1997年之后于旧址之上重新修建起了现在的云台观。（如图1-2-1）

图1-2-1　苍溪云台观（笔者摄）

---

① 龙显昭、黄海德主编：《巴蜀道教碑文集成》，成都：四川大学出版社，1997年，第147-148页。
② 新编《阆中县志》，成都：四川人民出版社，1993年，第882页。

当前苍溪云台观住持是李晨维道长，其所传承道法派别名为"叮当派"。其法脉传承不是纯粹的正一道或者全真道，而是合儒释道三教为一，并以地方火居道士家族传承为主要形式的地方道派。该派崇奉的神祇是儒释道三教的祖师，有着自己独有的科仪经书。在宗教职业上主要是通过做法事为地方民众驱邪禳灾、求神祈福等，有着鲜明的火居道特色。因早期的道士们在走街串巷寻找事主的时候，手中敲打法器发出"叮当"之声，由此乡民们称其为"叮当派"。

如今在云台观中除了大殿供奉正一教主张道陵以及其子张衡、孙张鲁以外，还在后殿专门设置了叮当派的道坛，其中供奉了孔子、老子和释迦牟尼佛。大门左右对联分别是"智仁勇三德，儒释道一家"，大门之上有牌匾"云台道坛"，牌匾右边书小字"三教承传，玄门叮当派脉"，左边书"壬辰年冬，儒释道圣庙，胡伟民（法霖）奉"。（如图1-2-2）

图1-2-2　苍溪云台观"云台道坛"（笔者摄）

(三) 道教史上的云台观

道教历史上有许多名为"云台"的道观,在一些知名诗人的作品中也可以看到"云台观"的名字出现。唐李商隐有诗云:"锦里差邻接,云台闭寂寥。"[①] 此处的"云台"所指为云台观,清冯浩笺注云:"所谓云台观也。"[②] 宋刘克庄有词《水龙吟》有提道:"叹终南捷径,太行盘谷,用卿法、从吾好。……愿云台任满,又还因任,赛汾阳考。"[③] 此处"云台"也是指云台观,但究竟位于何处,却不得而知。部分云台观以其所处山而名之,如四川三台县云台观、苍溪云台观和华山古云台观等,但也有一些云台观并不依山而名,如四川南充"云台山"道观。根据现有资料,笔者梳理到有一定知名度且与道教有一定关联的云台山及云台观。前文已对苍溪云台观历史进行了考证,以下将对几处以"云台"命名的道观进行介绍。

1. 湖北省宜都市松木坪镇云台观

宜都云台观位于湖北省宜都市松木坪镇双井寺,是道教清微派高道张守清出生地,宜都云台观的创建与张守清有着密切联系。

张守清 (1253 – ?),出生于宜都市松木坪镇,幼年曾习儒业。至元二十一年 (1284) 入武当山拜师修道,先后师承鲁洞云、张道贵、叶云莱、刘道明、张道安等。他结合全真派、武当派、清微派和正一派等诸派之长,创建了一个新的道派"新武

---

① 刘学凯、余恕诚:《李商隐诗歌集解》,北京:中华书局,2004 年,第 174 页。
② (唐)李商隐著,(清)冯浩笺注:《玉溪生诗集笺注》,上海:上海古籍出版社,1979 年,第 72 页。
③ 欧阳代发、王兆鹏编著:《刘克庄词新释辑评》,北京:中国书店,2001 年,第 43 页。

当派"。该派以崇奉玄帝为主神信仰，道法则以清微道法统兼容各派，又称"天师张真人正乙派"，其谱系按照"守道明仁德，全真复太和，志诚宣玉典，忠正演全科。冲汉通玄韫，高宏鼎大罗，三山扬妙法，四海涌洪波"① 进行传承。张守清在武当山大力弘扬新武当派，广收门徒，开创并先后住持武当山太清微妙化宫②与武当山天一真庆万寿宫。张守清在元代颇受朝廷重视，在《元赐武当山大天一真庆万寿宫碑》中提到，皇庆元年（1312）春京师不雨，召请武当道士张守清"祷而雨，明年春不雨，祷而雨。夏又不雨，又祷又雨"③。屡次的启坛求雨均得所愿，遂名声大噪，元仁宗延祐元年（1314）朝廷授为"体玄妙应太和真人"④，并领教门公事。但在大兴武当山道教之后，他逐渐退隐，潜修于清微妙华岩（今武当山天柱峰南五里清微宫后山），后无疾而终。在张守清去世之后，其弟子便在其出生之地修建云台观以为纪念，并将其法脉进行传承，该道观遂成为道教清微派祖庭。

2. 四川省南充市云台山道观

云台山道观位于四川省南充市嘉陵区安平镇巨石乡冲仙院村金鸡岭山顶。在道观的山门口有巨石横卧，其形颇似龙虎，因此被认为暗合传统堪舆学之中"左青龙右白虎"的地势格局，亦以此称为"龙虎门"。

---

① ［日］小柳司气太：《白云观志（附东岳庙志)》，日本东方文化学院东京研究所，昭和九年，第108页。
② 在张守清为《洞玄灵宝自然九天生神章经注》所撰序中落款可以得知他曾开创并住持武当山太清微妙化宫，参见（元）华阳复：《洞玄灵宝自然九天生神章经注》，《道藏》第6册，第464页。
③ （元）徐世隆等撰：《玄天上帝启圣灵异录》，《道藏》第19册，第643页。
④ 同上，第644–645页。

南充市云台山道观始建于明崇祯八年（1635），曾为佛教寺庙，名为东林寺（东岭寺）。崇祯十七年（1644），张献忠攻入南充，寺中僧人十余人尽丧命于张献忠部刀下。关于张献忠屠庙之事，民间还有一个"金鸡"的传说。据传寺中僧人被屠杀之时，方丈所养的一只大公鸡目睹众僧死亡惨状，常年悲泣啼，遁入后山，其声每日凌晨于山顶悲鸣三遍，此山因此得名金鸡岭。

民国时期，道士唐基成与唐基庭自四川遂宁高峰山道观至此创派，并收徒传道，其道派以山门为名曰"龙虎门"。从此二人师承来看，他们师从何理端，而何理端的师父是高峰山范明清道长，因此云台山道观的近代法脉可以追溯至近代知名道士——高峰山范明清（云峰道人），在修道体系上秉承了高峰山道观的"三教合一"信仰传统。20世纪60年代道观毁于"破四旧"运动，直到90年代初其门人唐衍尧、唐衍钰等进行了重建，并经当地人民政府批准于2000年正式作为宗教场所开放，道观以"云台山"命名，如今道观住持是唐庆智道长。

重建后的云台山道观占地面积十余亩，共有山门、三清殿、祖师殿、开辟殿、魁星楼、灵霄殿和仙佛楼共七重殿宇。云台山道观供奉神祇也体现了典型的三教合一信仰特色，其中供奉的神祇既有中华民族传说中的伏羲氏、神龙氏，也有道教的三清、玉皇大帝、鸿钧道祖、真武祖师、吕祖，还有佛教的释迦牟尼佛、观世音菩萨、地藏王菩萨，以及儒教的孔圣人等。祖师殿中则供奉了云台山的历代祖师——高峰山五老祖师①以及蟠龙山何理端以及唐基成、唐基庭。

此外，据清康熙《顺庆府志》所记，在南充市金泉山上还有"赛云台观"②。该处为唐代袁天罡故宅，清康熙六年（1667）重建，嘉庆二年（1797）本邑监生罗虞田子庠生希先募众重修③，此处道观今已不存。

3. 湖北长岭云台观

长岭云台观位于湖北省广水市长岭镇徐家河水库旅游区，是当地有名的应山"三台八景"之一。云台观所处之地山势陡峭，气势恢宏，在观西侧山麓有一块黑色巨石，人称"雷打石"。传说云台观位于天宫到人间的天梯脚下，七仙女顺着天梯下凡游玩，并在清华池洗澡。凡间的人们也顺着天梯爬上天宫，后惹得王母发怒，以雷电击断天梯，而"雷打石"就是那时掉落的天梯碎片。在云台观周边地区有许多相似的黑色石头，长岭镇有一个黑石山村即以此为名，此外附近还有雷石村、仙桥村、清华村以及云台观村，显然也是以该传说为名。

除了以上介绍的数处以"云台"为名的道观外，全国各地还有许多以"云台"为名的山。这些山以"云台"为山之名，大多取其高耸入云之意，以表山势之险峻。以现有史料来看，这

---

① 高峰山道教具有与川中其他地方道派发展不同的特点，即主张"三教合一"。其创始人为嘉靖年间岳池道士袁太和。高峰山五老祖师分别是初祖袁太和，二祖杨拂云，三祖王源清，四祖范云峰，五祖吴至光。其中吴至光号玄清真人，为全真龙门派二十一代玄裔弟子，其山现存有《正宗龙门派二十一代祖师碑序》。

② （清）李成林修，罗承顺等纂：《顺庆府志》卷六《寺观》，清康熙二十五年（1686）刻本，嘉庆十二年（1807）补刻本。

③ （清）袁凤孙修，陈榕等纂：《南充县志》卷十三《舆地·寺观》，嘉庆十八年（1813）刻本。

些云台山有的建有道观或者寺庙，有的仅为自然风景区。如江苏省连云港市、四川省广元市云台山、广西桂林资源县云台山、山东省莱芜市云台山、江西省贵溪市云台山、河南省焦作市云台山和贵州省施秉县云台山等，此处不再赘述。

二　三台县云台观名称沿革

四川省三台县云台观从其创建至今，历经"佑圣观""云台观""玄天佑圣观""佑圣寺"等名，其中"云台观"与"佑圣观"也曾同时使用。以下将对云台观名称沿革进行介绍。

(一) 佑圣观

云台观创建之初仅有茅庵一座，后创修大殿三间。据明郭元翰《云台胜纪》载："玄帝来扶劫运，嘉言屡感，重训报恩，有愿坚持，破灭贪瞋崄处。留题之后，本年（文前为甲戌年，因此该年应为宋度宗 1274 年，引者注）九月八日，自标志'云台十景'。因名其观曰'佑圣'，名其殿'普应'。"[1] 云台观创始人赵法应被人们认为是玄帝在世，在其住持云台观期间，玄帝屡屡显现灵应，赵法应自标志"云台十景"是以该道观所处云台山为名。他同时为道观命名为"佑圣观"，则源于道观主祀神祇玄帝的另一个封号——"北极佑圣真君"。

(二) 云台观

佑圣观名称在明正统年间（1436 – 1449）开始发生变化，以道观所处的山名为"云台"而亦被称为"云台观"。这从当时

---

[1] （明）郭元翰：《云台胜纪》卷一《启圣实录》，明墨稿本，藏三台县博物馆，下略。

声名显赫的内阁首辅万安所撰写的《重修云台观记》① 可略见一斑。当然，"佑圣"之名仍然是道观的官方名称，在《蜀王重修拱宸楼记》有记：

> 潼川州去百里许有山曰"云台"，观曰"佑圣"，乃玄天上帝八十三化古迹坛场也。宋元来屹然，庙貌载废载兴……正德岁（1506－1521，引者注）……奉慈命，慨然出内帑金，命匠抡材而鼎新之②。

虽然在文中提到，该道观名为"佑圣"，但其碑文名《重修云台观记》可以知道，当时此道观即以二名同时称之。

（三）玄天佑圣观

明万历二十七年（1599），明神宗赐道观一部《道藏》，随《道藏》附圣旨一道，卷首称："敕谕云台山佑圣观住持及道众等"③，可见至明万历年间，官方称该观为"佑圣观"。但是到了万历四十四年（1616），该道观的名称发生了细微的变化。是年，明神宗又赐《道藏》一部遣官护送至云台观，其圣旨卷首则称："敕谕四川成都府玄天佑圣观住持及道众人等"，可见此时的佑圣观名称易为"玄天佑圣观"。

另外，据清岁意辰《重修云台观报销碑》以及《三台县城

----

① （明）万安：《重修云台观记》，龙显昭、黄海德主编：《巴蜀道教碑文集成》，成都：四川大学出版社，1997 年，第 202－203 页；（清）阿麟修，王龙勋等纂：《新修潼川府志》卷六《舆地志·寺观》，清光绪二十三年（1897）刻本；（民国）林志茂等修，谢勤等纂：《三台县志》卷四《舆地志·寺观》，民国二十年（1931）铅印本；（明）郭元翰：《云台胜纪》卷五《天府留题》。

② （明）郭元翰：《云台胜纪》卷五《天府留题》。

③ 龙显昭、黄海德主编：《巴蜀道教碑文集成》，成都：四川大学出版社，1997 年，第 262 页。

南云台山佑圣观碑》来看，清代亦是沿用明代称呼，同时有
"云台观"和"佑圣观"之名。

（四）佑圣寺

清代晚期云台观曾一度更名为"佑圣寺"，民国《三台县
志》载："云台观，在县南百里云台山，旧名佑圣寺。"① 众所周
知，"寺"一般为佛教宗教活动场所，所以有可能云台观在清代
曾一度为佛教所占据，因而名为"佑圣寺"。在中华人民共和国
成立之前云台观周边流传一个说法，即清代时期云台观曾聚集许
多修行的道士与和尚，俗称"云台观三千和尚八百道"②。自清
末始，该道观以"云台观"为名沿用至今。

第二节　明代云台观志书《云台胜纪》探微

中国道教史上有一定影响力和知名度的名山宫观多有文人或
者道士作志以纪，如元刘大彬编撰《茅山志》，金王处一撰《西
岳华山志》，南宋倪守约撰《金华赤松山志》，不着撰人的《天
台山志》以及清代均州官修《大岳太和武当山志》等。从国内
名山宫观志书保存情况来看，罕有古本可以完整保存下来，唯有
部分志书因被编入《道藏》而得以流传。早在明万历年间便有
文人郭元翰为云台观编撰并刻印志书——《云台胜纪》，该书亦

① （民国）林志茂等修，谢勤等纂：《三台县志》卷四·舆地志·寺观，民国
二十年（1931）铅印本。
② 《关于处理云台观寺庙道众房产意见的批复》，三台县档案馆，档号：060—
01—0322—046。

名"云台记"或"云台观记"，现有明抄本存于四川三台县博物馆。经历过明末张献忠烧杀掳掠之后的四川，能留存下来的明代及之前的古本文献非常少，但云台观不仅保存有大量明代皇室赏赐的珍贵文物，而且还有两部明代御赐《道藏》和明代古本《云台胜纪》，实为罕有，这也可以从另外一个角度看出，明末清初的云台观在兵乱之中似乎未受到严重冲击和破坏。从全国各个宫观志书古本保存情况来看，《云台胜纪》应是现存最早的道教宫观志书，该书结构完整，内容丰富，不仅是研究云台观的珍贵史料，也是研究明代四川地区道教信仰以及明代藩王的重要文献。

一　篇章结构与内容概览

（一）《云台胜纪》编纂始末

《云台胜纪》编纂于明万历十九年（1591），作者郭元翰，号"见吾子"，叙州府（今四川省宜宾市）隆昌县人，生平不详。郭元翰编纂《云台胜纪》与个人特殊的人生经历有关，其因中年无子，曾于万历年间两次到云台观拜神求子，后终于得偿所愿："余两登云台，为承先绪计也。一念顷诚，遂感至人，显示吉梦□□□，锡男祥之兆。不二年，果获奇效。乃知神之显应，信不诬□。"① 郭元翰堂兄（弟）郭元柱所撰《云台胜纪序》亦提到此事："伯子重诣云台，祈嗣获应。"② 郭元翰在欣喜之余深感玄帝之灵应，遂对云台观玄帝信仰的由来与发展历史产

---

① （明）郭元翰：《云台胜纪》卷五《天府留题》。
② 《云台胜纪》之《云台胜纪序》，为郭元翰之堂兄（弟）郭元柱所撰，"伯子"即指郭元翰也。

生了浓厚的兴趣。但经过深入了解，他发现当时关于玄帝传说的文字记录散乱无序，且多为袭用武当山玄帝灵应的故事，郭元翰提道：

> 玄帝遗脱云台，自宋以来，近有千年。余登其境，得《启圣实录》，阅之所纪，皆武当旧本，非云台事迹。因谓道人曰："玄帝出现，事关民生。可使后世无传乎？"乃命访其遗书，考之碑傅，得知玄帝托生赵氏，修炼云台，绝武当而为八十三化也。遂辑其祥，敬锓诸梓，俾后人知所自云①。

正如《云台胜纪》序所说"乃志云台者，多袭太和之旧"，此处"太和"即为武当山之别称。有鉴于此，郭元翰通过敦促云台观中的道士广为搜集与云台观有关的古本文献和碑传，并对玄帝托生云台观的传说始末进行了详细的考证，将这些资料汇集编撰成《云台胜纪》，最后进行了编辑和刻印，以求广为流传。

除此之外，在卷五《天府留题》末尾郭元翰进一步指出编纂该书的另一个原因：

> 见吾子曰：云台胜境俱见诸名公制中，第数百年来苦无编梓，故必登其境，方睹其盛。余两叩谒，慨其美而未传，因命羽士陈范符采集各碑，得诗、文、词、对数篇，录以付梓。庶毋论躬造而信或境也，宛然□□②。

云台观历史悠久、环境优美，是川北地区知名的胜景，自然吸引了许多文人雅士前去游览，并留下了大量诗词歌赋。然而遗

---

① （明）郭元翰：《云台胜纪》卷一《启圣实录》。
② （明）郭元翰：《云台胜纪》卷五《天府留题》。

憾的是没有被汇集成册，"第数百年来苦无编梓"，于是郭元翰也命道士陈范符广泛收集与玄帝有关的经文、传说和诗文。这其中关于玄帝的传说与经文分别取自《玄天上帝启圣录》《元始天尊说北方真武妙经》《武当山玄天上帝垂训文》等文献。关于赵法应创建云台观始末以及各种灵应传说则来源于碑文、诗词以及民间传说，同时还借鉴当时尚存的云台观旧志书的相关内容。经过郭元翰与云台观道士陈范符的努力，最后完成了对《云台胜纪》的编纂和刻印。该书的后序云：

> 余两入云台，考得其实，乃编集成册，分为五卷，题名《云台胜纪》。因捐赀锓梓，以广其传。遂不必登山，而玄帝降生之由，垂教之意，显应之灵，与夫云台形势之盛名，公□赞之曰：昭然于方册中矣。得是书者，诚能触目警心，诵其言行，□行而私□□，千载后则兹刻不至为覆瓿，而玄帝在天之灵，宁无所眷顾乎哉[①]！

但究其根底，无论是求子遂愿，还是旧志的破败无序，抑或是诸多文献亟待整理，均不是郭元翰编纂《云台胜纪》最根本的原因。真正让郭元翰产生编撰《云台胜纪》的内在动力在于，作为一个熟习儒学的文人，他深谙文献编纂和流布对于思想传播的重要性。在其所处时代，人们相信崇祀神灵对于庇佑国家社稷与黎庶生民有着极其重要的意义，与此相应的认识即是——"玄帝出现，事关民生"。于是为了彰显玄帝护佑地方的神奇灵应，并让玄帝之神迹广为流传，郭元翰不遗余力地促成《云台胜纪》的编纂，以实现"千载后则兹刻不至为覆瓿，而玄帝在

---

① （明）郭元翰：《云台胜纪》后序。

天之灵，宁无所眷顾乎哉"之最终目的。

《云台胜纪》于万历十九年编纂完成，应郭元翰之请，郭元柱为其撰写了《序》。郭元柱，字直甫，号明石，又号龙门子，万历丁丑进士，历任南礼部员外郎转兵部郎中，授陕西关南道、云南洱海道布政使参议，为人谦恭孝友，为官清廉①。《云台胜纪》序云：

> 今之神祠遍寰宇②，语尊显正直者莫玄帝。若帝之琳宫、金像，亦变寰宇，而楚之太和、蜀之云台独称最焉。盖帝练真成果，始于太和，而云台则其化焉蝉蜕处也。予素慕二名山，尝乘宦游之便登而览之，大都山川之景致（既）殊，前后之事迹亦异。乃志云台者，多袭太和之旧，予窃病之。伯子重诣云台，祈嗣获应，爰删集而重梓之，以广其传。其事核，其文简而有条，一批阅而玄圣诞升之祥委，灵应之仙迹，山川之奇，宫观之丽，藩府崇祀之典，贤公卿大夫篇咏之富，宛然在目。其有光于玄都，顾不多哉。虽然，帝之蝉蜕云台在宋，而其练真太和也，在神农之初，读者合二志而并观之始得。
>
> 万历辛卯阳月之吉
>
> 金鹅龙门子郭元柱书③

从序中可以看到，明万历年间玄帝信仰非常兴盛，供奉玄帝的宫观和祭祀的神像遍布全国各地，其中最为知名的是湖北武当

---

① （清）魏元燮、花映均等修，耿光祜、王裕绪等纂：同治《隆昌县志》卷二六《选举》，卷二八《人物志》，同治元年（1862）刻本。
② 文中原为"寓"，后墨点涂改为"宇"。
③ （明）郭元翰：《云台胜纪》后序。

山与四川云台观，"而楚之太和、蜀之云台独称最焉"，此二地
分别为玄帝得道和化身之处。有此因缘，云台观原有志书多是因
袭太和武当山书志中所记载的内容。本书作者郭元翰在云台观求
子获得灵应之后，为云台观重新作志，"爰删集而重梓之，以广
其传"，并将该书命名为《云台胜纪》。从书中既可以看到玄帝
传说始末与灵应事迹，也可以看到云台山优美的自然环境与瑰丽
的宫观建筑，更可以看到藩王府崇祀云台观的隆恩和王公贵族吟
咏诗篇。该书精炼有条理，内容丰富，是研究明代玄帝信仰与道
教发展历史的重要文献资料。

（二）版式与篇章结构

据相关文献记载，明代的雕版印刷业非常发达。究其原因有
二：一方面因为明代图书出版审核较之元代大为宽松，另一方面
则因为文房资源充足，纸墨生产丰富，从官方到地方都盛行刻印
书籍，以致到了"书皆可私刻"[1] 的程度。从《云台胜纪》中
"敬镂诸梓""付梓"等语可以看出该书在编纂之后也进行了刻
板印行。如今收藏于三台县博物馆的《云台胜纪》经四川省文
物专家鉴定为明代书籍，为国家二级文物。但该书并不是刻印
本，而是手抄墨稿本。其字体为手写楷书，然大小不一，并非如
雕版刻印那般标准整齐。另外，书中有许多明显的涂改增补痕
迹，有一些地方在抄写过程中，对于内容不清而未予以完全抄录
的情况进行了批注。如卷四《灵奕显应》中有一段文字："灵官
刑恶事多，但字不明，未写全"，显然是原本字迹不清而未抄
录。又如卷五《天府留题》有"此处少一篇，接不起"，显然是

---

① （清）叶德辉：《书林清话》，北京：中华书局，1957 年，第 185 页。

对原本之中有脱句而未予以抄录所作的批注。因此可以确定明代
郭元翰编纂印行的原版书早已亡佚，现存《云台胜纪》应为后
来之人抄录装订而成，至于具体誊抄时间则无法确定。

三台县博物馆藏《云台胜纪》为高丽纸线装，以厚棉纸衬底。开本40cm × 21cm，半页6列18字，共83个双面页，分两册装订。两册书的封面和封底均为朱红色，上册封面左边三分之二处手绘墨线双框作门扇图案，左下部绘有一柄芭蕉扇，上部以

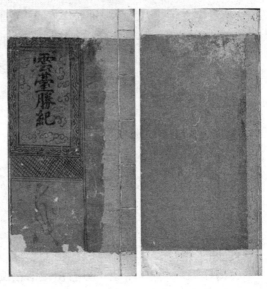

图 1 –3 –1 《云台胜纪》封面与封底（笔者摄）

斜纹与水波纹饰边，水波纹之中以双墨勾线朱红填色，以云纹为
底，上书"云台胜纪"四个大字。下册封面无字，隐有灰白线
手绘云纹装饰。（如图 1 –3 –1）

　　书中部分内页以墨线标隔词句，部分标题以双墨线标出。字体
均为楷书，竖排，用笔方拙，有朱笔点逗圈记和墨笔涂改、增补脱
漏文字，另有部分虫蚀脱落，字迹无法辨认。（如图 1 –3 –2）

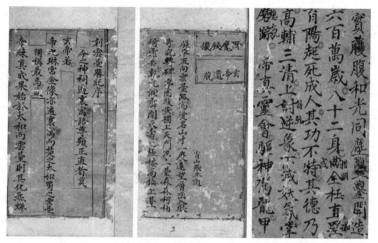

图 1-3-2　《云台胜纪》字体及圈点涂改（笔者摄）

　　《云台胜纪》全书由序、正文、后序三部分构成，字数约一万九千字，结构完整，内容丰富，具有重要的史料和文化价值。其中，"序"和"后序"的撰写者分别为郭元柱和郭元翰，依前文所述，二人为堂兄弟，均亲游云台观。在"序"中，郭元柱介绍了《云台胜纪》编撰的缘起。"后序"中郭元翰则对编纂《云台胜纪》的过程和主要内容进行了总结："帝本金阙化身……是八十三化身也。余两入云台，考得其实，乃编集成册，分为五卷，题名《云台胜纪》。因捐赀锓梓以广其传。"①

　　（三）内容概览

　　《云台胜纪》正文部分共分为五卷，包括经文、诗词、楹联、碑文、序跋、赞等文体。依次按照"玄帝八十三化身传说""云台观胜景""玄帝经文""玄帝显应故事"和"云台观诗赋"

————————————
　　①　（明）郭元翰：《云台胜纪》后序。

等五个主题进行编目展开。各卷题目分别为《启圣实录》《云台十景》《玄帝经文》《灵奕显应》《天府留题》。各部分内容相对独立，并按照叙事的逻辑顺序层层铺开、次第推进，完整展示了宋明时期玄帝八十三化身传说与云台观发展的整体风貌，以下略述其主要内容。

1. 卷一《启圣实录》

《启圣实录》分别以时间先后为序，通过"金阙化身""诞修得道""参陛降魔""复位坎宫""驾游西蜀""结屋云台""梧桐修炼""营修巨殿""铁像腾空""留题还位"等十个主题介绍了玄帝自武当分神化炁至四川飞乌县，并创建云台观乃至修炼飞升等事迹，勾画了道士赵法应短暂而传奇的一生。这十个主题按照内容又可分为两大部分，第一部分"金阙化身""诞修得道""参陛降魔""复位坎宫"四个部分均取自《玄天上帝启圣录》之中的内容并加以删减改造。如将"太玄元帅"写为"大玄元帅"，"玺书赐降，决勿谦辞，可将拜镇天玄武大将军"，与《玄天上帝启圣录》之中"玺书赐降，阙勿谦辞，可特拜镇天玄武大将军"也略有出入。其后诸文在引用原文之时亦有类似差别，但基本意思并无出入。"复位坎宫"一节内容则直接引自《玄天上帝启圣录》之中"复位坎宫"，大致内容不变，文字略有出入，其主要内容分别为玄帝出生、求道、降魔和受封等故事。第二部分"驾游西蜀""结屋云台""梧桐修炼""营修巨殿""铁像腾空""留题还位"则来自民间传说，叙述了赵法应出生、修道、建殿和飞升等相关故事。

2. 卷二《云台十景》

《云台十景》来自赵法应生前对云台观十个景色的赋名，包括"茅屋金容""宝殿腾霞""瑶阶玉玺""乾元胜迹""梧桐夜月""拱宸琼楼""抚掌蝉鸣""龙井灵泉""洞天鹤舞""锦江玉带"。对应此十大胜景，赵法应"升隐后鸾降十绝"①，分别予以赋诗，郭元翰"特录梓，以昭其盛"②。

在《云台胜纪》之中可以看到，宋代云台观道士有频繁的扶箕活动，以此来感召玄帝获得灵应指示。如卷一"梧桐修炼"中"绍定己丑岁……帝一日慈旨降，召赵希真人入庵"③。"铁像腾空"中"殿成之后，帝自制一疏。降一童子持疏募铁"④。卷五"鸾书呈瑞"中有"理综绍定二年九月九日，鸾降玄判，委赵希真、李纲两州行化"⑤ 等句，均指扶箕之事。

扶箕，又称鸾降、飞鸾、扶乩。《道藏》中有部分文献是通过这种方式书写而成的，陶弘景的《真诰》与周氏《冥通记》即有关于神仙降授传道的详细记载⑥。中国民间久有扶箕的传统，而这一活动又与道士的宗教职务行为密不可分。中国民间关于鸾降最早的记载是唐代的迎接"紫姑神"活动。洪迈《夷坚志》云："紫仙姑之名，古所未有，至唐乃稍见之也。但世以箕插笔，使两人扶之，或书字于沙中，不过如是。"⑦ 通过扶箕，所请之神灵便附身于执笔之人，在沙盘上写下文字，求神之人便可根据沙盘上的文字得到自己想要的答案。到了宋代，扶箕活动逐渐成为人们生活中的一件习以为常的活动，这在南宋洪迈的

① （明）郭元翰：《云台胜纪》卷二《云台十景》。
② 同上。
③ （明）郭元翰：《云台胜纪》卷一《启圣实录》。
④ 同上。
⑤ （明）郭元翰：《云台胜纪》卷五《天府留题》。
⑥ 许地山：《扶箕迷信的研究》，北京：商务印书馆，1999年，第7—10页。
⑦ 同上，第16页。

《夷坚志》中有充分体现，正如美国学者韩森研究指出："《夷坚志》中的几则故事证明在 12 世纪扶箕请仙十分流行。"① "人们可以占卜问卦，直接、公开地询问神祇，神祇会通过杯珓、扶箕或签书做出回答。"② 《云台胜纪》中关于扶箕的故事反映了在当时的道观中，扶箕活动是修道生活中的重要组成部分，更是向民众提供宗教服务的一种重要方式。

鸾降而成的十首绝句分别对应《云台十景》，咏叹了云台观的茅屋、宝殿、瑶阶玉玺、乾元胜迹、梧桐、拱宸楼、抚掌蝉鸣、龙井灵泉以及锦江等景观。这些诗词句优美，寓意深刻，既表达了对云台观中的景致的赞颂，更寄托和表达了作者超凡脱俗的修道情怀与宁静高远的修行志趣。"蓬莱宫殿在仙台，沉眠结屋避俗埃""天上玉楼今落地，云中洗箓共衔来"③ 等句，将云台观视为天中宫殿楼宇，修建于此山而避开了俗世的尘埃。而"卷帘独坐时欣赏，影过仙庭洽笑宜"④ 则表现了一种逍遥自在、超凡脱俗的修道人形象。"胡麻饭煮充香积，丹灶烹煎几百年"⑤ 之中的"胡麻"为古代道士作为辟谷修炼的主要食物，"丹灶"则指修炼外丹的炉灶，此处表现了道士修行过程中的具体情形，是了解和研究当时云台观道士修炼思想、修行方法的重要资料。

在《云台十景》之后有十首与前面相同标题的绝句，由翰林学士钱金唱和并步前述绝句的韵脚而成。在这些诗句之后，郭

---

① ［美］韩森：《变迁之神——南宋时期的民间信仰》，上海：中西书局，2016
年，第 68 页。

② 同上，第 64 页。

③ （明）郭元翰：《云台胜纪》卷二《云台十景》。

④ 同上。

⑤ 同上。

元翰进行了相应备注，对于了解云台观早期修建历史具有重要价值。正如郭元翰所云："并以名公之作、修葺之事，纪之于后，以便观览云。"① 如"茅屋金容"题注："帝自入山，首结茅屋于此。"② 又"宝殿腾霞"题注："此殿帝自募缘而建，历宋、元，至大明永乐十一年九月九日蜀献王差官翻盖……"③ "乾元胜迹·仙迹"题注："古云胜迹有梅花石，雨过则梅花现。其下有洞，传云石棺铁椁在焉。"④ "拱宸楼"题注："此楼亦玄帝募缘而建，历宋、元，为兵燹废。天顺五年，本山住持谢应玄同徒何玄澄等重建……"⑤ 上述二十首诗中所指的云台观胜景，至今多已不存，唯有云台山下的锦江仍在缓慢流淌，其上默默伫立着明代所建的玉带桥，似在述说百年沧桑。今人唯有从诗句之中去感受云台观创建之时的美丽景致与道士飘逸出尘的修道意境。

3. 卷三《玄帝经文》

《玄帝经文》主要的内容是玄帝咒语和经文。玄帝咒语选自《元始天尊说北方真武妙经》，据卷末编撰者按语云"并其三咒俱入锓梓，以期远布"⑥ 可知他选择了三个咒语，但是"真武咒"之后的"奉礼咒"有注"字未明，未书"，应该是抄写者在誊录《云台胜纪》之时，由于文字不清晰而未予以抄写。书中实际只录有"真武咒"，该咒以赞的方式书写，凡22韵，45句，181字。从内容上看，应是取自《元始天尊说北方真武妙经》之

---

① （明）郭元翰：《云台胜纪》卷二《云台十景》。
② 同上。
③ 同上。
④ 同上。
⑤ 同上。
⑥ （明）郭元翰：《云台胜纪》卷三《玄帝经文》。

中从"太阴化生，水位之精"到"除邪辅正，道气常臻，急急
如律令"的主体内容，除了个别字的疏漏和误写以外，内容基
本相同。

《玄帝经文》中的经文《垂训文》全名为《武当山玄天上帝
垂训文》① （又称《玄天上帝金科玉律真经》），收入《藏外道
书》之中，全文为六言韵文，凡 127 韵，254 句，1524 字。文中
"元大德五年武当山灵应观庭化笔"②，说明此《垂训文》是扶
箕所成。该文以第一人称的语气进行讲述，指出玄帝作为"治
世福神、镇北天大将军"，协助玉帝治世，保国佑民，惩恶扬
善，劝告世人切莫作恶："莫道造恶不报。只待恶贯满盈。莫道
修善无应。只待善果圆成。"③ 并引《太上感应篇》，要求人们敬
重天地神灵、孝敬父母、皈依三宝等。全文均为劝人为善去恶，
否则必将招致报应和惩罚。

值得注意的是，在其中有着儒释道三教并举的色彩，如文中
提出"三劝皈依三宝，儒释道教同伦"④ 强调三教同伦同理，又
如"欲知前世因果，今生受者之身，要知后世因果，今生作者
之心"⑤ 显然来源于佛教三世因果之说。另"吾受玉帝敕命，长
生治世福神，佛中即无量寿佛，道乃金阙化身"⑥ 将玄帝与佛教
中的"无量寿佛"相提并论。文中"修佛修仙之世，当依经教

① 《武当山玄天上帝垂训文》，胡道静、陈耀庭等主编：《藏外道书》第 22 册，
成都：巴蜀书社，1994 年，第 416—418 页。
② 同上。
③ （明）郭元翰：《云台胜纪》卷三《玄帝经文》。
④ 同上。
⑤ 同上。
⑥ 同上。

殷勤"① 同样将修佛与修仙放在同等重要的位置。《武当山玄天上帝垂训文》撰写于元初，文中的"孝亲""礼乐""因果"等内容，是三教在理论上融合和调适的一种体现，这既反映出元代早期统治者在宗教政策上的三教并举的态度，又体现了元代道教对于儒家与佛教思想的包容与借鉴。

4. 卷四《灵奕显应》

《灵奕显应》主要是涉及玄帝的灵应事迹，其中包括"鸾书呈瑞""灵威卫驾""骤雨迎车""降魔遗迹""彩霞腾光""甘霖应祷""梦清常住""感认品婆""暗刑惩恶"九个传说故事。

"鸾书呈瑞"所记是在宋理宗绍定二年（1229），玄帝降鸾书一律云："彩云瑞露为谁来？特为真纲次第排。凤髓龙肝都割舍，痴人窃笑太常斋。"② 此后赵希真与李纲夜晚登楼，目睹云台山对面山谷有"红光一带横接，洁白之气如烟露壮"③，照进道观的庆会堂，"见所未曾至。上御日鸾降未布露间，皆蒙大道君笔示'彩云瑞露'诗句，信之昨宵所见瑞出，玄天造化也"④。道士们感叹玄帝显灵，鸾降指示祥瑞之兆，难得稀有，"此段灵异，讵可泯没。虽叹为章于天之诗，未足以形容其盛美。仍诵日系道存之句，方可以述本山之荣。概刊诸珉石，以诏将来，永为云台无尽藏之祥瑞云"⑤。这个灵应故事后来被道士们刻在碑石之上，郭元翰撰写《云台胜纪》将其录入。

另一个鸾降故事是关于云台观置办庄田之事，此事同样发生

---

① （明）郭元翰：《云台胜纪》卷三《玄帝经文》。
② （明）郭元翰：《云台胜纪》卷四《灵奕显应》。
③ 同上。
④ 同上。
⑤ 同上。

在宋理宗绍定二年（1229）。是年九月九日玄帝"鸾降玄判，委赵希真、李纲两州行化，所施置庄，作记以纪姓名，坚珉传远，永为云台常住根本"①。此后赵希真与李纲便着手进行常住庄田的置办，获得了众多信士的捐助，"说一行、段淑靖、杨余羡、潘德先、王越等，或为亲祈寿，或为子祈疫，或求坊境静宁，或求五谷丰登，无不响应。都乐施钱，共二十三万二千余。铜山县赵珪、赵璘，舍水滓陆田（即泉水坝）。不一月，而庄遂置矣"②。信徒们或是为自己祈福，或是为家人祛病，或是为街坊安宁和物产丰足，不到一个月便将云台观所需田产置办完成。为记录施钱捐田的功德，赵希真与李纲亦将此事铭刻在碑石之上："本年十月庚申日，希真同里人罗祖高，谨破荒置庄故事，檀姓纪诸石。"③ 此碑文同样被郭元翰录入《云台胜纪》之中。

"灵威卫驾"叙述了云台观与第一任蜀藩王朱椿之间的渊源。洪武初年，朱椿初到四川成都就藩，在初入境时自见"空中有神披发仗剑，常行拥卫"④，朱椿询问左右，云"蜀省比去三百余里许，梓州治有山名云台，乃玄武帝先年蝉蜕于此。其神极灵，想今驾护者，必上帝也"⑤，朱椿此后便派官员建醮谢恩，并赏赐田庄，"永充常住"。除此之外，朱椿还捐金翻盖整饬殿堂。此后云台观便逐渐成为蜀藩王府所属的皇家道观，历代蜀王都对云台观进行修复和重建，加盖了属于皇室建制的琉璃瓦盖，并立华表一对于道观大门前，其余皇室成员的大量赏赐更是不计

---

① （明）郭元翰：《云台胜纪》卷四《灵奕显应》。
② 同上。
③ 同上。
④ 同上。
⑤ 同上。

其数。这一切的荣宠，道士们认为皆为玄帝灵应保护，而香火之盛也赖于蜀府的功德，"丁粮之轻，而观得谷以裕，皆蜀殿下之赐，亦帝之灵致之也。迄后，蜀府历代相传。所求辄应，如在目前。以故云台楼殿香火之盛，蜀府之功德居多"①。

"骤雨迎车"讲述了两个故事，均与云台观骤降大雨有关。其一，成化年间监察御史章璠到云台观朝谒玄帝，忽遇骤雨，须臾而停。章璠认为这定是玄帝感应，于是将此事刻于石碑之上，"以识其灵异云"②。其二，嘉靖年间监察御史宋贤至云台观朝谒，宋贤在歇脚的灵真寺对左右说："帝若有灵，自当远迎。"③话音刚落，本来晴朗的天气雨雹骤至，结果只能退回寺中，次日方到云台山中。玄帝本为北方之神，除去战神的神格以外，还被人们赋予了降水的神格，章璠和宋贤便把自己拜谒云台所遇骤雨与玄帝灵应联系起来，赋予这一自然现象以神秘色彩。

"降魔遗迹"的故事取自《玄天上帝启圣录》卷一之"三天诏命"，讲述了玄帝降魔于潼川中江县武曲山并留下遗迹的传说故事。武曲山上建有"真灵观"，为宋大观年间朝廷御赐观额，其山下江中有石，具有龟蛇之纹，可煮水疗疾。

"彩雾胜光"主要叙述自明正统年间到万历年间，玄帝屡次在云台观空中显圣的事情。如"正统七年九月九日，本观铸圣像。其日，圆光照烛，玄武跣足建于空中"。又如"嘉靖元年三月十五日，雷雨过北方。光现见上帝披发执旗奉剑。五年、六年、十一年内，每年一次见帝。或蹑龟蛇见于北。或执纛旗见于

① （明）郭元翰：《云台胜纪》卷四《灵奕显应》。
② 同上。
③ 同上。

西。见之者众"①。此类相关记录约有十余条。

"甘霖应祷"记录了自宋嘉定年间到明万历年间，地方官员、民众在云台观道士的协助下祈雨成功的事迹。"梦清常住"涉及云台观常住之地为佃户恶意霸占，该案屡审未能解决，后玄帝托梦就职于潼川州的张珩，云"有隐卷飞粮事，为我清正之"②，经过张珩的审理，将缠讼多年的官司审理清楚，使"田地归属云台，永为常住。而二家数十年祸，于兹息矣"③。"感认贫婆"以及"暗刑惩恶"则分别记载了玄帝灵应显现于梦中，为信众指示而骨肉相认和惩罚于神灵不敬之人的故事。

5. 卷五《天府留题》

《天府留题》的内容主要涉及云台观艺文，包括碑记、跋、赞、诗词、楹联等相关体裁。其中第一部分即对应卷四《灵奕显应》之中的"骤雨迎车"所作。嘉靖年间潼川州知州胡希瑗④命人将这两个灵应故事专门予以记录和撰写。虽然云台观灵应故事非常多，然而监察御史乃代表天子巡视四方，具有特殊的身份："况御史奉天子明命，巡视遐方，凡百人士宦师，具瞻嚬笑。辀轩所向，山水效灵，在我公犹称伟特。诚敬之德，公明之心，康济之才，平施之政，幽明交赞，遐迩均乎，盖不止揽辔理轮之风致。"⑤两任监察御史在云台观都感受到了玄帝的灵应，以他们上达天听的特殊身份，其巡视的结果必然会引起天子的关注。

---

① （明）郭元翰：《云台胜纪》卷四《灵奕显应》。
② 同上。
③ 同上。
④ 据《钦定大清一统志·武昌府》及《湖广通志·选举志》《人物志》：胡希瑗，字桥南，大冶人。嘉靖十六年丁酉乡试举人，任潼川州，以劳瘁卒于任，州人祠祀，吴国伦为志其墓。
⑤ （明）郭元翰：《云台胜纪》卷五《天府留题》。

如此不仅云台观会受到朝廷的重视，其所处的潼川州的主要官员自然也可因"诚敬之德，公明之心，康济之才，平施之政"① 而获得朝廷的认可和嘉奖。

第五卷有四篇重要的碑文，其中包括《淳化王新建天乙阁记》《蜀王重修拱宸楼记》《肃王进圣像记》《重修云台观记》。四篇碑文分别记录了正德十年（1515）肃藩淳化王朱真泓新建云台观天乙阁，正德十一年（1516）蜀王朱让栩重修拱宸楼，成化六年（1470）蜀怀王朱申铁重修云台观以及嘉靖四十三年（1564）肃藩怀王朱绅堵铸渗金帝像、灵童、玉女以及温、关、马、赵灵官十尊塑像，遣官送到云台观安位等四个重要的事件。关于四篇碑文主要内容，将在本书第三章予以详论，此处不再赘述。

《天府留题》之中有一篇《七星拱极赞》和一篇《诰封命跋》。《七星拱极赞》为元代杨既清所作，该文从追溯云台观传说历史入手，指出："北方有神，赫赫玄虚。乃驾龙驭，至于飞乌。石棺铁椁，蜕骨于斯。乃曰云台，天下之无。"② 并对云台山的景致以及绝佳的地理格局进行赞颂："楼观郁郁，殿宇崇崇。流水潺潺，岩洞蒙蒙。烟霞出没，柳竹交丰。瀑布垂练，星坛起风。"③ 最后以对仙人的向往寄托美好的愿望："黄鹤去来兮，仙人何方。予乃长啸兮，乘鸾驾凤，而游乎白云之乡。"④该文以四字一句，两句一韵，文辞简洁扼要，行云流水，意境深

---

① （明）郭元翰：《云台胜纪》卷五《天府留题》。
② 同上。
③ 同上。
④ 同上。

远，耐人寻味。

　　《诰封命跋》作者不明，从内容看似为云台观中的道士。该文主要内容是为加封"妙济真人"的诰命所写的跋。作者提到其与玄帝的缘分："偶檀那见招于此山，为北极祖师，设苹藻供，思得人焉，与真人结香火缘。"后遇到"真人之甥裔……愿留而受业于门"①，该道士于是"簪星披褐，盥手焚香，祝而授道于斯人。为灯灯不尽之传，以等此山于不朽"②，举行了收徒传道的仪式，然而此后兵劫动乱，其弟子从乙迁徙他乡。道士一日看到了加封"妙济真人"的诰命"从天而下"，由此感叹只要至诚慕拜真人并认真修道则必得上天感应："若海景真人之行，慕真人之风，于心终不忘。"③此处"从天而下"不甚理解，因为该跋所撰时间未予以明注，但其中出现赵法应甥裔"从乙者"，则当时应该为宋代，也可以进一步推断本跋应是撰写于宋宁宗时期。而据万历《潼川州志》云"宁宗时封'妙济真人'"④，则此处"从天而下"或可推断是指朝廷对赵法应的加封"妙济真人"之事。

　　除了碑文以外，卷五还有大量诗词，相关介绍放在下面"文学研究价值"部分予以呈现。本卷最后郭元翰总结说：

　　　　见吾子曰：云台胜境俱见诸名公制中，第数百年来苦无编梓，故必登其境，方睹其盛。余两叩谒，慨其美而未传，

----

　　① （明）郭元翰：《云台胜纪》卷五《天府留题》。
　　② 同上。
　　③ 同上。
　　④ （明）陈时宜修，张世雍等纂：万历《潼川州志》，明万历四十七年刻本，载于李勇先、高志刚主编：《日本藏巴蜀珍稀文献汇刊》（第一辑），成都：巴蜀书社，2017年，第140页。

因命羽士陈范符采集各碑，得诗、文、词、对数篇，录以付梓。庶毋论躬造而信或境也，宛然□□①。

另外，参与编辑本书还有"庠生□□继佑长、庠生婿□承祖、同梓□□羽之陈□□□□道升、梓人王大度、荣慎、李□□"②，因字迹斑驳，大致可以猜测其中包括庠生两人、道士陈范符、本地信众三人。由此可知《云台胜纪》的编纂既包括协助收集资料的道士，也有辅助文字工作的秀才，另外还有数位信众参与其中，或是出资刊刻的金主，由此可见，本书是集众人之力量而成的结果。

二 文献史料价值与文学研究价值

百年来云台观因风景秀丽、信徒众多而蜚声巴蜀，又有藩府荣宠，引得无数文人墨客、官员士绅游访，并书写了大量诗文传记。郭元翰与云台观道士通过多方收集，将这些诗文传记进行梳理，编成了《云台胜纪》，该书对于道教文化的弘扬与云台观的发展，实为功德一件。正如《云台胜纪序》所云："其事核，其文简而有条，一批阅而玄圣诞升之祥委，灵应之仙迹，山川之奇，宫观之丽，藩府崇祀之典，贤公卿大夫篇咏之富，宛然在目。其有光于玄都，故不多哉。"③《云台胜纪》对于今天的学术研究与文化发展而言，具有重要的文献史料价值和文学研究价值。

---

① （明）郭元翰：《云台胜纪》卷五《天府留题》。
② 同上。
③ （明）郭元柱：《云台胜纪序》，载于（明）郭元翰：《云台胜纪》。

（一）文献史料价值

1. 研究四川道教发展历史的重要文献资料

在道教研究之中，金石碑刻是非常重要的研究资料，道教史与区域道教研究都需要依托丰富的碑文，以厘清史实，正本清源。龙显昭、黄海德所编《巴蜀道教碑文集成》之中有大量关于四川道教的碑文，其中涉及云台观的仅有明万安《重修云台碑观记》①和罗意辰《云台山佑圣观碑》②。两通碑文均录自嘉庆《三台县志》和民国《三台县志》等方志，其中《重修云台碑观记》即是方志编纂者从《云台胜纪》之中辑出，而《云台山佑圣观碑》则是对道观实存碑铭的辑录，或是由于篇幅所限，该碑文并没有收录完整。事实上，在《云台胜纪》之中，郭元翰收集了大量与云台观有关的碑文，这些碑文内容丰富，是不可多得的道教研究的珍贵资料，值得进一步深入挖掘。书中记载云台观创建于南宋开禧二年（1206），对当时的创始人赵法应的生平，云台观建筑规模与神像铸造，甚至尺寸大小都有着详细的记录。同时，从该书中可以看到云台观玄帝信仰的起源与兴盛，从而为巴蜀地区玄帝信仰研究提供重要的材料支撑。书中有较多关于宋代云台观扶箕的文书，也可以从侧面看出当时四川的扶箕活动较为活跃的事实。

另外，在该书中出现了许多宋明时期云台观道士的名字，如宋代道士赵法应、赵希真、李纲、米玉窗、黄鼎之等，明代道士

---

① （明）万安：《重修云台观记》，龙显昭、黄海德主编：《巴蜀道教碑文集成》，成都：四川大学出版社，1997年，第202—203页。

② （清）罗意辰：《云台山佑圣观碑》，龙显昭、黄海德主编：《巴蜀道教碑文集成》，成都：四川大学出版社，1997年，第526—528页。

谢应玄、何玄澄、陈冲范、刘洞明、李云春、杜升仙、王云登、陈九仙、孟仙、宋子仙、黄畏仙、陈范符等。由于相关资料的匮乏，当前暂时无法一一考证以上道士之生平以及影响，但笔者相信未来随着新材料的发现，可以实现对宋元明时期云台观道士生平及活动进行更为详尽的研究。

由于《云台胜纪》作者郭元翰生活在明代万历年间，因此更为详细的资料是关于明代云台观发展情况的记录。从书中还可以看到，云台观在明代受到封藩成都的蜀藩王一系的重视，并得到了朝廷的器重，成为皇室建醮的"皇家道观"。具体而言，从建筑规模的扩大，到赏赐的丰厚、税负的减免，再到两部《道藏》的赏赐，都可以看出在明代云台观确实是荣宠无限、盛极一时。同时，通过该书也可以了解到明代皇室积极扶持道教的具体行为，并为进一步分析研究明代道教与皇室的互动关系提供有力证据。

2. 为研究明代蜀藩王提供重要参考

明代蜀藩王一系自明洪武年间就藩成都之后，深刻地影响了四川地方社会的经济与文化发展。自蜀献王朱椿开始，许多蜀王都有著述与刻印的雅好。然而明末张献忠入川以后，屠尽藩府成员，焚烧了大量王府刻印和收藏的书籍，因此除了《明史》和《明实录》等官修史书中尚有部分关于蜀藩王的记录以外，清代以后留存的与蜀王府有关的文献极为有限。据黄虞稷《千倾堂书目》载，明代数位蜀王撰写有五种文集，其中包括献王朱椿撰《献园集》，定王朱友垓撰《文集》，成王朱让栩撰《长春竞辰稿》，惠王朱申凿撰《惠园集》和端王朱宣圻撰《端园集》①。但国内现存的唯有《四库未收书辑刊》中收录的《长春竞辰稿》。另有四本文集藏于日本东京国立公文书馆，近年有学者从日本将其印回国进行出版②。此四部蜀王文集的面世为明代蜀藩王的研究提供了重要资料。

《云台胜纪》亦是研究明代蜀藩王的重要资料来源之一，该书之中除了有关于数代蜀王府护持云台观的记录之外，更为珍贵的是关于蜀王重修云台观的碑文。从碑文之中还出现了数位王府官员的官职与名字，如蜀藩承奉正杨旭、宋景、阮亨、赵昌等，这对研究明代藩王府成员的生平与活动轨迹弥足珍贵。另外，《云台胜纪》还有两篇关于肃藩淳化王赏赐与修建云台观的碑文。肃王府一系封藩于甘肃兰州，能够不远千里到云台观朝拜和培修道观，一方面说明云台观声名远播，另一方面也能够看出肃藩王一系对玄帝信仰的虔诚，这也是了解明代肃藩一系诸王对于道教的态度与行动的资料。因此《云台胜纪》中所涉及的大量艺文碑刻，为研究明史、宗藩乃至蜀藩的研究提供新的研究依据，也是探求道教与国家和地方社会精英的交往互动的重要资料。

3. 为探究四川社会精英与宗教之间的互动关系提供重要依据

从《云台胜纪》卷五涉及的诗篇中可以看到大量的明代的官员名字，其中有官居二品的朝廷大员，也有普通的士人。通过

---

① （清）黄虞稷：《千倾堂书目》，《景印文渊阁四库全书》，台北：台湾商务印书馆，1986 年，第 676 册，第 441—443 页。
② 胡开全：《明蜀王文集五种》，成都：巴蜀书社，2018 年。

笔者统计，共有32人之多。这其中较为知名的是明正德知潼川州的胡缵宗。胡缵宗，字世甫，号可泉，又号鸟鼠山人，陕西秦安人（今属甘肃省），正德进士。曾任嘉定判官，副都御史及潼川知州，山东、河南巡抚。任职潼川之间，兴学教士，以文章政事称于时①。《万历四川总志》有关于胡缵宗的生平介绍："正德中知潼川……以文章政事称于时，升都御史。有《春秋本义》十二卷，《汉中府志》十卷，《巩郡志》三十卷，《秦州志》三十卷等著述。"②胡缵宗曾官至都御史，为朝廷正二品大员，声名显赫。另有一位二品官员陈洪蒙也曾到云台观游历并留下诗篇。陈洪蒙，字符卿，临安人，嘉靖进士，曾仕河南、山西、江西、四川等地。历河南彰德府知府、刑部主事、江西按察副使、九江兵备、都察院右副都御史、巡抚贵州兼督川东辰沅诸军、四川右布政使等职③。

还有一位有名的官员是明代四川参议乔缙。乔缙，字廷仪，河南洛阳人，明成化壬辰进士，授兵部主事，累迁郎中，明正德间由兵部主事擢升四川参议，正三品，著有《性理解惑》与《河南郡志》。乔缙为官期间，法纪严肃，内政修明。任四川参议期间，马湖府知府安鳌杀叙南卫千户曹明，被关押了很久都不愿意伏法。御史特命乔缙讯问，安鳌立即伏法。后贵州苗蛮叛

---

① （民国）林志茂等修，谢勷等纂：《三台县志》卷十五《职官志》，民国二十年（1931）铅印本；（清）阿麟修，王龙勋等纂：《新修潼川府志》卷二十《职官志二·宦绩》，清光绪二十三年（1897）刻本；（清）张松孙修，李芳谷等纂：《潼川府志》卷五《名宦》，乾隆五十一年（1786）刻本。

② （明）虞怀忠等修，明郭裴等纂：万历《四川总志·郡县·潼川州·名宦》，两淮盐政采进本。

③ 参见《大清一统志·杭州府·人物》；《江西通志·职官》；《浙江通志·人物·武功》；《河南通志·职官·名宦》；《山西通志·名宦》等。

乱，朝廷命都御史邓廷瓒统帅三省兵前去讨伐，并敕封乔缙为督饷，后来苗乱平息之后，朝廷赐文绮宝钞予以嘉奖。虽然如此，乔缙此后却不得擢升，便上疏致仕①。

其他官员还有陈鎏，嘉靖戊戌进士，隆庆中四川布政使、参政、按察使、金事；余承勋，嘉靖进士，官至翰林修撰；王嘉宾，合州人，嘉靖丙戌进士，历参政；朱屏，汉州人，嘉靖丙戌进士，历知府；张正学，潼川州人，万历进士，以中书舍人选吏科给事中；高第，绵州人，正德年间举人，曾为长洲知县，后升云南副使，嘉靖年间任南京吏部郎；李学诗，成都人，万历年间举人；何存教，字念卿，成都人，万历丁丑进士，历刑部郎、云南金事；杨名，遂宁人，嘉靖年间举人，正德中官翰林编修。另有一些文人生平无法一一考证，如承务郎蒲天品、高山九天采访使张天相、郎中文礼恺、张思静、阳泉廖文龙、古渝罗大易、阆中徐敷诏、长沙高相、辛溪甘芥、五岳陈文烛、冠岩卢宇、见湖彭瑾、汇川黄坤等，从诗作水平来看至少是饱读诗书的文人雅士，不排除其中有各级地方官员。

古代的官员们常常会借宦游之际，游历著名的山川美景，留下许多脍炙人口的著名诗篇。这些诗作，既反映了他们当时的活动轨迹，更表现了他们当时的情感与心境，这为我们了解和研究某一些明代官员生平提供重要线索，也为研究明代四川社会精英与道教界交往互动提供了重要参考资料。

---

① （清）常明修，杨芳灿纂：《四川通志》卷三十《职官志》，嘉庆二十年（1815）刻本。（清）孙灏：《河南通志》卷四十五《选举》，卷五十九《人物志》，雍正十三年（1735）刻本。

（二）文学研究价值

《云台胜纪》辑录了大量的道教文学作品，其中既包括道教人物传记，也包括道教神话传说，更包括道教诗词楹联。从道教文学研究价值层面而言，这些道教文学作品展现出丰富的文学内涵，表达了与道教修行有关的深刻意蕴，对于道教文学史研究具有重要的价值。

《云台胜纪》第一卷《启圣实录》为赵法应生平传记，通过数个小故事展现了他短暂而神秘的一生。第二卷《云台十景》通过一系列诗词的形式展现了云台美丽的自然景观和宏伟的建筑艺术。第三卷《玄帝经文》辑录了《道藏》之中数篇与玄帝相关的经文，这些经文对仗工整，遣词精炼，内涵深刻，除去宗教意义之外，也有不可多得的文学价值。第四卷《灵奕显应》通过民间故事和传说的形式展现了玄帝灵应以及道教神灵信仰体系中善恶报应的思想。尤其值得一提的是第五卷《天府留题》，收录了大量官员士人与道士所写与云台观相关的诗词楹联。通过统计，《云台胜纪》之中共有诗 70 首，其中古体诗 2 首，律诗 40 首，绝句 28 首。这其中，既有宋代道士吟咏修行心得和精神境界的诗，也有道士与文人的唱酬相合的诗，还有官员游访胜景的感悟和普通文人墨客的吟咏赞颂的诗。这些诗作文辞优美、寓意深远，寄托了作者们的感悟与情思，是巴蜀文化的重要组成部分，其文学研究价值不可忽视。该书中另有楹联 23 副，亦是不可多得的文学作品。

在《云台胜纪》的古体诗中，有一首为元代诗人杨既清所作《七星拱极赞》。该诗 35 联 73 句，遣词洒脱超逸，雄浑大气，对云台观所处之地的山川之秀丽，布局之精妙，传说之玄奇进行了描写和赞叹。其诗云：

七星拱极赞

元古渝杨既清

天地之始，混沌之初。

剖开鸿蒙，占于蜀都。

北方有神，赫赫玄虚。

乃驾龙驭，至于飞乌。

石棺铁椁，蜕骨于斯。

乃曰云台，天下之无。

恩沾四国，民瘼皆苏。

占断名山，壮矣厥模。

尔乃洗心，涤虑养志。

追风撰杖，屡履巉岩。

披蒙茸，踞虎豹，登虬龙。

石凿凿兮横路，风飒飒兮吹松。

试凭高而一览，如万马之皆东。

拥乾元之独秀，插翠秀于高空。

楼观郁郁，殿宇崇崇。

流水潺潺，岩洞蒙蒙。

烟霞出没，柳竹交丰。

瀑布垂练，星坛起风。

斗罗七星，岫列七峰。

闻仙鹤于飘渺，迓仙子于山中。

真可谓万山之雄也！

予乃览佳景，数星山而歌之曰：

金龟之山兮，上应狼贪。

玄罔之峰兮，巨门是当。

香城之巅兮，禄存所藏。

今紫之岭兮，文曲昭彰。

岏岫之峰兮，廉真星光。

云台之上兮①，武曲主张。

天池之顶兮，破军扰攘。

太平凤来二山兮，辅荧煌煌。

前拥后从兮，环绕中央②。

丹灶烟清兮，洸潘琳琅。

拱宸有楼兮，下有锦江。

可以濯缨兮，清胜沧浪。

黄鹤去来兮，仙人何方。

予乃长啸兮，乘鸾驾凤，而游乎白云之乡。

　　从其诗之中"北方有神，赫赫玄虚。乃驾龙驭，至于飞乌"之句，可以得知早在元代，云台观玄帝化身的传说已经广为传播，并有着较大的影响力。

　　另一首古体诗为明万历内阁首辅万安所作，其诗云：

惟此有神曰玄武，赫赫威灵遍寰宇。

粤从飞驾至飞乌，载振玄风福西土。

四民莫畴若云屯，欲旸则旸雨则雨。

理庙特降真人封，烜赫徽称冠今古。

---

① 原句为"云台之上煌兮"，"煌"以墨点删除。

② 原文为"环中绕中央"，"中"字以墨点删除。

巍峨大殿倚云开，上去青苍才尺五。

迩来三百有余年，粉藻无文真木腐。

杨侯自是列仙俦，充拓君心真内辅。

坐令百废一朝兴，功在兹山非小补①。

仰祈圣寿算乾元，上衍遐龄归睿主②。

这是万安在《重修云台观记》末尾所附一首古体诗，该诗表达了诗人对玄帝分神飞乌惠及西土的称颂和对蜀藩王府重修云台观功德的赞扬。

《云台胜纪》辑录的七言律诗中有十五首为步韵唱和之诗。所谓步韵就是用他人的诗作韵脚作诗，且前后顺序必须一致，具有较高难度，最初是唐代白居易和元稹之间的相互唱和，后至宋代甚为流行。在该书中，有三组诗词为步韵而作。

第一组为赵法应所作《云台十景》之后，明代翰林钱金步韵亦作《云台十景》。赵诗云：

茅屋金容

蓬莱宫殿在仙台，沉眠结屋避俗埃③。

金像香焚灵气爽④，鹤飞峰顶日斜回。

宝殿腾霞

琼琳玉殿势凌霄，古柏苍松万树摇⑤。

---

① 原文为"功在兹山非小辅补"，"辅"字以墨点删除。

② 原文作"上衍遐龄归睿手"，"手"字较其他字体小。嘉庆《三台县志·艺文志》为"主"，若按诗意与韵脚而言，则"主"字更为恰当。

③ 原作"沉思结茅避俗埃"，后"思"改为"眠"，"茅"改为"屋"。

④ "金像香焚灵气爽"，原句漏"气"字，后在旁边小字增添。

⑤ 原文"霄"与"曙"之间以小字补"古柏苍松万树"，"曙"字以墨点删除。其后有"古本字不明未书"，说明本书有所依之古本。

瑞霭轻烟时弄日，长虹万丈紫云潮。

瑶阶玉玺

琼瑶乱砌入仙阶，玄帝登临剪翠苔。

天上玉楼今落地，云中洗篆共衔来①。

乾元胜迹

岚光四壁接云烟，胜过蓬莱第一天②。

玄帝仙容何处见，穷碑云篆万年镌。

梧桐夜月

月挂梧桐树一枝，其图堪画何稀奇。

卷帘独坐时欣赏，影过仙庭洽笑宜。

拱宸琼楼

万丈高楼纵目空，挲云峭壁万山红③。

漫道仙家岳阳过，登临高耸独争雄④。

抚掌蝉鸣

绿树阴中饮露鸣，谁知鼓掌听音清。

他年叱石仙家异，今日神功何处凭。

龙井灵泉

凿破苍苔泻玉泉，甘凉浸齿自悠然。

胡麻饭煮充香积，丹灶烹煎几百年。

---

①　原文为"记中玺篆共衔来"，后"记"改为"云"，"玺"改为"洗"。

②　原文为"岚光四壁势□□，入蓬莱第一天"，前一句"势"后空两字，旁边以小字增加"接云烟"，并以墨点将"势"字删除。后一句原文将"入"字墨点删除，改为"胜过"。

③　原文"万丈高楼纵目空"后空三字位置，"挲云峭壁万山红"以小字补写。

④　原文"仙家向岳阳过，羽登临此最雄"，句首以小字补"漫道"，"向""羽"和"此最雄"字墨点删除，句末小字补"高耸独争雄"。

洞天鹤舞

珠顶零威下九天①，蓬莱洞院舞蹁跹。

何人欲向扬州去，便跨腾空一洒然②。

锦江玉带

碧波滚滚过桥头③，素练千寻不断流。

天上银河时落地，白云霜冷尚悠悠。

钱诗《云台十景》完全依照赵诗的标题与韵脚而作，其诗云：

草屋金容

翰林钱金韵④

茅屋低低壮古台，俨然仙境静无埃。

玄天从此飞升后，金体虽留竟不回。

宝殿腾霞

宝殿巍巍纵碧霄，彩霞烂烂瑞光摇。

云台古迹真奇绝，万里江山尽拱朝。

瑶阶玉玺

玉篆轻轻覆宝阶，状形八角映苍苔。

只因玄帝阴符召，却向云台丐幻来。

① 原文"珠顶零威下天"，"九"为句旁小字补。
② 原文"便跨腾空一然"，"洒"为句旁小字补。
③ 原文"碧波滚滚过桥"，"头"为句旁小字补。
④ 在钱金所作《云台十景》之中，每一首诗的名字上，以小字分别标注"有图韵""图""韵"，应是郭元翰所依古本之中，对于《云台十景》有绘图，但其辑录的时候没有照样画下来，仅做标注。这些诗作，对一些重要建筑进行了详细的介绍，成为非常重要的研究资料。

乾元胜迹　仙迹

混沌未分时，玄元而立极。

真机现玉昆，费隐包含密。

无着驻云台，天然印仙迹。

世人识者稀，吾道勒金石。

乾元山势　梧桐夜月

月挂梧桐金压枝，一轮光满自然奇。

虽无彩凤来栖止，正是仙坛景最宜。

拱宸楼

璚楼高拱拂晴空，玄帝真容寄此中。

金壁煌煌焕星斗，万年环抱自英雄。

抚掌蝉鸣

人来抚掌似蝉鸣，掌抚轻盈韵又清。

自古云台多胜迹，不须游览说无凭。

龙井灵泉

共夸龙井有灵泉，汨汨渊渊出自然。

一脉流来能救旱，挽回凶岁作丰年。

洞天鹤舞

岩洞清幽鹤戾天，月明飞舞影蹁跹。

一间茅屋真仙境，玄帝真容尚俨然。

锦江玉带

锦江水脉有源头，昼夜潺潺不断流。

高架石桥如玉带，往来人过恁悠悠。

钱金其人生平不详，仅能从题名之中得知其为翰林。两人的诗作虽然一一对应，但不难看出，赵法应的诗句中，多有与道士

修行密切相关的"仙庭""仙家""胡麻""丹灶"等语，用词
遣句飘逸超然，充分体现了一名修道之人对得道成仙的向往。而
钱金诗中词句优美，对仗工整，除了体现了深厚的文学素养和诗
词功底外，也表达了对云台观传说神异与景色奇美的赞叹。

第二组为赵法应弟子等人所作，其诗共三首，韵脚分别为
"因、邻、春"，其中前第一、二首的作者分别为赵希真、米玉
窗。第一首诗：

　　　　心印相传宝性真，已凭玄旨悟前因。

　　　　世缘且与随时遣，升隐何妨作比邻。

　　　　楼观须教严福地，文峰便觉显精神。

　　　　回头喜对天轮话，滴滴眉间都是春。

诗中"已悟前因"和"世缘随遣"表达了作者的修行感悟，
应为赵希真所作。第二首诗：

　　　　昨访乾元谒上真，上真明示本来因。

　　　　禄书来锡承天宠，庵地先期托宝邻。

　　　　剑气愈增光射斗，印文须要正通神。

　　　　从今愿效精忠力，仰答昆坛无尽春。

诗中"昨访乾元谒上真，上真明示本来因"是指外来访客
至云台朝谒上真，应为米玉窗所作。第三首为郏江黄寅仲所作：

　　　　人生寸地具天真，天匪斯人亦不音①。

　　　　金阙邃严虽绝俗，玉窗虚静即为邻。

---

　　① 按：前两首第一句末尾原来均为"音"字，后用墨笔划掉，并在字旁改为
"因"，第三首"音"字未改。

云开辰极光联瑞，星动文昌妙入神。

此会几多蒙受记，乾元在在是阳春。

此三人之中，赵希真为云台观创始人赵法应弟子，在赵法应去世之后住持云台观，在《云台胜纪》之中屡次提及他。米玉窗与黄寅仲生平不详，或为地方文人。以上唱和诗作侧面说明云台观道士与地方文人之间在文化上有着一定的交流与互动。

第三组步韵诗共有12首，原诗为明正德潼川知州胡缵宗所作，其诗云：

望望仙台势绝奇，青楼碧殿俯天池。

龟蛇欲捧君王赦，风雨新开御史碑。

夜月梧高双鹤舞，洞天云远七星移。

孤峰突兀杯中起，万木苍苍白日迟。

该诗韵脚分别为"池""碑""迟"，在胡缵宗诗作之后，有11人步韵唱和，包括陈鎏、李希凤、周逊志、余承勋、王嘉宾、朱屏、张正学、高第、李学诗、何存敩、杨名等。如张正学：

山川似此亦何奇，云护仙台天作池。

灵镇坤舆留旧象，化调乾鼎勒新碑。

梯云万转风烟迥，避秦三台星斗移。

极目群峰希梦□，倏然缓步忘归迟。

这些作者除李希凤与周逊志二人生平不详以外，其他人基本上都是在朝廷任职的官员。考以上作者均任职于正德嘉靖前后，此十余首律诗的撰写完成有两种可能性。一为同时同地所作。设想曾在云台观举行过一场规模较大的筵席，筵席上众多官员齐聚，共同以云台观为题作诗唱和，其时之盛景，当蔚为大观。另

一种可能性是胡缵宗在作此诗之后，留于云台观中，其后来访的
官员纷纷依韵作诗，亦留于道观之中，至此流传于世。笔者认为
第二种可能性更大一些。

　　诗作之中多为七言律诗，也有部分绝句，如四川右布政使陈
洪蒙。其诗《礼化身四绝》云：

> 齐心几欲登初地，大觉由来亦幻成。
> 信是剑锋能斩魅，三尸不用鼎炉烹。
>
> 三尸端不用金炉，九转还丹具玉壶。
> 顶礼终疑窥色相，扪心还自见真吾。
>
> 扪心非是见吾心，缥缈风雷个里寻。
> 龙虎霎时朝紫极，渣泥锻就出黄金。
>
> 渣泥本是黄金舍，蝉脱何因染世尘。
> 日月双眸犹拱璧，龟蛇并息到洪钧。

　　以上数首诗为陈洪蒙游访云台观，参拜玄帝化身所作，表达
了作者对于道教修行的认识与感悟。其余大量文人所作诗篇，有
的是对云台山美好景致的赞扬，有的是云台观神话传说和玄帝灵
应的感叹，还有的抒发了对修道和神仙境界的向往之情。最后还
有《云台胜纪》作者郭元翰与序文作者郭元柱二人的诗，二诗
之后均有注文。郭元翰诗云：

蜀隆朝岳

> 云台胜境最称奇，瑞霭芙蓉达玉池。

名列九霄遗蝉蜕，功垂万古勒新碑。

梧桐夜月浮云奕，宝殿腾□星斗移。

乾元胜迹留丹诀，我欲潜修尚未迟。

再游云台

步入云台近帝前，回思蝉蜕几经年。

神游金阙齐天久，光彻银河并日悬。

重叩真灵求嗣应，胤再虑□设华筵。

熊罴叶梦呈祥贶，聊写丹衷谢上玄。

该注文中"重叩真灵求嗣应"以及"聊写丹衷谢上玄"进一步表达了自己求子嗣获应，亲身感受到了玄帝的灵应，进而撰写《云台胜纪》以表衷心感谢之情。

郭元柱诗云：

炎暑驱车谒圣真，万年遗像面犹生。

琳宫缥缈悬丹壁，茅屋穹窿倚玉京。

乍雨乍晴天地动，作威作福鬼神惊。

云台自是仙家景，游罢尘心一扫清。

后注云：

云台胜境，冠于寰宇，余倾慕有年矣。今夏，自秦枭叨移滇藩，途闻玄帝威灵赫异，退迕摄服。即日斋宿，驰谒之。甫渡河，而暴雨适至，余已霁祷已，果霁。及山径崎岖，苦张炎热，默以凉祷，已而果凉。次日旋车，清凉如默昨。亭午云雨大作，度不免矣。再祷之，而雨忽漂散，弥漫四合。独行，途一无所滞。薄暮，入中江城就馆舍，雨下如注，沟洫倏盈，若有所待而然者。众皆异之。爰赋以纪其奇遇云。

显然，郭元柱在朝谒云台观的过程中，因数次祈祷玄帝都有着神奇的感应，让他惊奇之余，又产生了深深的崇敬，或许正是因为他在云台观的这些感应，使得他撰写了《云台胜纪》序文。

第五卷的最后还有对云台观匾额和楹联的辑录，共计23副。包括正殿、中殿、茅屋殿、八角楼、天乙阁、拱宸楼、山门、石合门、圈洞门、三天门、二天门、头天门、梓潼殿、龙王宫等十四个地点。这些楹联匾额未注撰者，但非常有价值的是，从这些楹联匾额中可以知道在《云台胜纪》撰写的明万历十九年前后云台观主体建筑的基本情况。其中正殿为今天玄天宫旧址，茅屋殿今存，位于玄天宫右侧。八角楼、天乙阁、拱宸楼在万历三十二年大火中毁去，重建降魔殿和灵官殿。梓潼殿、龙王宫今已不存，山门、石合门、圈洞门今存。三天门、二天门、头天门为重建，其上楹联为重新书写，与《云台胜纪》之中内容已然不同。

第二章　云台观地理人文环境与
建筑艺术

　　自东汉末年张道陵创立有组织的道教团体以来，随着道士修炼、法脉传承与法事科仪活动的组织化和系统化程度不断提高，道教便逐渐有了相对固定的宗教空间和物质场所，由此形成了早期的天师道二十四治（化），以及此后在不同历史时期出现的靖庐、宫、观等宗教活动场所。道教宫观在道教延续法脉、拓展规模与扩大社会影响方面，发挥了重要的作用。从道教自身发展历史来看，道教宫观的营建往往要充分考虑地理环境因素。除此之外，道教宫观规模的扩大与道教在地方社会影响力的变化，会受到地方社会政治、经济以及文化等诸多方面的影响。当然，道教宫观也反过来对地方社会的宗教文化生活和人文历史产生着一定影响，并在一定程度上参与到地方社会文化建构与发展的进程中去。本章将分别从云台观所处地域的自然环境、经济环境与历史人文环境进行考察，意图探究道教宫观发展中的环境因素。

第一节　云台观的自然地理格局与社会人文环境

一　"九龙捧圣、五星得位"的自然地理格局

所谓自然地理格局，是中国传统文化中居住环境文化的一种具体体现。在中国传统社会的观念之中，无论是作为生者居住场所的阳宅，还是埋葬死者的阴宅，地址的选择均需要遵循一定方法和规律，这种择地而居的理论被称为"堪舆"。《黄帝宅经》云：

> 宅者，人之本。人以宅为家，居若安，即家代昌吉；若不安，即门族衰微，坟墓川冈。并同兹说，上之军国，次及州郡县邑，下之村坊署栅，乃至山居，但人所处，皆其例焉①。

传统中国社会的这种择地而居观念的核心在于，选择有着得天独厚的自然环境作为居室或者先人坟墓，不仅可以给现世带来好的运势，更可以蒙荫后代子孙。这实际上是古代劳动人民在长期的生产和生活实践过程中，逐步形成的与自然环境和谐相处的观念之一。那么，在传统观念里究竟什么样的地理环境格局才是最佳的选择？

按照传统堪舆理论，好的地理环境格局包括"风"和"水"

---

① 《黄帝宅经》，《道藏》第 4 册，第 979 页。

两部分。

首先，"藏风聚气"是人们寻找建宅之地的基本考虑。具体而言，所谓"藏风"就是周边有遮挡之物可以避开大型气流的侵害。因为柔和的微风轻拂可以使空气流通，而大风却会对人体产生一定的危害，长久生活在这种剧烈的气流变化中，容易使人患上各种疾病。"聚气"则指通过一定的地势变化，将自然界里的"生气"聚合起来，给予生命以勃勃生机和活力。其次，水对于运势的导向有着重要影响。传统堪舆之法认为"气乘风则散，界水则止"①。所以，选址除了需要有山脉阻隔大风之外，还需要有水阻隔生气外散。

传统上认为，最理想的地理环境格局是"坐北朝南"，这种思想最简单和直接的要求是："左青龙，右白虎，前朱雀，后玄武。"从自然环境科学来看，这是有一定依据的。首先，因为中国处于北半球，太阳光照从南边照向北方，所以"坐北朝南"这个基本格局有利于建筑物的采光，充分的光照既可以杀死有害细菌，也可以提供给生命体所需热能，使生命充满蓬勃生机。同时，"后玄武"要求其地北方应该有一座大山作为依靠，其目的是阻挡高寒气流的侵袭，是为玄武位；而左右各有小型山脉对其地形成环抱之势，且山势走向以其地为中心，是为青龙位与白虎位；其地前方则需要有开阔平坦之地，是为明堂，明堂前必须有一条蜿蜒的河流，即为朱雀位。

事实上，"左青龙，右白虎，前朱雀，后玄武"的布局之名，与传统星象学又有着密切联系。传统星相学认为，地上的山

---

① （晋）郭璞：《葬书》，文渊阁《四库全书》，上海：上海古籍出版社，1993年，第808册，第14页。

川、河流、城镇、宫室，都与天上的星宿有着相互呼应映照的关系。"夫七曜三垣二十八宿，为大圣人观天文以察时变，观此也，此有恒之象也二十八宿者，苍龙、白虎、玄武、朱雀各七宿也。"① 七曜三垣二十八宿是中国传统星象学的核心内容，日（太阳）、月（太阴）与金（太白）、木（岁星）、水（辰星）、火（荧惑）、土（镇星）等称为七曜，三垣则包括上垣之太微垣、中垣之紫微垣及下垣之天市垣，而苍龙、白虎、玄武、朱雀分别由七颗星辰构成，一起组成二十八宿。也就是说，堪舆之中的"左青龙，右白虎，前朱雀，后玄武"的布局，还必须与天上的二十八星宿相对应，才能获得天地之间感通相应的能量。这种观念来源于中国古人对天地人三才之间的相互关系的重视，正如《黄帝阴符经》所说："天地，万物之盗；万物，人之盗；人，万物之盗。三盗既宜，三才既安。"② 天地人之间是密切联系的，唯有处理好三者的关系，并有效利用天与地（此处可以理解为自然地理与气候环境）提供给人们的优势，才能促进生产与生活，这种理论充分蕴含着先民们追求美好生活的愿景。

云台观所处的地理位置，确实与堪舆学上的绝佳环境布局理论有着相应之处。云台观坐落于云台山山腰之上，云台山海拔519.5 米，势如高台，植被茂盛，古柏参天，风景秀丽。其北面有圣母山作为屏障，东西各有九道山脉以环抱之势居于两侧。九道山脉的山势犹如九条翻滚的巨龙，以朝圣的姿势聚向云台山。而山前更有锦江蜿蜒流过，奔流不息。这样的地理格局正暗合了

---

① （明）章潢：《图书编》，文渊阁《四库全书》，上海：上海古籍出版社，1993 年，第 969 册，第 25—26 页。

② 《黄帝阴符经》，《道藏》第 1 册，第 821 页。

"左青龙，右白虎，前朱雀，后玄武"自然环境布局。云台观创始人赵法应对云台山的天然优越的地理环境格局了然于胸，他对弟子说："吾山不及他山富，他山不及吾山清。吾山冬寒而不寒，夏热而不热，三劫为人，方到吾山，五世为人，方住吾地，七世为人，方葬吾境。"① 在他看来，云台山清雅秀丽，冬暖夏凉，修行人须得有几大福报才能到此，更需要修得"七世"能够才有机会埋葬在此地。

不仅如此，云台观还是一个"五星得位、九龙捧圣"之地。《云台胜纪》云：

> 文曲峰西去十里许，虚危之下有山名"云台"，高只三百六十丈，阔只四里八分。地接岷峨，脉连玉垒；瑞气葱郁，岩洞幽丽，真佳境也。且南有火峰，西有金顶、岏母山。峻耸凌霄，若纛旗树于侧。陟其巅，四顾苍然，一望无际。锦江盘旋若玉带，流溅珠而声敲玉。印台圣灯。献于左右。而凤来、太平诸山，势若星拱。苍翠跪伏，绮绾绣错。此古人所谓"五星得位，九龙捧圣"之地，盖天为帝造、地为帝设也②。

"五星"，通常指与"五行"——水火木金土相应的五颗星辰，它们各有其名："五星即五行也。木曰岁星，火曰荧惑，土曰镇星，金曰太白，水曰辰星。"③ 古人很早就认识到了木星、火星、土星、金星和水星等星辰运行对地球的影响。"五行全而

---

① （明）郭元翰：《云台胜纪》卷一《启圣实录》。
② 同上。
③ （明）章潢：《图书编》，文渊阁《四库全书》，上海：上海古籍出版社，1993年，第969册，第199页。

五星明，五星明而五岳峙，是以在道则为三清，在世则为三才，
在神则为三元，在人则按三部，又在道则为五老，在天则为五
星，在地则为五岳，在人则为五脏上应五星，中应五岳，故神住
其间。"① 按照道教"天人相应""天人合一"的思想，天上的
五星运行，影响着人类生活的自然环境和社会环境。五行在天为
五星，在地为五岳，云台观周边的诸山岳形胜正是暗合了"五
星得位"的格局。

　　按照中国传统堪舆学的说法，山脉走向象征着龙，九条山脉
汇聚之处，则有着自然生成的天地灵气，处于这个位置的建筑，
自然也就吸收了天地之间的精华，是道家之人修行的宝地。"九
龙捧圣"是指自然形成的九条山脉走向，汇聚到一起的交界之
处。一方面，云台山在地脉上连接着岷山、峨眉山、玉垒山等有
着神仙传说的山脉。另一方面，云台山周边有九条山脉，分别位
于云台观四个方向，它们是：北方圣母山、小印盒山，东南乌龙
山、西北虎头山、笔匣山，西方黑龙山、大印盒山，西南天台
山、青龙山，这九个山脉走向均以云台山为中心，就像九条龙将
一个龙珠围在了中心，从而形成了拱卫之势。

　　"九龙捧圣"的地势在古代社会显然被认为是有着帝王龙脉
之象的。传说诸葛亮曾经到此选址建都，并大摆"七星阵"。故
事发生在蜀汉时期，刘备攻克四川之后，准备选取建都之地。丞
相诸葛亮遍访四川各地，发现了云台山的地脉为"九龙捧圣"
之地，非常适合建都，但是由于此处南边朱雀位高，而北边玄武
位低，于是诸葛亮在北面圣母山之上，建了七星坛、点上七星

---

① （明）朱权：《天皇至道太清玉册》，《万历续道藏》35 册，第 356 页。

灯，并踏罡步斗、画符念咒，意图用法术降低朱雀位的高度。不到一个时辰，南边朱雀位逐渐往下沉。然而圣母山上供奉的太元圣母见山脉风水发生改变，化作飞蛾扑灭了七星灯。诸葛亮见天意如此，只好另做打算，最后选择了绵阳富乐山做了刘备的行宫①。当然，这仅仅是民间传说而已，不足为信。但有意思的是，今天云台观西圣母山上，确实有依稀可见数个大坑，不知是何朝代留下的遗迹，或许这就是当地民众口中津津乐道的诸葛亮"点七星灯"故事的来源。

不过，在《蜀中广记》中确实有关于诸葛亮曾亲到郪江周边地区进行过巡查的记载。章武元年（221），刘备于成都称帝，建立了蜀汉政权，"遣诸葛亮等分定州郡略地。至郪，百姓以牛酒犒师于会军堂山"②。诸葛亮到了郪县之后，受到了当地老百姓的欢迎，以牛肉美酒犒劳军士。而郪江正是云台观所处之地，因此武侯诸葛亮曾至云台山也不是没有可能。

云台观的"九龙捧圣"天然格局与诸葛亮点七星灯的传说，至今仍在川北地区广为流传。近现代有许多文人的诗作，对云台观这一自然地理格局进行了咏叹。仲全松③诗云："华表巍巍映日红，森森古柏拥云峰。九龙捧圣蓬莱境，天上人间自不同。"

①　关于诸葛亮云台观北圣母山点七星灯的传说，三台县民间流传着不同的版本。以上故事引自赵长松：《萃闻异事——三台民间故事》，北京：大众文艺出版社，2011 年，第 161—162 页。另张庆主编《四川省三台县郪江、云台观、鲁班湖历史文化旅游丛书》之三《民间传说故事歌谣集》（内部出版资料，2005 年，第 32 页）也记载了"诸葛亮巧设七星灯"的故事。

②　（明）曹学佺：《蜀中广记》卷二十九，《景印文渊阁四库全书》，台北：台湾商务印书馆，第 591 册，第 356 页。

③　仲全松（1954—　），四川三台县人。四川省散文学会会员，绵阳市政协习文史委副主任。

向成国①诗云："九龙捧圣誉全川，道气仙风蔚自然。古柏森森山滴翠，云台胜境过三天。"戴凤仪②诗云："九龙捧圣护云台，宝殿巍巍映玉阶。雾锁经堂生瑞气，钟传云汉净尘埃。"以及佚名诗云："九龙捧圣伴云台，锦江玉带天际开。琼楼玉宇落翠微，奇峰胜景类蓬莱。诸葛照化欲皇城，唐柏巍然今犹在。风雨沧桑谁短长，天地无心自公裁。"这些诗作赞颂了云台观悠久的历史，壮观的建筑格局，优美的自然环境，表达了诗人们对于云台观的赞叹之情。

二　"川北重镇、文化名城"的社会人文环境

云台观所处之绵阳市三台县，位于四川省东北部，自汉至清，历属广汉郡、梓州、潼川州、潼川府等行政建制区域。由于物产丰富、商业繁荣，加之是省会成都通往陕西的重要交通枢纽，三台县历代均为州、府、郡、道、路治所，在唐宋时已与成都齐名，成为川北地区重要的商贸往来和经济文化中心，被誉为"川北重镇，剑南名都"，是一座当之无愧的历史文化名城。

（一）三台县历史沿革

三台县处古梁州域，属于古蜀国的辖区范围，"历唐虞夏商周，为蜀国地"③，其最早的历史可以追溯至秦以前的古郪国。

---

① 向成国（1941—　），笔名梓思。中华诗词学会、中国楹联学会会员，绵阳市诗词学会三台分会会长，绵阳市诗词学会理事。
② 戴凤仪（1935—　），四川三台县人。中国楹联学会、绵阳市诗词学会会员，绵阳市书法家协会副主席。
③ （民国）林志茂等修，谢勤等纂：《三台县志·舆地志》，民国二十年（1931）铅印本。

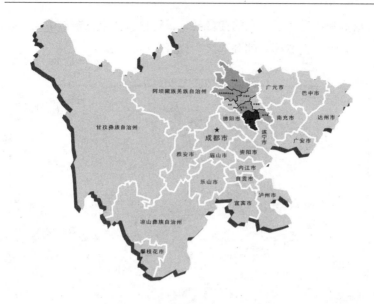

图 2 - 1 - 1　三台县在四川的区位图

春秋时期，生活在郪江流域的一支西南少数民族部落"濮人"迁入郪江流域并定居下来。郪江流域有着非常丰富的铜、盐资源，"濮人"逐渐发展壮大建立了古郪国，是春秋时期"九州千国"之一，其首领被称为"郪王"，其都城被称为"郪王城"。据《读史方舆纪要》："故郪城，在县南九十里，临江，一名郪王城。"① 如今郪王城的旧址建有郪江镇，距云台观约 4 公里。公元前 316 年，秦惠文王派兵灭蜀，又进一步取巴，统一了巴蜀地区并设置蜀郡。公元前 201 年，汉高祖分设巴、蜀二郡，置广汉郡，辖郪县等十三县。其中郪县治所在古郪王城旧址，古郪县

---

① （清）顾祖禹：《读史方舆纪要》，北京：中华书局，2005 年，第 3335 页。

所辖范围远远大于现在的三台县域，管辖包括今三台、中江、盐亭、射洪、大英等大部分地区。（如图 2 - 1 - 2）

图 2 - 1 - 2　西汉"益州刺史部北部"地图所见广汉郡及郪县①

　　东汉末年，刘焉、刘璋父子据四川，章武元年（221），刘备在成都称帝，建立蜀汉政权。建兴二年（224），拆分原广汉郡而设广汉郡、东广汉郡和梓潼郡，治地分别为雒县、郪县和梓潼。同时，划郪县西域地区置伍城县（即今中江县）。（如图 2 - 1 - 3）

————————

　　①　谭其骧主编：《中国历史地图集》（第二册），北京：中国地图出版社，1996年，第29—30页。

图2-1-3　东汉"益州刺史部北部"地图所见三郡及雒县、郪县与梓潼①

南朝宋元嘉九年（432），分郪县北部地区建北五城县（今三台县）。隋开皇十八年（598），始用梓州之名，辖昌城、射洪、盐亭、通泉、飞乌五县。对于"梓州"一名的来源，一般认为取"梓潼水"而命名，而另一说法则认为梓州历史上为丝、绸、绢的发源地（盐亭为嫘祖故里），此处"梓"或来源于"福及桑梓"之说②。隋大业三年（607），改昌城县为郪县，县治今三台县潼川镇。

唐时州郡更迭频繁，郪县始终为州郡治所。宋乾德四年

①　谭其骧主编：《中国历史地图集》（第二册），北京：中国地图出版社，1996年，第53—54页。

②　张庆：《梓州史迹录》，北京：中国文史出版社，2016年，第14页。

（966），改梓州设静戎军。太平兴国中，改梓州静戎军为静安军①。宋徽宗重和元年（1118），改剑南东川节度为潼川府，改梓州路为潼川府路，下辖十县。《宋会要辑稿》云："潼川府路，旧梓州路，重和元年升为潼川府路。"②

明洪武九年（1376），改潼川府为潼川州，撤郪县并入潼川州，州属四川行省。（如图2-1-4）

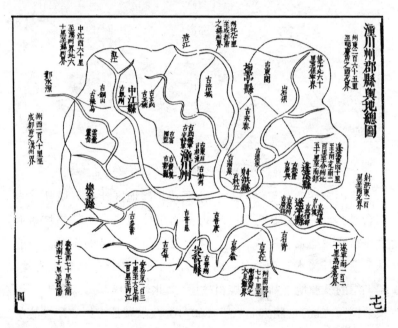

---

① 据学者聂崇岐考证，宋史中所记"太平兴国中"，《舆地广记》作"三年"即公元978年，《舆地纪胜》引《会要》作"二年"即公元977年。"静安军"，《太平寰宇记》《九域志》《舆地广记》均作"安静军"。详见《宋史地理志考异·潼川府路》，载于顾颉刚等主编：《禹贡》（半月刊），中华书局，2010年，第775页。
② （清）徐松：《宋会要辑稿·方域七》，北京：中华书局，1957年影印本，第7406页。

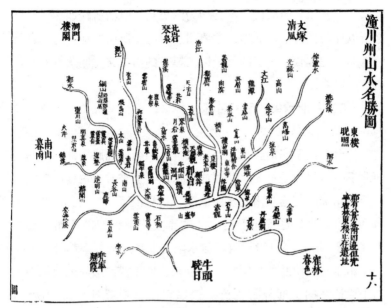

图2-1-4　潼川州舆地图与山水名胜图　来源：万历《潼川州志》

清雍正十二年（1734），改潼川州为潼川府，属四川省川北道，置三台县，县治三台县潼川镇，另辖射洪、盐亭、中江、蓬溪、遂宁、安岳、乐至等共8个县。到了民国二年（1913）始撤潼川府，存三台县，属川北道。

中华人民共和国成立后，三台县隶属川北行署遂宁专区。1953年撤行署设四川省，三台县属四川省遂宁专区。1985年成立四川省绵阳市，三台县属绵阳市，沿用至今。从三台县的历史沿革来看，从汉代置广汉郡开始至民国二年止，三台县历代为郡、州、府、道、路治所，一直作为川北地区的政治、经济与文化中心而存在。三国时期郪县为东广汉郡治所，南北朝、隋朝时期郪县为新城郡、昌城郡治所，唐朝、五代郪县为梓州治地，此后宋、元、明、清数代，郪县均为潼川州、府治所在地。三台县之所以在历代都是川北地区主要州、府的治所所在地，与三台县特殊的地理位置、丰富的物产以及厚重的历史文化底蕴有着非常密切的联系。

（二）川北重镇，剑南名都

1. 蜀北交通枢纽

三台县位于四川腹地，是川北进入川西的陆路要冲，也是川西北下行至川南的重要水路要津。从地形上来看，古代巴蜀地区东西两川陆路交通与南北水路航道，均交汇于三台县，因此，三台县自古以来便是贯通巴蜀内陆的重要交通枢纽。正如《读史方舆纪要》云："（潼川州）居水陆之要冲，为剑南都会。"[①]

由于秦巴山脉的阻隔，自古以来，处于西南边陲的巴蜀地区与中原地区的交通异常困难，正如李白《蜀道难》诗中所云："噫吁嚱，危乎高哉，蜀道之难难于上青天""尔来四万八千岁，不与秦塞通人烟"，足以表达巴蜀地区与中原地区交通闭塞的历史。当然，古蜀人自先秦时期便已经设法走出盆地，因巴蜀毗邻陕西，巴蜀向北出川，自然首先走向位于汉中地区的秦国。"巴蜀亦所谓西辟之强也，生息既久，当不自限于岷山之阳；秦更继宗周之故业，益肆经营；则秦蜀接触，亦属意中之事。秦厉公二年，秦本纪曰：蜀人来赂。六国表同。秦蜀交通，盖自此始。"[②]为了进出巴蜀，古蜀人开创了数条穿越大巴山、秦岭和米仓山的道路，形成了一个从北到南、自西向东的庞大交通体系："北部

---

① （清）顾祖禹：《读史方舆纪要》，北京：中华书局，2005年，第3334页。
② 马培棠：《巴蜀归秦考》，载顾颉刚等主编：《禹贡》（半月刊），北京：中华书局，2010年，第476页。

由西向东，依次主要有故道、褒斜道、傥骆道、子午道等线路；南部亦由西向东，依次主要有金牛道、米仓道、荔枝道等线路。"① 这其中最为重要的古蜀道当属金牛道。

金牛道由汉中勉县发端，向西南经宁强过广元剑阁入川，这也是史学家们认为的秦惠王入蜀之路。自秦以后，金牛道便成为由汉中到四川的主要交通要道，被称为"蜀之喉嗌"②。

学者们往往认为金牛道就是广元剑阁过绵阳、德阳到成都那条路线。但实际上，金牛道应该有西、南两条路到成都。《读史方舆纪要》云："朝天岭……有朝天驿，自汉中府褒诚县至此凡四百四十里，自驿而南则由保宁府潼川州而达成都，自西则由剑门、绵、汉而达成都，盖衿束之地也。"③ 可见，广元朝天岭自古便设驿站，是交通秦蜀的关键之地。有学者也对此进行了考证，证明金牛道在朝天岭一分为二，由两条路入川："由金牛而南至朝天岭，岭地最高。由岭而西，自剑阁越绵、汉，以达成都。由岭而南，则自保宁趋潼川，以达成都。保宁迂，而剑阁捷，故剑阁最为要冲。"④

也就是说，金牛道在广元朝天岭分路，一条是直线，从剑阁、绵阳、德阳到成都，这一条路被认为是传统的金牛道；另一条则是迂回路线，从保宁（阆中）过三台到成都，由于蜀汉时

---

① 彭邦本：《金牛道的起源和早期发展》，《中华文化论坛》2019 年第 3 期。
② 严耕望：《唐代交通图考》第四卷《山剑滇黔区》，上海：上海古籍出版社，2007 年，第 863 页。
③ （清）顾祖禹：《读史方舆纪要》，北京：中华书局，2005 年，第 3211 页。
④ 严耕望：《唐代交通图考》第四卷《山剑滇黔区》，上海：上海古籍出版社，2007 年，第 863 页。

期三台地区属于郪县①，所以这条道路又被称为"郪道"。光绪
《新修潼川府志》引《中江县志》："中江昔为驿站孔道，西由古
店至汉州，以达省垣，东由潼川至广元，以达京师，是为古
道。"②此处即提到，古郪道的路线是从成都过广汉、中江，再
由潼川（今三台县）过阆中、广元出川至京师。

　　古郪道从先秦时期就发挥着联通川陕的重要作用，是两汉及
蜀汉时在今绵阳市辖境内的第二条大道，为蜀汉东广汉郡西接三
蜀，东通三巴的一大动脉③。《三国志·蜀志》："维等初闻瞻破，
或闻后主欲固守成都，或闻欲东入吴，或闻欲南人建宁。于是引
军由广汉、郪道以审虚实。"④同样，《华阳国志》也有类似记
载："维未知后主降……乃回由巴西、广汉，出郪道五城。"⑤蜀
汉末年，姜维在剑阁听闻诸葛瞻在绵竹被破时殉国，而后主据守
成都，金牛道已经被邓艾截断，于是率兵从巴西、广汉转向郪道
至成都勤王。

　　在唐代，金牛道和古郪道都是朝廷出兵伐蜀的两条主要路
线。《周书·尉迟迥传》云：

　　　　伐蜀，以魏废帝二年春，自散关由固道出白马，趣晋

　　①　据《后汉书·王涣传》："郪县故城在今梓州郪县西南"，也就是四川三台县
潼川镇，蜀汉建兴三年（225），划小广汉、郪、德阳、五城四县，置东广汉郡，郡
治设于郪县。
　　②　（清）阿麟修，王龙勋等纂：《新修潼川府志》卷十八《武备志》，清光绪
二十三年（1897）刻本。
　　③　张庆：《梓州史迹录》，北京：中国文史出版社，第33页。
　　④　（晋）陈寿撰，（南朝宋）裴松之注：《三国志》，北京：中华书局，1999
年，第789页。
　　⑤　（晋）常璩：《华阳国志》卷七，文渊阁《四库全书》，上海：上海古籍出
版社，1993年，第463册，第207页。

寿，开平林旧道。前军临剑阁，（萧）纪安州刺史乐广，以州先降。纪梁州刺史杨乾运时镇潼州，又降。六月，迥至潼州①。

由于三台县的重要性，自汉以来它为历代州、府、军、道治所，因此在蜀道交通发达的唐代前后，三台县所在的梓州成为攻蜀必征之地是必然的结果。

明清之际，古郪道虽有所变化，但仍然发挥着贯通川北数个重要城市的作用。清代三台县境内设置主要驿站是五城驿、黄华驿和云溪驿，这几个驿站东接成都录官驿和广汉驿，西连阆中，保留着古郪道的大致线路。据光绪《新修潼川府志》引《天下郡国利病书》："自成都录官驿，由府属之新都军站广汉驿北。由潼川州境古店军站五城驿，建宁军站黄华驿，秋林军站云溪驿，入保宁府境。"② 又引《蜀故》：

> 剑门驿道，自明末寇乱，久为榛莽。入蜀由苍溪阆中盐亭潼川以达汉州，率皆鸟道。康熙二十九年四月，四川巡抚嘎尔图上疏："自广元县迤南，历圆山等十二站始达汉州，计程八百二十里，多崇山峻岭，盘折难行。查得剑门关旧路仅六百二十里，臣乘农隙刊木伐石，搭桥造船，以通行旅，遂成坦途。"③

除了郪道之外，与三台县密切相关的交通要道还有"小川

---

① （唐）令狐德棻等撰：《周书》，北京：中华书局，1971年，第350页。
② （清）阿麟修，王龙勋等纂：《新修潼川府志》卷十八《武备志》，清光绪二十三年（1897）刻本。
③ 同上。

北道"。如果说郪道是三台连接成都与广元的重要路线的话,那么小川北道就是三台连接重庆的重要路线。据《蜀輶日记》载:"开县产米,舟航四达矣……陆路由万县道梁山、大竹、渠县、蓬州、南充、蓬溪、射洪、三台、中江、金堂至成都,一千三百里,半月可到。"① 可见,这条道路大致走向是从万县过梁平、大竹、渠县、蓬安、南充、蓬溪,然后过三台、中江、金堂到成都。明清之际,许多从湖北入川的官商与游人,大多到了万县就弃水路而选择陆路,从开县、达州北上,经梁平、三台南至成都。这条线也可以被称为是古秦巴道的支线。

另外,三台县的水运交通在古代也是相对比较发达的。三台县位于涪江与凯江(中江)的交汇之处,而涪江是嘉陵江的支流,自合川而入长江。古时的涪江河道宽阔,水势平缓,在内河航运发挥交通运输重要作用的古代,涪江也承担了从长江、嘉陵江入四川内陆的河运重任。

2. 物产的丰饶

三台县物产丰饶,特别是盐、矿等重要的物资原料出产较多。《新唐书·地理志》中记载,宋代梓州所辖郪县、射洪、通泉、玄武、盐亭等县都有丰富的盐②。《华阳国志》云:"郪县有山原田,富国盐井。"③《读史方舆纪要》亦云:"州有盐水铜山之富,农桑果实之饶,山川绵衍,人物阜繁,州之形胜,甲于西南,有自来矣。"④ 明朝沈德符《万历野获编》:"四川之潼川

①　(清)陶澍:《蜀輶日记》卷三,清光绪十七年上海著易堂铅印本,第28页。

②　(宋)欧阳修:《新唐书》,北京:中华书局,1975年,第1088页。

③　(晋)常璩:《华阳国志》卷三,文渊阁《四库全书》,上海:上海古籍出版社,1993年,第463册,第161页。

④　(清)顾祖禹:《读史方舆纪要》,北京:中华书局,2005年,第3335页。

州，在宋为利州路，列四蜀之一，以镇帅开阃，最为雄盛。且所领十县，俱上腴善地。"① 可见三台县所处潼川州在历史上是四川知名的富饶之地。

作为川北交通要道，明朝时期的三台县经济十分繁荣，其中盐业是三台县重要的支柱产业。早在宋代，三台县便置有富国盐监，"梓州所领县皆有盐井，而最多者涪城则二十七盐井，郪县则三十四盐井，盖置监领盐税也"②。明嘉靖年间，潼川州新增盐井两百多处，占全川各州县第七位。有如此大的产盐量，朝廷在治西、治北专、分设盐课司。仅治西盐课司所辖盐井，弘治年间产盐量高达三十七万多公斤，是洪武年间产量的三倍之多，占全川产盐量3%。到了清代，盐业仍然是三台县的主要经济项目，据清丁宝桢《四川盐法志》所记，潼川府在乾隆二十三年（1758）前后所拥有的盐井有286个之多。到了民国时期，三台县的盐产量在四川地区仍然名列前茅。正是这个原因，四川省政府在三台县专设川北运副公署和川北稽核分所对川北12个盐场盐业进行监管③。

在1932年《四川盐政史》中关于四川各地盐产量的图表之中，三台县每年盐产量十八万余担，仅次于自贡、云阳等地区，处于第三等级④。

除了盐矿产量丰富之外，三台县还是四川境内出产桑蚕丝的重要地区之一，蚕丝出产也促进了丝织手工业的发展。三台县的

---

① （明）沈德符：《万历野获编》，北京：中华书局，1959年，第11页。
② （清）顾祖禹：《读史方舆纪要》，北京：中华书局，2005年，第3336页。
③ 吴炜等编纂：《四川盐政史》卷一，民国二十一年（1932）影印本，第24、82页。
④ 同上，第54页。

蚕丝生产和丝织技术最早可以追溯至唐宋时期，《新唐书·地理志》记载："梓州土贡红绫、丝布、柑、蔗糖、橘皮"①，《敦煌遗书》亦记载："唐梓州绢、练，畅销西域。"② 在唐代，梓州（今三台县）所产出的丝质产品即已经远销西域地区。"梓州织八丈阔幅绢，献宫禁，前世织工所不能也。"③ 可见在宋代梓州纺织技术的高超，并且在宋代梓州官府所收绢的数量，已经远远超过了成都，丝绢产量居于四川第一④。

3. 文化与教育的兴盛

三台县悠久的历史、便捷的交通与丰富的物产既带来了地方经济的繁荣，也创造了辉煌的"郪涪文化"，是巴蜀文化中的瑰宝。《新修潼川府志》云："潼自唐宋以来，固剑外一大都会也。曰东蜀，曰东川，其势与西蜀西川并峙，风土蕃昌，人文茂美，当亦不亚于西。"⑤ 可见自唐宋以来，作为东蜀、东川的三台县被称为剑外大都会，其文化发展的兴盛程度并不亚于西蜀成都。

三台历史上出现了许多文化名人，他们为三台县的文化繁荣做出了卓越的贡献。汉光武帝建武五年（29），刘秀在洛阳建立太学，并在全国范围内推行郡学，通过讲经论理传播儒学。郪县所在广汉郡亦设郡学，涌现了冯颢、王涣、王商、李毅等学识渊博、才学出众的优秀人才。北宋庆历年间（1041－1048），州府创建了文庙和州学，到了南宋时期，潼川地区的私人办学逐渐兴

---

① （宋）欧阳修：《新唐书》，北京：中华书局，1975 年，第 1088 页。
② 张庆：《梓州史迹录》，北京：中国文史出版社，2016 年，第 43 页。
③ （宋）张邦基：《墨庄漫录》，文渊阁《四库全书》，上海：上海古籍出版社，1993 年，第 864 册，第 13 页。
④ 张庆：《梓州史迹录》，北京：中国文史出版社，2016 年，第 43 页。
⑤ （清）阿麟修，王龙勋等纂：《新修潼川府志·序》，光绪二十三年（1897）刻本。

盛起来。杨知章、宁宗时、杨子谟等潼川名士精通儒学，在家乡教育青年子弟，培养了许多优秀人才。杨子谟，字伯昌，号浩斋，淳熙七年（1180）进士，累官通判成都府。卸任后讲学于云山书院，弘扬程朱理学。据统计，北宋和南宋，梓州和潼川府共有48人中进士。其中苏易简、姚希得均官至参知政事。除上述当地名士以外，潼川人杨谔、鲁交、岑象求、杨天惠、吴泳和任忠厚等也有名于时。而大名鼎鼎的"唐宋八大家"成员的苏轼、苏辙兄弟在梓州也短期客居并留有诗文。

唐宋时期，梓州达官显宦云集，墨客骚人荟萃，文化空前繁荣。初唐著名诗人王勃、杨炯、卢照邻等均曾客居梓州，并留下了著名的诗篇。王勃（650－675）客居梓州期间，曾先后为兜率寺、慧义寺、灵瑞寺撰写碑文。留有赞颂牛头山的诗句："沙汀送暖，落花与新燕争飞；城邑迎寒，凉叶共初鸿竞起。"[①] 卢照邻（633－684）则有《送梓州高参军还京》《宴梓州南亭诗序》和《宴梓州南亭得池字诗》等诗广为流传。杨炯（650－693）在武则天朝曾任梓州司法参军。他在任期间，撰有《梓州惠义寺重阁铭》《梓州官僚磨崖赞》《和刘长史答十九兄诗》等著名作品。唐代宗宝应元年（762），诗圣杜甫（712－770）曾客居梓州，在游览当地风景名胜之际，写了许多诗作，如《上牛头寺》之中"花浓春寺静，竹细野池幽"[②] 数句对仗工整、诗句优美，表达了作者对牛头寺自然景观的赞美。明代潼川知州张辉南等在牛头山修建了"工部草堂"以纪念杜甫。清乾隆年间知府费元龙等，又在草堂书院（今三台中学内）创建了杜甫祠，

---

① （清）沈昭兴纂修：《三台县志》卷之八《艺文志》，嘉庆二十年（1815）刻本。
② 同上。

以祀杜甫，后来扩建为李杜祠。晚唐杰出诗人李商隐（812 -
858）在担任东川节度使柳仲郢幕僚期间，也曾在梓州生活过一
段时间，并创作了许多诗作名篇。

　　明清时期，三台县各处大量兴办书院，乾隆十五年（1750）
建潼川府学"文峰书院"，道光十八年（1838）在云台观下院保
和观创建县学"云台书院"，分别培养府县生员。另外私人办学
之风兴盛，罗氏"湘江书院"、谢氏"宝陀山寺书院""涪江书
院""瑞星书院"等私人书院由当地乡绅创建，在培养地方人才
方面发挥了非常重要的作用。因为地方教育的发展，三台县在宋
元明清数代科举考试中，人才数量都非常可观。宋朝梓州进士有
32名，明朝有进士 28 名、举人 90 名，清朝有进士 18 名、举人
158 名。这些进士和举人，大多成为地方州县的官吏，其中不乏
建立了卓著功勋，声名显赫的朝廷重臣。

　　明清时期许多三台县官员文人都留有诗文集，总的来看有五
十部以上。其中影响力较大的包括张正道的《文集》、张正学的
《淡如斋文集》、王新命的《东山诗集》、张肃的《鹿峰集》、万
谷旸的《浪游集》等。

　　另外，三台县历代有许多知名的书画家，为三台县的书画艺
术发展做出了重要贡献。元代著名书法家邓文原历任翰林修撰、
江浙儒学提举、翰林侍讲学士（从二品）等职。他学识渊博，
工诗文书法，有《家书帖》传世。苏舜钦以书法驰名于北宋，
"善行草书……虽其短章醉墨落笔，争为人所传"[1]。明清时期，
如钟标锦、楞庵和尚、尹亮臣、张正学等有较大影响力的三台县

---

[1]　（宋）欧阳修：《湖州长史苏君墓志铭》，《文忠集》卷三十一，《钦定四库
全书荟要》第 8 卷，长春：吉林人民出版社，2005 年，第 11 页。

书法家有十余人，书画方面有较高造诣则有王宫午、奎荣、王溥、姜补堂等人。

　　综上所述，三台县悠久的历史、繁荣的经济、便捷的交通和丰富的文化，为云台观的发展与兴盛奠定了基础。从云台观的具体坐落位置来看，更是占尽地利。云台观北去3.5公里是潼川府富国盐监治所故地——安居镇，该处盐井众多，是三台县井盐的主要出产地。自汉代以来，该地商贾云集，经济繁荣。据当地老人讲，直到民国时期，安居镇还修建有"九宫十八庙"，其中有许多江浙与福建客商聚集的会馆。云台观南去4公里是古郪王城故址郪江镇。郪江镇处于古郪国所在地，是两汉郪县和蜀汉东广汉郡治所。同样的，该地商贸繁荣，客家文化兴盛，至今仍留存有"帝主宫""王爷庙"等供奉福建沿海民间信仰神祇的宗教庙宇遗址。镇内有数以千计的东汉崖墓，是全国四大汉墓之一，加之九龙桥与千佛岩等古迹，该镇具有极高的文物保护价值和旅游价值。从云台观所处位置来看，正好处于这两个古镇南北交通的中间位置，这两个古镇均有着悠久的历史，对于云台观的发展影响不言而喻。郪江镇、云台观和安居镇共同构成了一条南北贯通的历史文化长廊。这条历史文化长廊北接古郪国的汉晋崖墓文化，南接安居古盐业文化，加上云台观的道教文化，共同组成了三台县乃至四川地区文化图景的重要内容。三台县早在20世纪90年代便开启了对这一历史文化长廊蕴含的旅游资源的开发，逐步建立并完善了包括云台观、郪江崖墓文化和鲁班水库在内的旅游风景区。

第二节　云台观建筑艺术与殿堂神像

　　道教宫观是道教徒修道、祀神和举行宗教仪式的场所，也是道教信仰得以立足的重要标志①，更是道教历史发展的重要物质载体。道教宫观建筑是中国传统建筑艺术的重要组成部分，其中蕴含着中国传统哲学中的阴阳、五行与八卦思想，呈现出道教建筑追求"道法自然"与"天人合一"的审美情趣，体现着鲜明的历史与地域特色。本节将通过对云台观主要建筑的建制沿革及其建筑特点进行逐一分析，并在此基础上进一步讨论四川道教宫观在道教发展的不同历史时期呈现出的时代特色与精湛的建筑艺术，同时结合道教神仙信仰，对云台观的殿堂神像进行介绍，探究云台观以玄帝信仰统摄地、人、天的综合性信仰系统。

一　云台观建筑沿革

　　云台观初建于南宋开禧二年（1206）。道士赵法应初入云台山，"首结茅屋"，并自制偈云"武当游驾到飞乌，茅屋云台天下无"，这应该是云台观的第一个建筑物。嘉定三年（1210），在赵法应的主持之下，修建了三间大殿。明郭元翰撰《云台胜纪》云："嘉定三年岁在庚午，帝显化此山。指示图式，命工修建大殿三间。高七丈，盖取少阳不变之义。而其宽、其深，各有

――――――――――

　　①　张义生：《崂山道教经济研究（1949 年以前）》，载赵卫东《全真道研究》第 6 辑，济南：齐鲁书社，2017 年，第 121 页。

所象。是殿也，无劳经营，无费纸谷，不日而成。"① 此处提及
大殿修建是"帝显化此山"而成，既不需要设计，也不需要钱
粮材料，凸显玄帝显灵神秘性。中国古代建筑传统，对建筑物的
长宽高都有严格规定，至于道教宫观，更是注重其方位和尺寸所
反映的传统阴阳八卦思想。云台观大殿高七丈，暗合少阳不变的
含义，大殿的宽与进深，都"各有所象"。这便是云台观历史最
为悠久的大殿，如今的玄天宫。

　　在大殿修成之后的某一晚，玄帝显灵又修筑了大殿之前的
"瑶阶玉玺"，"趋视之，见殿脚下天界、地界、水阳界，无不备
具……阶下有一台，下瘗五色之昆，上应五星之气"②。即便是
大殿之前的台阶及平台，也是寓意天地人三才以及五星之气。需
要注意的是，《云台胜纪》编撰有一个显著特点，其文中既有纪
实的内容，也有泛神化的倾向，在很多时候甚至用"帝"一词
通指赵法应与玄帝。当然，这也是许多道教典籍在书写宗教事
件、宗教人物所惯用的手法，以体现神仙实有、勤修可致的核心
思想。所以该书中的神秘意象与写实记录，都是我们了解云台观
信息的重要资料，均不可予以忽视。

　　嘉定七年（1214）九月初九赵法应离世，离世之前他为道
观命名"佑圣观"，大殿名为"普应"，同时还为道观的景观赋
名"云台十景"。其中之"宝殿腾霞"曰："琼琳玉殿势凌霄，
古柏苍松万树摇。瑞蔼轻烟时弄日，长虹万丈紫云潮。"③ 可见
玄天宫的瑰丽与壮观。明翰林学士钱金以原韵做《云台十景》，

---

① （明）郭元翰：《云台胜纪》卷一《启圣实录》。
② 同上。
③ （明）郭元翰：《云台胜纪》卷二《云台十景》。

其中之一 "宝殿腾霞" 的题注对玄天宫的历史有着非常清楚的描述：

　　　此殿帝自募缘而建，历宋、元，至大明永乐十一年九月九日蜀献王差官翻盖。成化二年仲夏，蜀府造琉璃结盖。正德间，蜀府重修整治。隆庆初年，蜀府又重造琉璃结盖。万历十五年，中江王家林麒又捐资重盖①。

　　从《云台十景》的题目中，我们还可以了解到当时除了大殿以外的其他殿宇，如茅庵殿、普应殿、拱宸楼。据《云台胜纪》，拱宸楼 "亦玄帝募缘而建，历宋、元，为兵燹废"②，凌空高耸、金碧辉煌。正如文中有诗云："璚楼高拱拂晴空，玄帝真容寄此中。金壁煌煌焕星斗，万年环抱自英雄。"③ 另外 "乾元胜迹" 和 "洞天鹤舞" 很有可能是指道观之中的附属建筑。今天云台观有一个建于明代的圈拱门，其正面有匾额 "乾元洞天"，左右对联 "乾元福地人间少，茅屋云台天下无"。背面匾额 "蓬莱境"，左右对联 "矗矗名山真海岛，巍巍胜境类蓬莱"，或是取诗文之意对宋代遗迹的重建。

　　宋代云台观主要建筑中应该还有 "庆会堂"，该建筑出现在《云台胜纪》第四卷之中："希真同李纲十月初五日晚登楼……忽见红光一带横接，洁白之气如烟露壮。逦绕前进本山庆会堂侧，见所未曾至。"④ 赵希真和李纲为赵法应亲传弟子，此处提到的 "本山庆会堂" 显然是属于云台观的殿堂。所以，概而言

① （明）郭元翰：《云台胜纪》卷二《云台十景》。
② 同上。
③ 同上。
④ （明）郭元翰：《云台胜纪》卷四《灵奕显应》。

之，以有限资料来看，云台观创建之初的宋代主要有茅庵殿、普应殿、拱宸楼、庆会堂等主体建筑，还有瑶阶玉玺和乾元洞天等附属建筑物。

元代云台观的建筑发展情况并无文献记录，但从前文述及拱宸楼所言"历宋、元，为兵燹废"来看，云台观在宋末和元末明初应该是受到了兵乱的波及。到了明代，云台观在地方藩王和缙绅的大力资助和护持之下，逐渐迎来发展的鼎盛时期。明洪武年间，献王朱椿就藩成都之时就开始对云台观进行了培修，"比计捐金，命匠翻盖正殿，整饬楼台"①。明英宗天顺五年（1461）住持谢应玄同徒何玄澄等重建了拱宸楼。成化二年（1466），蜀王府为正殿和拱宸楼加盖琉璃结盖，正德十一年（1516）又重新修治。正德十年（1515），肃藩淳化王朱真泓出资修建天乙阁，该楼建成之后，"金壁辉煌，彩饰焕烂。及画栋雕甍，丹楹朱户。制度森严，规模气象"②。

隆庆初年（1567），蜀端王朱宣圻在位，下令为云台观加盖琉璃瓦盖。在中国传统建筑的营造技艺中，琉璃瓦是具有鲜明特色的一种材料。因为琉璃昂贵的造价使其使用的范围有着严格规定，并且不允许存在僭越情况，非经皇家特许，普通官员和平民百姓之家不允许使用琉璃瓦。自元代开始，琉璃瓦盖便被广泛运用于皇家建筑之上，成为皇家建筑礼制的重要标志，如北京故宫就是使用琉璃瓦盖的典型代表。而云台观的琉璃瓦盖由蜀藩王府加盖，并不断修缮。从这一事实可以知道，从蜀献王朱椿开始，云台观就被蜀王府列为皇家道观，处于王府的统辖与领导之下。

---

①　（明）郭元翰：《云台胜纪》卷一《启圣实录》。

②　（明）郭元翰：《云台胜纪》卷五《天府留题》。

据云台观道长称，明代云台观玄天宫侧修建有蜀王府为祭祀太祖夫妻的享殿，每到重要日子，蜀府均会到此处举行重大祭祀之礼，这也是云台观作为皇家道观的明证之一。

万历十六年（1588）中江县信士戴金让重结拱宸楼的瓦盖，在此之后，云台观又经历了多次培修重建。到了郭元翰撰写《云台胜纪》的万历十九年（1591），云台观的整体建筑已经具备了很大的规模。《云台胜纪》卷五《天府留题》辑录的云台观各建筑楹联，使得我们可以知道当时的主要建筑基本情况。综上所述，明代万历十九年（1591）云台观的主体建筑物大致包括正殿（今玄天宫）、中殿、拱宸楼、茅屋殿、八角楼、天乙阁、梓潼殿、龙王宫等，附属建筑包括山门、石合门（今三合门）、圈洞门、三天门、二天门、头天门等。

万历三十二年（1604）云台观遭遇大火。在蜀王朱宣圻以及当朝皇太后李氏的共同出资和主导下，云台观进行了明代规模最大的一次重修，"王乃命承奉冯应宗授书于门正司、有礼等，鸠工程材，扫其余烬，更与经始，越三载而告成，隆如森如崃嶒倍昔间"①。由于当朝皇太后的大力支持，重建之后的云台观建制规模更为宏大，远胜于前制。

到了明末清初，潼川府治所在地三台遭受兵乱，许多殿宇庙堂都遭受了灭顶之灾，"洎夫鼎革之初，兵燹尤甚。灾丁陈隧，智井灭波，毒蹈魏冲，江燕巢木。孔明之庙，斫老柏以为薪；文翁之堂，燔丰楹而当燧。独此岿然长峙，寿世则殿比灵

---

① （明）乔璧星：《重修云台记》，（明）陈时宜修，张世雍等纂：万历《潼川州志》，明万历四十七年刻本，载李勇先、高志刚主编：《日本藏巴蜀珍稀文献汇刊》（第一辑），成都：巴蜀书社，2017年，第193—198页。

光，岂非濯厥式凭，水德之旺于北极也乎?"① 然而云台观并未遭受兵灾影响，信众们认为这是因为有玄天上帝坐镇于此，自然能够免去灭顶之灾。

嘉庆年的云台观因景色优美，文人墨客趋之若鹜，被誉为"梓州六景"之一。据清嘉庆《三台县志》，"梓州六景"分别为"奎阁迎晖""三台叠翠""东林晚钟""琴泉余韵""灵峰仙迹""云台对峙"，在县志之中，这六处胜景均绘有图画，具有重要的研究价值。在"云台对峙"图中即可看出当时云台观的建筑形制和布局。（如图 2 - 2 - 1）

图 2 - 2 - 1　"梓州六景"之"云台对峙"
（摘自清嘉庆《三台县志》）

从绘图来看，清嘉庆年间的整体形制包括头天门、二天门、三天门、三皇观、云台胜景坊、华表、三合门、观音阁、城隍殿、九间房、拱宸楼、玄天宫与方丈院，而拱宸楼的位置处于玄天宫之前。（如图 2 - 2 - 2）

①《三台县城南云台观佑圣观碑》存云台观，民国《三台县志》辑录为《云台山佑圣观碑》。

图2-2-2　　"云台对峙"图中拱宸楼方位（摘自清嘉庆《三台县志》）

　　但久历岁月，云台观的许多建筑出现朽败，特别是在遭受光绪年间的一次重大火灾之后，云台观大部分明代建筑被毁损，幸运的是玄天宫在此处火灾中未受损害，"光绪丙戌上九，复不戒于火，将前殿及拱宸楼毁去，独遗玄天宫及山门内九间房等处"①。此次火灾之后，地方官员士绅和信众进行了一次大型捐资活动，将云台观进行了全面翻修，"自香亭以下，钟楼以内，

---

① （清）罗意辰：《重修云台观报销碑》，现存云台观内。

皆其新建也"①。同时在原来基础之上对玄天宫进行了修缮，保存了宋明时期的部分建筑。所以现在的玄天宫是宋代基石，而梁柱与顶盖则因明清翻修而兼有典型的明清建筑风格。清末云台观的主要殿宇大致与现代相当，此外应该还有大量附属建筑物。因为从中华人民共和国成立后的档案记载来看，三台县政府曾将精神病院搬到云台观，精神病院拆掉了云台观近三十间房屋，这些房间应该是当时道士们居住的寮房和修炼的丹房。另据一份1963年《三台县人民委员会文件》，当时开办于云台观的三台县精神病院与云台观住持邹青松曾联合申请培修云台观危房，从申请书中可以看到当时云台观还有文昌殿②，但现在云台观已无文昌殿，显然是1963年之后被拆除掉了。

二 云台观建筑艺术与殿堂神像

从宋元明清至民国的数百年时间里，云台观历经多次火灾与兵燹的破坏，又得到数十次修缮与扩建，虽然建筑形制代有变化，但整体格局仍继续保持。云台观的建筑风格为传统宫式建筑，建筑群依山傍水，绵延一公里，殿、阁、亭、廊、坊等布局错落有致，雕梁画栋美轮美奂，飞檐翘角巍峨壮观，殿堂神像庄严肃穆，综合了传统建筑高超的建筑艺术和道教造像独特的审美特征，整个道观展现出一种宗教建筑的和谐美与象征美。

---

① （清）罗意辰：《重修云台观报销碑》，现存云台观内。
② 《三台县志》资料卡（摘录1963年三台县人民委员会文件《关于申请培修云台观危险房屋的批复》），三台县档案馆，档号：029 - 01 - 0034 - 012。

（一）整体建筑格局

云台观坐北朝南，所有建筑均以子午线为中轴线进行对称分布，暗合乾南坤北，坎左离右的阴阳八卦格局。现代所存建筑包括主体建筑与附属建筑共二十余处。主体建筑有玄天宫、玉皇殿、降魔殿、灵官殿、青龙白虎殿、观音阁、城隍殿、茅庵殿、十殿、九间房、藏经楼、钟楼、鼓楼和厢房等。附属建筑有山门之外的玉带桥、山门牌坊、三个进山门楼、云台胜景坊、廊桥、华表、石合门、圈洞门。其中灵官殿、降魔殿、玉皇殿与玄天宫分布于南北朝向的中轴线上，次要建筑十殿、九间房、城隍殿、观音殿、钟楼、鼓楼分布于中轴线东西两侧。整个建筑依山负势，逐渐抬升，主殿玄天宫位于至高之位，以俯瞰之势统御整个建筑群，建筑格局层次丰富，空间变化灵活，建筑高大壮观、庄严肃穆，体现了中国传统官式建筑设计所蕴含的尊卑秩序与伦理观念。

从排列布局来看，云台观建筑物以奇数与偶数相间隔的方式排列，这种格局从三合门至灵官殿依次递进。三合门，顾名思义，包括左中右三个门，为奇数。三合门往前为十殿，内塑道教传说中的十殿阎罗像，以东西方向各一排房屋分列中轴线两侧，为偶数。圈洞门为两重院落的通道，为奇数。再往前为观音阁与城隍殿，也以东西方向分列中轴线两侧，为偶数。观音阁与城隍殿往前是青龙白虎殿，为奇数。沿青龙白虎殿往前为九间房，是东西方向的两列二层回廊厢房，分列中轴线两侧，为偶数。再往上为灵官殿，为奇数。此种排列显然是有意为之。正如《老子》所云："道生一，一生二，二生三，三生万物"，奇数代表阴，偶数代表阳，阴阳相合以成万物。

　　云台观建筑面积达 5550 平方米，占地 300 余亩，是四川省内最大的明清建筑群，也是全国罕见的从宋式过渡到明清式的"官式建筑"实例，是研究四川地区早期建筑的重要实物资料。如玄天宫"减柱造"做法、屋面举折及檐柱柱径与柱高在1:9左右的比例等，都具有宋代官式建筑的做法遗迹。青龙白虎殿和降魔殿又为典型的明代官式做法，立柱排列整齐，柱径与柱高则在1:10左右[①]。云台观建筑群按照中国传统建筑组群布局方式，由三进四合院相连接而成，三个院落各自独立，又整体统一。以下从山门开始，按照三个院落递进的南北方位逐一介绍各个建筑。

（二）从玉带桥到第一重四合院

　　云台观的朝山路从山下玉带桥开始，顺着上山阶梯以反"L"形的路线依次向上，一路经过山门牌坊、头天门、三皇观、云台胜景坊、石华表、三合门、圈洞门和十殿诸建筑。

1. 玉带桥

　　玉带桥位于云台观西南麓，据民国《三台县志·舆地志》："玉带桥，在县南一百里，明正德甲辰年建。"[②] 但明正德年间并无甲辰年，只有戊辰年，而整个明代唯有永乐二十二年、成化二十年、嘉靖二十三年和万历三十二年这四年是甲辰年。"正德甲辰年"应为正德戊辰年的误写，即玉带桥应始建于明正德三年（戊辰），即公元 1508 年。玉带桥东西走向，横跨于锦江之上，桥面呈弧形，用石板铺成，为两礅纵联式三券拱石桥，礅顶刻高浮雕龙形，上水为头，下水为尾，逆水而卧。桥长 12.8 米，宽 5.2 米，高 4 米，中拱跨 5.2 米，拱高 2 米。（如图 2-2-3）

---

① 　以上数据由三台县文物管理局提供。
② 　（民国）林志茂等修，谢勤等纂：《三台县志》，民国二十年（1931）铅印本。

图 2 - 2 - 3　玉带桥 （笔者摄）

　　玉带桥与其下川流不息的锦江是云台观重要的景致之一，赵法应赋诗《锦江玉带》云："碧波滚滚过桥头，素练千寻不断流。天上银河时落地，白云霜冷尚悠悠。"翰林钱金步其韵："锦江水脉有源头，昼夜潺潺不断流。高架石桥如玉带，往来人过恁悠悠。"诗中奔腾的锦江、坚固的玉带桥、行走的路人，描绘了数百年之前信众来往云台观的热闹景象。如今的锦江因年久而泥沙填塞，河道狭窄，长满水草浮萍，不再有"碧波滚滚"的景象，而玉带桥也仅剩明代的桥墩与部分桥面，不复昔日风采。

　　2. 山门牌坊、登云路与三天门

　　该牌坊年代不详，四柱三门，歇山顶，彩绘朱漆，造型优美，色彩明快，正面坊额书"步上南天"。"南天门"是传说中进入天宫的大门，这第一道牌坊似乎是提醒香客们：云台观作为玄天上帝在人间的道场，与其居住的天宫遥相呼应，走到此处，也就是迈进了天宫之门。牌坊左右上方分别绘有《老子骑青牛图》和《姜太公钓鱼图》，背面坊额绘有天女散花。牌坊立柱分别刻两副对联。其一："东西互汇龙盘凤翕云台点出别有天，南北交汇燕语莺歌胜景宛如桃源洞"；其二："到此来头头是道，向前去步步登云。"云台观上山之路名为"登云路"，或许该名字即是由此而来。（如图2-2-4）

图2-2-4 "步上南天"牌坊（笔者摄）

　　距牌坊约十几米的崖壁上，有一通碑刻，名为《培修云台观登云路碑记》。(如图 2 - 2 - 5)

图 2 - 2 - 5　培修云台观登云路碑记（笔者摄）

　　石碑上详细记述了 20 世纪 90 年代，一部分香客集资对云台观朝山进香传统线路"登云路"进行培修的基本情况：

　　　　云台观的朝山路，原名登云路。在民国年间由□□军长田颂尧为了保护云台观的名胜古迹，将云台观□为云台公

园，修了牌坊一座，又将登云路修复从玉带（据意补）桥
直达红牌楼大山门。截至现时，路基毁坏，来往旅□□艰
难，由黄仁、黄同志、邓秀贞、冯清、兰贵烈等发心捐培
修，谨将捐资善士列名于后，永垂不朽①。

　　从碑刻记载可见，民国时期驻扎三台县的国民革命军第二十
九军军长田颂尧曾经对登云路进行过修缮。田颂尧（1888—
1975），四川简阳人。曾就读于南京陆军中学与保定军官学校。
清末加入同盟会，在辛亥革命时活跃于江浙一带组织学生军。民
国五年（1916）在四川南部起义，后升任国民革命军第二十一
师师长。民国十五年（1926）任川西北屯垦使，民国十六年
（1927）任国民革命军第二十九军军长，军部驻地三台县②。
1949 年在四川彭县起义，后任四川省人民政府参事与民革四川
省委委员，1975 年在成都逝世。在三台县期间，田颂尧曾在云
台观修建"云台公园"，登云路为当时所修。田颂尧在三台县任
职期间对云台观较为关注，他曾在云台观留书"道不外求"的
匾额，该匾额现悬挂于藏经楼。对于当时存在的侵占和破坏云台
观庙产的行为，他曾下令对云台观予以保护，并刻于石碑上进行
公告，该碑石亦留存于云台观降魔殿内。

　　在登云路到云台胜境坊之间有三个门楼，分别为一天门、二
天门与三天门。（如图 2 - 2 - 6）

---

　　①　该碑名为《培修云台观朝山路碑记》，由于该碑部分字迹风化漫灭，立碑时
间不得而知。据云台观傅复圆道长介绍，该碑立于 20 世纪 90 年代末，为部分香客捐
资所立。
　　②　沈云龙主编：《当代中国人物志》，《近代中国史料丛刊续编》第五十辑，台
北：文海出版社，1966 年，第 71—72 页。

图 2 - 2 - 6　一天门、二天门、三天门（笔者摄）

三道天门在《云台胜纪》之中已有记载，现在的三道天门
为中华人民共和国成立后重建。每一座门楼里分别供奉四个塑
像，寓意守护天门的神将。由于神像之前未有牌位，对此数尊神
像并不能完全辨认其道教身份。在道教修行思想里，修道的终极
目的是得道而名登仙籍。正如《元始无量度人上品妙经》所说：
"永度七伤、八难、九厄，步登天门，超浚三境、凤台、高轩，
逍遥上清。"① 所以要经历重重磨难与修行，最后才可以通过天
门，进入神仙居住的阆苑仙宫。云台观从山门的"步上南天"
开始，循着登云路穿过三道天门，正式进入山顶的大门，正是体
现出了步步登天，一朝为仙的美好希求。（如图 2 - 2 - 7）

图 2 - 2 - 7　天门之中的神将塑像（笔者摄）

___

① 《灵宝无量度人上品妙经》，《道藏》第 1 册，第 11 页。

在头天门和二天门之间还有三皇观，属于清代建筑，至中华人民共和国成立初尚存有三重殿堂并厢房楼阁，建筑面积1053平方米。1950年，大殿两侧厢房22间房屋均分给农户居住。1997年因为旅游开发的需要，对居住的农户进行了搬迁，但厢房均已受到不同程度破坏。三皇观现仅存三间殿堂和三间厢房。大殿正中供奉天、地、水三官大帝，左右两边已无神像供奉。三皇观原为云台观所有，现为云台村委会管理，但根据县委的统一部署，不久也将移交回云台观管理委员会统一管理。

3. 云台胜境坊、廊桥与华表

图2-2-8　云台胜景坊（笔者摄）

云台胜境坊、廊桥与华表均处于华表广场上。云台胜境坊始
建于明正德元年（1506），清初复建，中华人民共和国成立后复
修。（如图 2 - 2 - 8）木制牌楼，四柱三门，五脊顶，盖筒瓦，
檐口有瓦当滴水。檐下施斜拱，前后檐距 3.2 米。正楼门高 3.5
米，宽 3.8 米，柱高 7 米，最大柱径 0.6 米。左右夹楼门高 3
米，宽 2.7 米①。正楼阑额和两柱间用雀替，长一米，用拱头承
托，四柱用夹柱石，以增强稳定性。正额阴刻行书"云台胜境"
四字，坊额右书："大明正德元年培修，云台观住持左信基"，
左书："道协会长詹崇德、朱克补书，岁次己巳年复修"，左右
附额分书"丹台""碧洞"，另由落款为"闲散道人"墨绘之梅
兰竹菊等写意图，笔触简练，俊逸洒脱。詹崇德与左信基（左
承元）均为 20 世纪 80 年代云台观道士。1988 年三台县云台观
道教协会正式成立，詹崇德任会长，傅复圆（傅元法）、左信基
（左承元）为道协副会长，左信基兼任云台观住持。清康熙年间
武当山道士陈清觉在四川所开创的全真龙门派丹台碧洞宗，云台
胜景坊所书"丹台碧洞"四字，应是云台观在清初复建所写，
这也是全真龙门派丹台碧洞宗住持云台观的直接证据。

廊桥亦称"桥亭子"，是一座供游人休憩的直廊，处于云台
胜景坊与华表之间。其左右各有一个人工放生池，在 20 世纪 90
年代，该处水池碧波荡漾，游鱼成群，荷香阵阵，是一处优美的
观览景点，可惜如今池水已经干涸。但经过修缮的廊桥增加了围
栏，焕然一新，是信众们朝山进香中途休歇的一个好去处。（如
图 2 - 2 - 9）

---

① 本书中云台观建筑基础数据均由三台县文物管理局提供。

图2-2-9　廊桥（笔者摄）与
20世纪80年代老照片中的廊桥（三台县档案馆供图）

　　华表广场上有华表一对，分东西方向分别伫立于中轴线两侧，建于明万历年间。华表材质为青黄色砂石，质硬，通高6.13米，下有正方形基座，高0.86米。基座上为须弥座柱础，八边形，高0.77米，对角线1.3米。须弥座柱础上为柱身，高4.5米，为八边形，对角线1.3米，柱面无雕饰，有锥凿和修补痕迹。柱身之上为承露盘、白石云翅与蹲兽。白石云翅分列于华表柱顶端两侧，与北京天安门前的华表有相似之处。（如图2-2-10）

图2-2-10　华表（笔者摄）

云翅上面是圆形雕花承露盘，盘上有一蹲兽，名为"犼"，又名"望君归"，面向道观山门之外。华表在中国传统建筑之中是专属于皇室所有的，常常建于宫门之外，有着特殊的寓意。云台观在明代成为皇家道观，这一对华表也就代表着皇室的威严与肃穆。到此位置，文官下轿，武官下马。

4. 三合门

三合门又名石合门、红照壁，为第一重四合院前门，与十殿和黑白无常殿构成第一重四合院。（如图 2 - 2 - 11）三合门建于明万历十六年（1568），时任内阁大学士的万安在《重修云台观记》写道："复陶甓创石，合门三重，砻石甃甬道直抵殿"①，描述了该次云台观的修缮新增修三合门，并从三合门打通了一条直接通往主殿的甬道。在《云台胜纪》亦记载有"石合门"的对联："世上无双胜境，天下第一名山。"到了清嘉庆二十三年（1818）和同治三年（1864），三合门又分别进行了两次培修，其形貌制式保存至今。现在三合门的左中右门各有三副对联，应该为清代培修时重新书写，然而字迹斑驳，已无法完整辨认。

三合门坐北向南，单檐歇山顶，正脊距地 5 米，正脊施宝顶神兽，盖筒瓦，檐口有云纹瓦当滴水。仿木结构砖建墙门，墙门均为外包砖皮，内做夯土，墙门面阔（长）16 米，进深（厚）2.35 米。两侧接围墙，须弥座墙基，束腰较高，上饰浅浮雕云纹和花枝纹，门前一对石狮，威风凛凛。整个建筑俨若宫阙，稳

①（明）万安：《重修云台观记》，龙显昭、黄海德主编：《巴蜀道教碑文集成》，成都：四川大学出版社，1997 年，第 202—203 页；（清）阿麟修，王龙勋等纂：《新修潼川府志》卷六《舆地志·寺观》，清光绪二十三年（1897）刻本；（民国）林志茂等修，谢勤等纂：《三台县志》卷四《舆地志·寺观》，民国二十年（1931）铅印本；（明）郭元翰：《云台胜纪》卷五《天府留题》。

重古朴。开三门洞，居中大门高，左右门稍矮，象征尊卑有序。其正中门洞高3.05米，宽3米，顶部用厚木板桥盖，双肩板门。据道观中的道长介绍，在中华人民共和国成立前，平时三个门只开左右两个供香客出入，而只有重大节庆或者贵宾到来，才从大门迎入。正大门为朱漆木制，内开，门上有绘于清同治年间的门神，身着盔甲，手持武器，色彩明丽，人物造型生动形象。彩绘门神为同治七年所装，门旁石墙刻有文字："发心装彩门神二尊，弟子石□□，住持杨明正、赵明亮、赵至斌，同治七年三月十六日吉旦。"

图2-2-11　三合门（笔者摄）

5. 十殿

三合门之内是云台观的第一重院落，院中青石板铺地，左右分别有两排廊式平房，是云台观于1998年重新建造的"十殿"，又称"内隐冥府"。（如图2-2-12）两排房屋正面无门无窗，廊檐下的墙面上绘有中国传统的《二十四孝图》。（如图2-2-

13）"二十四孝图"大多取自《孝子传》与《太平御览》等书。孝道是中华民族的传统美德之一，也是儒家思想的重要组成部分，该图的绘制与传世正是为了宣扬和传递这种思想。虽然孝道是儒家核心思想之一，但道教的诸多教义中也推崇孝道。在《元始洞真慈善孝子报恩成道经》《净明忠孝全书》等书中均有对孝道的专门阐述，而道教的净明忠孝道派更是以"孝"为修道的基本要义之一。从云台观建筑布局来看，大致按照"地—人—天"三界依次建造，此处为入门第一重院落，设置为地狱之界，从其内在寓意来看，或可以理解为以道教的因果报应思想警醒世人去恶为善。

图2-2-12　十殿建造碑（笔者摄）　图2-2-13　二十四孝图（笔者摄）

进入十殿可以看到，左右房屋被隔成五个小间，房间之中按照传说中的"十殿"分别塑有十位阎王、鬼卒和各种被审判和惩罚的人。这些塑像在阴暗的光线之下，显得尤其阴森可怖，营造出一种因果报应的氛围。道教的十位阎王分别是秦广王、楚江王、宋帝王、五官王、阎罗王、卞城王、泰山王、都市王、平等王、转轮王。十殿阎王所担负的职责是根据人们在世之时所作所为进行审判，"随罪轻重，各受果报"[①]，按照这个因果报应思想，人们如果在世为善则死魂托生上天，如果作恶就有可能被打入二十四层地狱而遭受无尽痛苦折磨。十殿通往圈洞门的两边各有一个小殿堂，分别供奉黑白无常，此二鬼差为传说中判官助手，勾人魂魄。

6. 圈洞门

图2-2-14　圈洞门（笔者摄）

---

① 《元始天尊说酆都灭罪经》，《道藏》第2册，第41页。

　　圈洞门是第一重四合院的后墙门，风格制式与三合门相同，应是同时修建。以云台观"地—人—天"的建筑布局来看，此处是由地狱之界进入人界的通道。（如图2-2-14）圈洞门为单门洞，南面门框起券拱，无斗拱。两面均留有楷书对联，为明代文人所留，载于《云台胜纪》之中。南面联文为"乾元福地人间少，茅屋云台天下无"，额镌"乾元洞天"；北面联文为"矗矗名山真海岛，巍巍胜境类蓬莱"，额镌"蓬莱境"。

（二）观音殿、城隍殿与第二重四合院建筑群

1. 观音殿与城隍殿

　　圈洞门之后的建筑处于第一重四合院与第二重四合院之间。左右两边有两个独立二层殿堂，分别供奉的慈航真人与城隍爷是与广大信众生活最为接近的神祇，也寓意着这里是给予人世间庇佑的重要地方。两栋神殿均为单檐歇山式屋顶，白墙青瓦，木制雕花门窗，四周有擎檐柱。观音殿所供奉的慈航真人，也是佛教的观音菩萨，是道教和佛教共有的重要神祇。她以无量广大的慈悲救度世人，在中国传统社会与阿弥陀佛一同具有最为广大的信众，所以在佛教大为兴盛时期，往往有"家家阿弥陀，户户观世音"的说法。（如图2-2-15）

　　城隍信仰是中国民间信仰的重要表现形式。在中华人民共和国成立以前，中国的各个城市大多修建有城隍庙，各地城隍爷身份不尽相同，大多数是生前在地方上做出卓著功勋的官员，在其死后为一方民众供奉，祈求其继续护佑一方城镇的和平安宁。因此在一般情况下，作为庇佑城镇居民的重要神祇，城隍庙都是居于城镇之中，在山林的道观之中不会有城隍庙。云台观的城隍庙何时修建不得而知，但该庙之中的城隍爷与安居镇有着非常密切

图2-2-15　观音阁（左）与慈航真人（右）（笔者摄）

的关系。在中华人民共和国成立以前，安居镇曾建有城隍庙，"文革"期间被拆除后未进行重建，但每年农历五月十八的"城隍庙会"仍然会照例开展。届时，安居镇的乡民自动组织庙会筹备组，以非常隆重的仪式将云台观之中的城隍爷请出，由人们扮演的黑白无常、判官、牛头马面等阴司官吏跟随城隍爷巡镇游乡，一路彩旗招展、锣鼓喧天，祈求风调雨顺、国泰民安，直到巡游结束将城隍神像送回云台观安放，才算完成了整个仪式。（如图2-2-16）

图2-2-16　城隍殿（左）与城隍爷（右）（笔者摄）

2. 青龙白虎殿

该殿为第二重四合院的前殿，旧名城隍殿，建于明万历三十二年（1604），清乾隆三十六年（1771）培修。殿内脊檩上分别墨书"大清乾隆三十六年岁次辛卯季夏月望五日谷旦立，皇图巩固"；"本山住持道李复元、任复莲，徒潘本通、刘本宁、余本忠，徒孙雷合燘、冷合英，徒郑教琳。木匠陈昌武、陈昌义，侄陈弘道讳胜、□弘泰、弘阳，瓦盖匠刘昆山、何登荣、萧一元、罗瑞，帝道永昌"。该殿建筑面积 310.8 平方米，抬梁式木结构，单檐歇山式屋顶。面阔五间 21 米，进深四间 14.8 米，正脊距地 7 米。八架椽用五柱，檐柱高 4 米，径 0.35 米。斗拱 18 朵，前檐 6 朵，为五铺作双下昂，后檐 12 朵，为六铺作三下昂，补间铺作明间二朵，其他间一朵。梁上旧存墨书题记为："大明万历三十二年岁次甲辰"。青龙白虎殿内屋顶采用了彻上露明造①，并在梁、檩、椽上施以彩绘，色彩以青蓝为主调，古朴典雅，别具特色。（如图 2 - 2 - 17）青龙白虎殿最具特色的是一对造型奇特的门，远看似木渣刨屑，近摸却光滑无滞，被称为"刨叶子门"，传说为鲁班仙师所造。

青龙白虎殿分前殿与后殿。前殿门楼悬挂"第一名山"牌匾，牌匾正中上方有一方明神宗御印，左右分别书写有"明万历三十五年九月神宗御书"和"乙酉年三月吉日牟柯补书"字样，其下为捐献者王代洪等二十人的名字。明万历三十五年（1607），明神宗朱翊钧曾下旨御赐《道藏》，并遣太监护送至

---

① 按："彻上露明造"也叫"彻上明造"，为中国传统建筑的一种建造方法，在屋顶不做天花而是把梁架露出来，是厅堂型建筑的典型做法。

道观安放，该匾额应该是随《道藏》一同赏赐到道观之中的①。
（如图2-2-18）

图2-2-17　青龙白虎殿屋顶（左）与彩绘梁柱（右）（笔者摄）

图2-2-18　明神宗御书匾额（笔者摄）

青龙白虎殿正面供奉青龙孟章神君与白虎监兵神君之位。
（如图2-2-19）

---

①　原明代御赐牌匾额毁坏严重，仅存残片。新牌匾依照旧匾重刻于2005年，由牟柯书刻。牟柯（1921—2019），三台县书法家、木刻大师，国家非物质文化遗产传承人。

图 2 - 2 - 19　青龙孟章神君（左）与白虎监兵神君（右）（笔者摄）

　　青龙、白虎、朱雀、玄武是传说中的四种生物，在道教护法神里，他们被赋予了神格而册封为四大神君，分别称为青龙孟章神君、白虎监兵神君、朱雀陵光神君、玄武执明神君，四大神君各守四方，以正天地。在道教的许多斋醮经书之中，常有召请四神君的经咒，以作护法之请。如《灵宝领教济度金书》中"青龙侍卫符掐卯文：甲寅青龙，孟章将军。执斧侍左，剪截祅氛。急急如律令。白虎镇守符掐酉文，甲申白虎，监兵将军。执剑侍右，扫荡魔群。急急如律令"①。又《灵宝玉鉴》卷之七："咒曰：青龙在左，孟章敬听。白虎在右，监兵通灵。"② 二神君具有守护和杀伐的属性，所以在道观之中也有护卫山门的神职。

---

① 《灵宝领教济度金书》，《道藏》第 8 册，第 415 页。
② 《灵宝玉鉴》，《道藏》第 10 册，第 185 页。

青龙白虎殿背面分别供奉财神祖师和药王孙真人。（如图2-2-20）财神祖师和药王孙真人分别代表财富与健康，无论在社会发展的任何阶段，贫穷与疾病一直是困扰人们的主要痛苦根源，而当现实世界无法消解这种痛苦的时候，人们会转向祈求无上神灵的护佑，这也是在中国大多数佛道庙宇中财神与药王菩萨深受欢迎的主要原因。云台观的这两尊神祇无疑是顺应了信徒的现实需求。

图2-2-20　财神祖师（左）与药王孙真人（右）（笔者摄）

3. 九间房

九间房是两排二层廊庑式建筑，后屋前廊，上下分别有九间房屋，因而名之"九间房"。（如图2-2-21）

图 2 - 2 - 21　九间房（笔者摄）

　　房屋为全木质结构，修建于明代。清光绪十二年（1886）大火烧掉了云台观的前殿和拱宸楼，"独遗玄天宫及山门内九间房等处"，因火灾破坏严重，此后云台观的重修也包含对九间房的重建。在如今九间房的脊檩上留有大量墨字，从文字内容来看取自《云台胜纪》，是对赵法应生平的记录。另外的一些文字非常有研究价值，其中包含了修缮房屋的具体时间和人员："清光绪十四年戊子岁冬月初九日，经理首事罗世仪、梁巳山、程国凡、邱汝南、任树滋、李化南、武含章、李蟠根、杨馥圆、程国桢……""重修木工腾家伦率徒唐朝寿，石工左茂荣、左茂华，泥工王真金，瓦工涂德怀，雕工左龙潭，塑工夏万清，铁工陈德""经理龙门正宗天仙状元二十一代孙住持龚至湖、杨明正、赵至霖、王理金、侯宗德、冷理怀、赵明亮、任理权、宋宗清、万诚章。"

　　以上内容与罗意辰《重修云台观报销碑》中提到的主要参与者一致，兹录报销碑文如下：

　　　　首其事者，时则有若罗世仪、梁巳山、任开来、程国藩、邱汝南、任树滋、李化南、武含章、李蟠根、程国霖、杨馥圆、程国桢；襄其事者，则有龚登甲，本山住持龚至湖、冷理怀、杨明正、赵明亮、任理权、赵至霖、王理金、张理顺、宋宗清、戴宗科、侯宗德、李宗荣、彭宗扬、杨宗恩、万诚章、苏性端；木工滕加伦、唐朝寿、左海亭，石工左茂荣、土工涂安益、夏万清，金工陈德孝，设色王广兴、王真金，皆与有力焉①。

虽然罗意辰所撰碑文中未提及九间房的竣工时间，从降魔殿脊檩上的墨文却可以得知九间房实际上完工于光绪十四年（1888），从而补充了前述碑文中相关信息的缺略。

从云台观的布局来看，第二重四合院属于人界，关注的中心是人间之事。无论是观音、城隍，还是财神、药王，抑或青龙、白虎神君，都是世俗之人寻求现实幸福的庇佑之神。另外，此处体现出人界象征还在于九间房的设计。九间房是道观之中的道士们主要居住之处。传统阴阳八卦理论之中，阳爻以"九"为称，同时"九"为阳之至极之数，此处所建两栋房屋，分列中轴线两旁，各上下两层各九间房屋，表明人生天地之间，秉承天地之气，居住之地须以阳之极数为吉的深刻意涵。

4. 灵官殿

灵官殿为清光绪年间修建，处于九间房至降魔殿之间，殿前匾额横书"驱邪扶正"，殿内后壁左右各开一门通向降魔殿，壁前正中设神龛供桌，供奉道教护法神王灵官。王灵官又被称为"先天一炁威灵显化天尊""太乙雷声应化天尊""火车灵官王元帅""豁落火车王灵官""玉枢火府天将王灵官""隆恩真君"等，通常形象为赤面红须，三目怒睁，左持风火轮，右举钢鞭，

---

① （清）罗意辰：《重修云台观报销碑》，现存云台观内。

除邪驱恶，至刚至勇。当然，在不同的道观中其形象略有差异，云台观灵官像为泥胎漆红铜，富有质感。神像高约 1.3 米，金甲束身，虬髯怒目，脚踏风火轮，右手执鞭，左手掐诀，形象威猛。（如图 2 - 2 - 22）

图 2 - 2 - 22　灵官殿（左）与王灵官（右）（笔者摄）

正如佛教寺庙于山门口一般设置伽蓝殿供奉护法伽蓝一样，在道教宫观建制之中，灵官殿一般是山门口的第一重宫殿，以实现护持道、经、师三宝的功能。但云台观的灵官殿却是处于整个道观的中央位置，与一般道教宫观的殿宇设置却有不同之处。不过灵官殿位于九间房与降魔殿之间，如果按照云台观建筑"地—人—天"的布局走向来看，灵官殿之后便是降魔祖师的殿堂，这样来看似乎又可以说得通了。

（三）降魔殿与第三重四合院建筑群

1. 降魔殿

降魔殿前临灵官殿，后连藏经楼，是第三重四合院的第一重殿宇，也是面积仅次于玄天宫的第二大殿堂。其基址原为宋代所建拱宸楼，清光绪十二年（1886）火灾之后，在拱宸楼灰烬之上修建了降魔殿。该殿于清光绪十五年（1889）建成，坐北向南，建筑面积524平方米。降魔殿屋梁为木结构抬梁式，单檐歇山顶，面阔五间26.2米，进深五间20米。三重花雕脊筒组成正脊，两端安鸱吻，正中饰三级塔形宝顶，正、垂、戗脊装饰兽形和仙人形象。屋顶青灰色筒瓦（部分为板瓦），有瓦当滴水。梁枋构件加工细致，包括瓜柱、穿插枋等许多部件上均有装饰性彩色浮雕，特别是圆柱撑拱造型更为精巧别致，将圆柱上方挖出凹槽，置木雕彩绘神仙，造型生动。（如图2-2-23）

图2-2-23　降魔殿构件——圆柱撑拱（笔者摄）

　　降魔殿的门窗形式和装饰仿玄天宫，上部窗棂简洁，下部绦环板和裙板的浮雕装饰别具特色。抬梁底所存"潼川府知魏邦翰、县知事李发荣暨绅民重修，光绪十三年十一月十一日立"等墨书题记清晰可辨。整个建筑外观雄伟，纹饰华丽，极具明清建筑特色。降魔殿中正中供奉降魔祖师像。（如图2-2-24）神像与前述王灵官塑像材质相同，像身红铜色，富有光泽。神像庄严威武，跣足披发，右手持剑，左手掐诀，脚踏龟蛇，正是传说之中玄帝的一般形象。在《云台胜纪》中有记赵法应曾铸造降魔祖师像："殿成之后，帝自制一疏。降一童子持疏募铁。于文曲峰下赵村垭设炉鼎，铸八十二化降魔圣像一尊：高一丈二尺，剑长七尺二寸，以应七十二候。阔四寸八分，以应四时八节，抚三辅，应三台。"据道观中道长说，现在的神像为 20 世纪 80 年代重铸，远不及中华人民共和国成立前原有降魔祖师神像精美，且之前的神像极为沉重，似为陨铁所铸，大炼钢铁之时有人试图将该神像拉走炼铁，当时数十人才将神像拉动，神像跌下神坛之时在地上砸出近一米深的大坑，投入火炉之后数日夜未炼化，后不知所终。是否陨铁所铸，真伪虽无从考据，但以前神像有可能就是宋代赵法应所铸之降魔神像。

图 2-2-24　降魔殿（左）与降魔祖师（右）（笔者摄）

　　降魔殿之中供奉神祇较多，除去侍者以外共计 94 位，可以说是云台观之中神祇数量最多的殿堂。大殿左边靠门扇为清光绪《重修云台观报销碑》和民国田颂尧保护云台观的《总司令明示》碑。殿左神坛上供奉有六十太岁星君神像，他们分别以六十甲子纪年为顺序依次当值，掌管当岁吉凶祸福。在中国传统民间信仰中，以生肖与"值年太岁"相应，如果有"冲犯太岁"的生肖，就要祈求值年太岁保佑。大殿左边供奉先天斗姆元君与二十八星宿。斗姆元君为北斗众星之母，是道教神仙体系中非常重要的女性神祇，其形象为三目、四首、八臂，手擎日月、弓矢、金枪、金铃、箭牌、宝剑①。（如图2－2－25）

图2－2－25　太岁星君（左）与斗姆元君（右）（笔者摄）

《太上玄灵斗姆大圣元君本命延生心经》云：

> 斗母尊号曰九灵太妙白玉龟台夜光金精祖母元君。又曰中天梵炁斗母元君，紫光明哲慈惠太素元后金真圣德天尊，又化号大圆满月光王，又曰东华慈救皇君天医大圣……是九章生神，应现九皇道体②。

北斗九皇大帝均由斗姆元君所生，所以她的地位在道教神仙谱系中是非常尊贵的。道教信仰中，农历九月初九日是九皇大帝圣诞，每一年这个时候云台观都会举行"九皇会"，同时庆贺九皇大帝圣诞和祭拜斗姆元君。云台观光绪年间的火灾就是发生在

---

① 《道法会元》卷八三，《道藏》第29册，第330页。
② 《太上玄灵斗姆大圣元君本命延生心经》，《道藏》第11册，第345页。

"九皇会"期间，以此也可见云台观九皇会的悠久历史。

图2-2-26　荧惑星君（左）与雷声普化天尊（右）（笔者摄）

降魔祖师像左边供奉荧惑星君和雷声普化天尊。（如图2-2-26）荧惑星君全称"火德荧惑星君"，是道教五星君之一，主掌万物生长，解灾厄疾病。《洞渊集》云："南方火德，荧惑星君，火之精，赤帝之子，执法之星，其精下降，为风伯之神。"① 荧惑星君本源为火，而火在自然生产中是非常重要的元素，它驱走黑暗和寒冷，带来光明和温暖，所以也可以说对荧惑星君的信仰来自自然崇拜。雷声普化天尊为雷部的最高天神，是南极长生大帝之化身，掌管雷部诸神，神通广大，其左右塑中国民间传说中的雷公电母像。

在《九天应元雷声普化天尊玉枢宝经》之中，雷声普化天尊曾在大罗元始天尊之前发愿救度众生："愿于未来世，一切众

---

① （宋）李思聪：《洞渊集》，《道藏》第23册，第848页。

生，天龙鬼神，一称吾名，悉使超涣。"① 经文指出，人们只要忆念他的名字就可以得偿所愿，其文云：

> 若未来世，有诸众生，得闻吾名，但冥心默想作是念，言九天应元雷声普化天尊，或一声，或五七声，或千百声，吾即化形十方，运心三界，使称名者，咸得如意②。

降魔祖师像右边供奉关帝圣君和鲁班仙师。（如图2－2－27）关帝圣君属于中国民间信仰中的重要神祇，因其所代表的忠信仁义、坚贞勇武等精神品格而为人们所崇信。在很多地方，除了忠义勇武，他还是财富的代表，所以又被称为"武财神"。鲁班仙师是历史上的木匠共同崇拜的职业神，在云台观供奉鲁班仙师主要与云台观的传说有关。在多个版本的传说中，鲁班曾经化身到云台观修建朽坏的神殿。《新修潼川府志》引《锦里新编》：

图2－2－27 关帝圣君（左）与鲁班仙师（右）（笔者摄）

---

① 《九天应元雷声普化天尊玉枢宝经》，《道藏》第1册，第758页。
② 同上，第759页。

　　　　拱宸楼柱：《锦里新编》，三台县云台观，上塑真武像，后有拱宸楼。规制壮丽，因历年久远，楼有中柱朽烂将折。乾隆元年，住持醵金，计图拆建。忽有老人陈匠，自楚省来，自称不动梁瓦，便可换柱。遂庀材卜吉以俟，至期，陈匠语道众，今夕倘闻人声，戒弗起视。夜半，果听许许拽木，斤斧毕举，喧哄良久，黎明声绝。众起视，但见椽瓦如故，朽柱移至露井，长三丈余，已换新柱。觅老匠，已无踪影。至今楼尚存①。

　　三台县关于鲁班的传说流传甚广，在距离云台观 30 公里处有一个镇名叫鲁班镇，该镇不仅有三台县旅游风景点鲁班水库，而且还有一个历史久远的鲁班桥。鲁班桥当地人也称"落板桥"或"洛班桥"，传说该桥由鲁班仙师修建于春秋战国时期。三国时期，刘备曾与郪县地方豪强马秦、高胜交战，对方主帅与兵马在通过鲁班桥的时候遭遇桥板坠落而兵马覆亡，刘备感念鲁班仙师显灵，将鲁班桥予以修复，并于桥畔建鲁班神庙以四时奉祀。另外一个关于鲁班桥的传说中，则是当地在修建名叫"洛板桥"的过河石桥的时候遭遇困难，有神秘石匠送去了石料完成了石桥的修建。当地人也认为是鲁班显灵，将洛板桥改名为"鲁班桥"②。

　　转过降魔殿大殿，后壁神龛供奉有太乙真人神像。（如图 2 - 2 - 28）

---

　　①　何向东等校注：《新修潼川府志校注》，成都：巴蜀书社，2007 年，第 1211 页。
　　②　按：以上两则传说均来自三台县民间，被收录于张庆主编：《四川省三台县郪江、云台观、鲁班湖历史文化旅游丛书》之三《民间传说故事歌谣集》，内部出版资料，2005 年，第 22—25 页。

图2-2-28　太乙真人及民国田颂尧所书匾额（笔者摄）

太乙真人是道教元始天尊身边重要的神祇之一，在上清派诸多典籍中亦有提到。如《灵宝领教济度金书》卷四十三中，在行黄箓斋仪时"请称法位"之中便有太乙真人的名号。《上清灵宝大法》中有一段话则借太乙真人之口以述炼丹精要："故太乙真人曰：常于太极握枢机，动静神珠降幌帏。自有灵宝生玄谷，黍珠空歌啸咏时。"① 而《上清握中诀》中认为人头有九宫，不同神灵居于其中，"丹田上一寸为玄丹宫，太乙真人居之。"② 云

① （宋）王契真：《上清灵宝大法》，《道藏》第30册，第653页。
② 《上清握中诀》，《道藏》第2册，第906页。

台观的太乙真人塑像身着道衣，左手掐诀，右手上举，慈眉善目。在塑像之上有一个民国时期的牌匾，上书"道不外求"，是民国时期国民革命军第二十九军军长田颂尧在主政三台县之时所写，中华人民共和国成立后由詹少卿补书。

2. 香亭与钟鼓楼

香亭与钟鼓楼均建于清末，位于玄天宫前藏经楼后。香亭居中，坐北向南，木构架穿斗抬梁混用，单檐歇山顶。钟楼居左，鼓楼居右，重檐亭阁式，左右对称，建筑面积246.15平方米，通面阔九间27.35米，通进深三间9米。钟楼和鼓楼为四角攒尖顶，尖顶似塔刹，多装饰。屋脊为五脊顶，上下四脊用镂空花雕脊筒组成，各脊上施圆雕彩龙一条，檐角飞翘，檐头有花卉纹瓦当和滴水。楼平面为正方形，边长三间9米，立柱16根，通柱4根，高8米，径0.35米，额柱间用花牙子雀替，梁枋均施彩绘。建筑布局别致，修建装饰精巧。其楼中分别放置钟鼓。

图2-2-29　钟楼（左）与鼓楼（右）（笔者摄）

其中的钟为明万历三十六年所铸，材质为铁，高115厘米，底部直径92厘米。其上铭文将在第三章详述，兹不赘述。另在三台县博物馆收藏有一个明天顺四年（1460）铸造的铜钟，尺寸与前述铁钟相同。（见附图2－6）其上雕刻有铸造钟的工匠名字："风调雨顺、国泰民安。里老张奎、吴朝宗、曾孟己、殷伏初、杨放、王时□、李文盛、杨德□、王□佐、总甲裴继昌、马俊、邓仕康、刘益、戴宗元、阴阳吕旺。"该钟是在天顺年间由知县谭道生首倡，诸乡绅共同出资铸造并安放道观之中的。另据《三台文史资料选辑》第一辑，三台县文管局还存有万历三十一年（1603）所铸铜香炉与万历三十三年（1605）所铸铁钟。

钟楼与鼓楼并非独立而建，两座楼的下部相连，中间廊柱敞间为玉皇殿，供奉玉皇上帝与侍从。该殿玉帝神像为泥坯彩塑，身穿缎面衣饰，是云台观中色彩最为鲜艳与写实的塑像。（如图2－2－30）玉皇上帝是道教神仙体系中非常重要的神祇，是统领众神仙的至上尊神。早在陶弘景《真诰》中有"拜谒天帝玉皇法"之语。北宋真宗赐封号"太上开天执符玉历含真体道玉皇大天帝"[1]，此后玉皇大帝被视为与昊天上帝为同一神，并在北宋徽宗赐封"昊天玉皇上帝"时固定下来[2]。到了后世，玉皇大帝逐渐被民众视为天宫之中统领众神仙的最高神而广为奉祀。

3. 茅庵殿

在宋代云台观初创之时便有茅庵殿，为赵法应祖师所居之处，现存茅庵殿处于玄天宫右侧。进入第三重四合院之后，沿着

---

[1] 《搜神记》，《道藏》第36册，第254页。

[2] ［日］窪德忠著，萧坤华译：《道教诸神》，成都：四川人民出版社，1988年，第93页。

右边楼檐绕过钟楼，经过数层台阶，穿过一个拱门便进入了茅庵殿。茅庵殿殿堂较小，约十平方米。正中并排供奉两尊神像，神像上方篆书"祖师"二字，神像身前仅一个牌位，书"不虚祖师之位"。此不虚祖师指的是与云台观有着渊源的一位道士李真果，两尊神像则是他的两个化身。（如图 2-2-31）

图 2-2-30　玉皇上帝（笔者摄）　　图 2-2-31　李真果像（笔者摄）

李真果（1880—1984），又名彭泽风，号不虚子，四川安岳县人，民国十六年（1927）于成都二仙庵受戒，是四川近代知名的道士，道法精深，医术高明，曾为老百姓治疗了许多疑难杂症。1984 年李真果以 104 岁高龄无疾而终，弟子们在其家乡安岳县修建"李真果纪念馆"。李真果一生悬壶济世，然命运坎坷，曾在"文革"期间被关押在三台县养老院，与云台观有一定渊源。如今云台观奉其为祖师并塑金身，主要的原因在于现在云台观的传承法脉部分来自李真果。现任云台观住持傅复圆是李真果的亲传弟子，于1974年拜李真果为师，1985年于青城山天师洞正式出家，拜全真龙门派高道彭来明为师，为全真龙门派第十四代"复"字辈弟子。1986年，傅复圆应李真果要求到云台观修道，1992年任云台观住持。由于云台观属于子孙庙，所有进入道观的道士均需要拜住持为师，所以傅复圆的弟子均为"本"字辈，是全真龙门派第十五代玄裔弟子，同时也尊李真果为祖师爷。

4. 玄天宫

玄天宫是云台观的主殿，因供奉玄帝八十三化身神像，故名玄天宫。该殿始建于南宋嘉定三年（1210），见证了云台观八百余年风雨历程。该殿在原有基石之上曾有多次培修，建制庄重严谨，装饰色彩华丽，尤为特别的是，同时呈现了宋明清三代建筑风格且融为一体，是不可多得的川西宗教建筑艺术瑰宝，有着重要的传统建筑艺术研究价值。（如图2-2-32）

图2-2-32　玄天宫门廊（笔者摄）

玄天宫坐北朝南，位于全观地势最高处，以俯瞰之势统御全观。玄天宫由前副阶东西两边进殿，经6米高的三重24级垂带踏道沿上，副阶前有石栏杆，栏杆基石上有宋代石狮雕像，望柱及栏板有花草鸟兽浮雕和圆雕石刻，为清代建筑。玄天宫为抬梁式木结构房架，面阔五间，进深四间，屋顶为单檐歇山式，盖琉璃筒瓦。殿脊两边有鸱吻，戗脊与垂脊上有脊兽与仙人，翘檐微翘，檐下有斗拱，阑额与柱头之间用雀替。雀替、斗拱和梁枋以及天花均施以彩绘，图案精致，色彩明快，体现了较高的工艺水平。门扇为清代所制，两边稍间为直棂死扇窗，而当心间和次间为四抹格扇门，绦环板和裙板均有雕花装饰。

玄天宫屋面前坡顶有三个绿黄琉璃瓦组成的菱形图案，为明代蜀王府加盖琉璃瓦盖时所作。该图案本身没有特殊之处，但据传当阳光照射在上面的时候，会有金色光辉映照于空中，熠熠发光，炫彩夺目，远近数里可见，因此也被称为"三颗印"①。（如图 2-2-33）

图 2-2-33　玄天宫"三颗印"（云台观供图）

---

① 据道观住持傅复圆称，"三颗印"这种景象在20世纪80年代前仍时有出现，后于80年代翻修玄天宫时，因工匠将瓦盖揭下打乱重组之后，就不再出现"灵光"了。笔者曾于云台观周边采访，有八十多岁的老人声称曾经见过云台观玄天宫琉璃瓦所发"灵光"，言之凿凿，可见传说影响之深远。

殿内当心间和次间装有平棋天花，均匀分布于屋顶。天花金色打底，四角绘以白边黑色云纹，黑色窄条分隔出100格图案，因主绘龙纹，被称为"百龙出海图"。整个天花以红、白、金色为主，色彩明快，华丽庄重。当心间天花30格，正中一格为龙纹浮雕，龙头清晰生动，龙身盘旋于云朵之中，雕工精湛，栩栩如生。环绕此浮雕四周，是29格彩绘龙纹天花，龙身红褐色，白色描边，形态各异，生动形象。左右次间天花各35格，正中也有一个龙纹浮雕，四周围绕8格彩绘龙纹，其余为彩绘团花。值得注意的是，在传统社会中，龙代表天子，龙纹的使用有严格限制，只能在皇家建筑或者大型寺庙宫观中才能使用，云台观在明清时期的社会地位可见一斑。（如图2-2-34）

图2-2-34　玄天宫天花（笔者摄）

玄天宫大殿内正面供奉玄天上帝神像，神像高约4米，身着金黄色龙纹长袍，右手执七星宝剑，左手掐诀，脚踏神龟螣蛇，庄严肃穆，望之生畏。神龛左右两边分别书写："做清白神仙弃胃抛肠九龙捧圣；辞净乐皇帝跣足披发一剑凌天。"玄天上帝左边供奉全真龙门派丘处机长春真人神像，神龛左右两边分别书写："万古长生不用餐霞求秘诀；一言止杀始知济世有奇功。"

对联除了展现长春真人修行的至高境界，更提到他万里会见成吉思汗"一言止杀"、挽救万千生灵的故事。玄天上帝右边供奉道教宗师吕洞宾纯阳祖师神像，神龛左右两边分别书写："一枕黄粱点破千秋大梦；九转金丹炼就万劫真仙。"该联所指为"黄粱梦觉"中钟离权点化吕洞宾的传说故事①，表达了对吕祖修炼经历与成就的赞叹。（如图2-2-35）

图2-2-35　邱长春真人像（左）、玄天上帝像（中）、
纯阳祖师像（右）（笔者摄）

大殿东西两侧则各供有五尊武将神像，他们为辅佐玄天上帝的雷部十大元帅，分别是金轮如意赵元帅、地司太岁殷元帅、定霸除奸杨元帅、斗口灵官马元帅、纠察灵官王元帅、神化阴雷毕元帅、酆都馘魔关元帅、神烈阳雷苟元帅、地祇太保温元帅和歘火律令邓元帅。（如图2-2-36）

---

① 《纯阳帝君神化妙通纪》，《道藏》第5册，第705—706页。

图2-2-36　雷部十大元帅（笔者摄）

在道教神仙体系之中，雷部神系是非常独特的神灵系统，其最初来源于人们对自然界雷电的崇拜，随着民间雷电信仰的发展，历史中出现的一些产生重大影响的人物被尊为雷神，如岳飞、关羽等。随着道教将其中的神灵纳入自身神灵系统，人格化的雷部神系逐步形成了。到了宋代，在神霄派的推动之下，雷部神系逐渐完善。宋代雷部最高神为九天应元雷声普化天尊，到了明清时期，雷部元帅逐渐成为玄天上帝所统辖，在许多道教图像之中，十大元帅环绕于玄帝四周。按照有关学者的研究，北极玄天上帝统领雷部十大元帅，作为战神而镇守天宫，在道教神系之中的地位和功能十分重要，已经超越了宋元时期的雷声普化天尊①。

清康熙时绘成的《道正宗师图》中可以清晰看到玄帝与雷部十大元帅的形象。《道正宗师图》中共有八十三位道教神，按照诸神的神格，自上而下分为八阶。最高一阶为三清、四御、二后；第二阶为斗姆、北斗、南斗；第三阶为玄帝和十大元帅；第

① 苏利平：《道教雷部神真"十大元帅"图像艺术研究与创新实践》，四川师范大学硕士学位论文，2015年。

四阶为五方五老天君；第五阶为太乙救苦天尊和十殿冥王；第六
阶为九天应元雷声普化天尊，第七阶为川主和东岳大帝；第八阶
为城隍、土地、关帝、四值功曹等①。值得注意的是该图中第三
阶是以玄帝为核心并由他统领的雷部十大元帅。他们是邓元帅、
岳元帅、王天君、高元帅、张元帅、辛元帅、殷元帅、马元帅、
温元帅、赵元帅。（如图 2 - 2 - 37）由于不同派别供奉的雷部元
帅有一定区别，如北帝派供奉的是北极四圣，清微派供奉的是
温、马、关、赵四大元帅，神霄派供奉邓、辛、张、苟、毕、
朱、王、刘、马、关十大元帅②。可见，云台观供奉雷部神将与
传统道教图像存在一定出入也属正常。

2—2—37　　清代《道正宗师图》中第三阶的玄帝与雷部十大元帅③

玄天宫大殿背壁有"圣公圣母"塑像，以上塑像均为泥塑彩
绘，为现代复塑。（如图 2 - 2 - 38）"圣公圣母"为玄帝在世之时

①　《道正宗师图》，绘于清初，作者无考，为李黎鹤收藏。
②　张作舟、李元国：《道教雷神崇拜与雷神图像研究》，《老子学刊》2020 年
第 2 期。
③　对于该图的详细介绍，参见李黎鹤：《道正宗师图的神灵与形象的考辨》，
香港《弘道》第 70 期。

的父母亲，在宋代被朝廷分
别敕封"静乐天君明真大
帝"和"善胜太后琼真上
仙"①。元仁宗延祐元年
（1314）九月进一步加封
"启元隆庆天君明真大帝"
与"慈宁玉德天后琼真上
仙"②。除了以上所述之殿堂
之外，另外还有数十间房
屋，分别是方丈院、丹房和
厨房等道众们的生活起居场
所，是中华人民共和国成立
之后重建的青瓦平房，此处
不再赘述。

图 2 - 2 - 38　圣公圣母
（笔者摄）

　　总而言之，云台观自然
景观幽静秀丽，建筑布局错落有致，房屋结构独具特色，建筑装
饰精巧别致，殿堂神像栩栩如生，既充分蕴含了道教思想中的阴
阳五行与天人合一的理念，又展现了传统道教建筑在布局、形
态、装饰以及造像艺术上的高超造诣，深刻反映了云台观神灵信
仰体系的典型特点。

　　首先，云台观殿堂建制与神祇是有意识按照"地—人—天"
的进阶秩序进行排列的。从第一个四合院的地狱，到第二个四合
院的人间，再到第三个四合院的天界，充分表现出道教修行理论

---

① （元）刘道明：《武当福地总真集》，《道藏》第 19 册，第 662 页。
② 《玄天上帝启圣灵异录》，《道藏》第 19 册，第 644 页。

之中关于整个世界的多层次认知与实践指引。这一理论的含义在于既要人们深信因果，祛恶扬善，避免堕入地狱；同时又要敬畏神灵，祈求护佑，获得现世的福报；当然，对于道门之中的修行人而言，更重潜心修炼，最终如王重阳祖师、丘处机祖师一般，步上云天，飞升仙阙，从而证真得道。因此，仅从云台观建筑布局，我们可以看到道教修炼的深刻意涵与内在逻辑。

　　其次，云台观的神灵数量众多，司掌领域广泛，迎合了信众的多种信仰需求。综合来看，云台观所供奉的神灵既包括属于冥界的十大阎王与黑白无常，也包括护卫一方民众的城隍爷，其他还有慈航真人、青龙神、白虎神、药王、财神、王灵官、降魔祖师、六十太岁、斗姆元君、二十八星宿、荧惑星君、雷声普化天尊、关帝圣君、鲁班仙师、太乙真人、玉皇大帝、十大元帅、吕洞宾、丘处机，以及云台观的主神玄天上帝和赵法应的父母——圣公圣母，再加上近代道人李真果的金身塑像等共计一百三十位神灵。这其中，既有护佑健康和财富的神灵，也有保佑平安的神灵，更有行业神；既有道教正统的神灵，也有民间信仰的神灵，这充分体现了四川道教神灵信仰体系中的复杂性与现实功利性。

　　再次，云台观之中供奉的神灵随着时代的不同而发生变化。清代云台观有梓潼殿和龙王殿，分别供奉梓潼帝君和龙王，后因为殿宇毁坏而不复存在。虽然云台观中的部分神灵会有所增减和变化，但其主神并未有变化，即玄帝。另外，按照道教宫观的基本建制，最后一个大殿一定是最主要的神殿，供奉的大多数是三清，即元始天尊、灵宝天尊与道德天尊。然而云台观却没有三清殿，甚至也没有单独供奉三清之中的任何一位，在历史记载中也未出现三清的影子，这也是云台观神灵体系的一个特点所在。

最后，需要注意的是，在道教神灵体系里，玄天上帝与真武大帝本为一个神灵，但是在云台观却进行了分别供奉。其中降魔殿供奉了降魔祖师（即真武大帝），而在玄天宫则供奉了玄天上帝。由此笔者认为玄天宫所供奉玄天上帝具有双重象征，即玄帝及其八十三化身像，也就是赵法应神格化之后的形象。其身着龙纹帝服，与降魔殿所供奉的降魔祖师像也有着细微差别。当地老百姓到玄天宫祭拜的时候，都会亲切称之为"祖师菩萨"，由于发音的错误，也被称为云台观的"紫苏菩萨"①。而云台观每年三月初一到三月初三的"祖师会"，也是为了纪年赵法应祖师而举行的盛大庙会。该庙会历史悠久，规模巨大，成为三台县民间宗教文化的重要组成部分，也是三台县重要的非物质文化遗产。

---

① 三台县当地还流传着一个"紫苏菩萨坐云台"的传说，见张庆主编：《四川省三台县郪江、云台观、鲁班湖历史文化旅游丛书》之三《民间传说故事歌谣集》，内部出版资料，2005 年，第 26 页。

第三章　云台观主神信仰探研

云台观在明代曾名"玄天佑圣观"，玄天即指玄天上帝，佑圣即为佑圣真君，实则同指中国道教历史上的神祇——玄天上帝（真武大帝），为历代云台观所供奉之主神。本章将从道教玄帝信仰的起源谈起，略述中国玄帝信仰发展历史与特点，进一步探究玄帝信仰在巴蜀地区发展的历史，并重点解析云台观玄帝信仰的形成、流变以及对地方社会信仰体系的影响。

第一节　玄帝信仰起源与流布

玄帝是道教神仙体系中的重要先天神祇，不同于凡人通过修炼飞升而成的神仙，他是"玉虚师相，金阙化身……故八十次显为老君，亦八十二号为玄武"①。也就是说，玄天上帝与三清、四御一样，是先天道炁所化，是与道别无二致的本体。从玄帝信

---

① 《玄帝灯仪》，《道藏》第3册，第573页。

仰的形成过程来看，大致经历了从古老的星辰崇拜到道教的无上
尊神的神格化过程。在这个过程中，玄帝的名号也不断发生变
化，宋太祖之前为玄武，宋初封为北极镇天玄武大将军，真宗时
封为震天真武灵应佑圣真君，仁宗时封圣功慈惠天候，并加封玄
天上帝，元代因袭玄天上帝之名，到了明代则被封为荡魔天尊，
其名号的不断加封，地位不断地提高，持续推动着玄帝信仰的广
泛流布。

一 玄帝神格形成与衍化

玄帝信仰最初起源于中国传统的星宿崇拜，属于自然神的范
畴。中国传统文化之中，星象学是其重要的组成部分。中国最早
的星象学要追溯到商周，春秋战国时期趋于完善。1978 年湖北
随州出土的曾侯乙墓中漆箱上所绘的二十八星宿图，说明至少在
战国已经有了关于二十八星宿的完整观念。古代天文学家将所能
观测到的星辰划分为二十八个区，即所谓的二十八星宿。每七宿
于东南西北四方分别组成一个星系，各星系分别以苍龙、白虎、
朱雀、玄武等传说中镇守四方的瑞兽为名。其中东方苍龙七宿为
角、亢、氐、房、心、尾、箕，南方朱雀七宿为井、鬼、柳、
星、张、翼、轸，西方白虎七宿为奎、娄、胃、昴、毕、觜、
参，北方玄武七宿为斗、牛、女、虚、危、室、壁，这其中每一
宿又包含若干恒星。北方玄武七宿为无数恒星构成，并被古代人
民赋予了镇守和保护北方天界的功能，同时又因为北方在八卦方
位之中为水，所以玄武又以龟或者龟蛇为其形象，并具有了水神
的功能。

在中国古代社会中，苍龙、白虎、朱雀、玄武又被称为"四象"，它们分别对应《易传》之中的少阳、少阴、太阳、太阴，在传统堪舆术之中，又分别代表绝佳风水格局之中的四个方位。四象的形象在许多墓葬之中亦有体现，如陶弘景《真诰》："我今墓有青龙秉气，上玄辟非，玄武延躯，虎啸八垂，殆神仙之丘窟，炼形之所归，乃上吉冢也。"① 这也是以后玄武成为管理酆都地狱之神祇的渊源。所以也可以说，四象不仅镇守天界，同时也守护地上、地下的世界。

玄武从星宿神转化为人格神是一从他成为北帝驾前"四圣"开始的，他们分别是：天蓬、天猷、黑杀、玄武。"四圣"信仰肇始于隋唐时期，据任士林《四圣延祥观碑铭》云："北极中天之尊，左右前后，有奕有灵，商矣。故四圣之奉，著于隋唐。"② 但此时的四圣并未明确为天蓬、天猷、黑杀、玄武。历史上的北帝神格也有一个逐步形成的过程。

最早关于北帝的记录可以追溯到五帝的信仰。五帝就是指在周秦两汉之际的神灵信仰系统中，掌管天界的五方天帝，他们分别为东方青帝、南方赤帝、西方白帝、北方黑帝和中央黄帝，其中北方天界的神祇为北方黑帝。关于五帝最早的记载出现在《周礼》之中，其中《周礼·天官》《周礼·地官》和《周礼·春官》中均有专祀五帝的记载。当然，当时的北方黑帝并不同于北极大帝。道教神灵系统中，北极大帝是地位仅次于三清的四御之一。《道法会元》引《老子犹龙经》云："紫微北极玉虚大

---

① 《真诰》，《道藏》第20册，第550页。
② 陈垣：《道家金石略》，北京：文物出版社，1988年，第887页。

帝，上统诸星，中御万法，下治酆都，乃诸天星宿之主也。"①
北极大帝在天为众星宿之主，位处在三垣之中垣，地位最为尊
贵。但到了六朝，道教逐渐将黑帝五灵玄老与北帝称呼混淆在一
起，如《太上元始天尊说北帝伏魔神咒妙经》②，以北帝来称呼
黑帝五灵玄老。在《玄天上帝启圣录》卷一《凯还清都》中，
则直接将玄帝作为黑帝五灵玄老的化身："卿在太初先天之前，
本北方五灵玄老，太阴天一始炁之化，乃万象之根。今经上千五
百年，合还本方，归根复位。"③

　　到了唐末，杜光庭在《广成集》中将北方黑帝和北阴太帝
合二为一，并进一步与北极紫微大帝合为一体，此后便直接用北
帝来指代北极紫微大帝。北帝所统率的大将在宋以前为天蓬、天
猷，到了宋代逐渐将黑杀与真武放到北帝统辖部将之中。据宋真
宗御制《翊圣保德传》④ 所载，太祖建隆元年（960）黑杀元帅
降附凤翔府张守真，自称与天蓬、真武同为大将，降神护佑真宗
即位，并保其"万年基业永长新"。所以，天蓬、天猷、黑杀、
玄武"四圣"，是在宋初黑杀降神与真武辅佐太祖，真武由自然
神变成人格神之后，才逐渐形成为北帝驾前四大伏魔大将的。自
此，北极紫微大帝驾前四大将军——天蓬、天猷、真武、黑杀基
本形成。

　　宋代建国之初，由于帝王推崇，玄武信仰便逐渐兴起。宋太
祖受玄帝襄助而于瀛州建北极七元四圣祠殿，并遣使赍御香祭

①　《道法会元》，《道藏》30册，第625页。
②　《太上元始天尊说北帝伏魔神咒妙经》，《道藏》34册，第392页。
③　《玄天上帝启圣录》，《道藏》第19册，第575页。
④　（宋）王钦若编：《翊圣保德传》，《道藏》第32册，第649—653页。

献。宋太宗时，真武成为了护佑皇室的家神，太宗于皇宫内建玄真殿，专门祭祀真武大帝。到了宋仁宗朝，出现了一大批专门撰写真武成道和灵应下降的书，如《元始天尊说北方真武妙经》《太上说玄天大圣真武本传神咒妙经》《太上说紫微神兵护国消魔经》《真武启圣记》《真武灵应大醮仪》《玄帝实录》（又名《降笔实录》）《北极真武普慈度世法忏》《真武灵应真君报父母恩重经》等。其中《真武启圣记》是宋仁宗亲自命人编写而成的，而其他经书则在该朝相继出现，这与仁宗崇奉真武有着密切联系。宋仁宗曾身染疾病未愈，遂命南岳道士登坛启圣，后得真武保佑痊愈。于是仁宗命人全国搜集真武灵应事迹共107件，编写成《真武启圣记》，原书已佚，现存《玄天上帝启圣录》应是以《真武启圣记》为底本撰写而成的。真武神格的逐渐形成，正是在这一系列经书和传记中逐渐形成和完善的。

关于玄帝之应化来历，《太上说玄天大圣真武本传神咒妙经》说玄武之应化渺邈难穷，希夷莫究，盖为玄元圣祖应化之身，"且玄元圣祖，八十一次显为老君，八十二次变为玄武。故知玄武者，老君变化之身，武曲显灵之验"①。其转世之经历亦颇为奇特：

> 昔大罗境上无欲天宫，净乐国王善胜皇后，梦而吞日，觉乃怀孕。其母气不纳邪，日常行道，既经一十四月，乃及四百余辰。于开皇元年甲辰之岁三月三日午时，降诞于王宫，相貌殊伦。后既长成，遂舍家辞父母，入武当山修道。四十二年，功成果满，白日升天。玉皇有诏，封为太玄，镇

---

① 《太上说玄天大圣真武本传神咒妙经》，《道藏》18 册，第38 页。

于北方。显迹之因，自此始也①。

《玄天上帝启圣录》卷一"金阙化身、辞亲慕道、紫霄圆道、三天韶命、玉京较功"中等详细记载了玄帝成道降魔等内容。"奎娄之下，海外之国"的净乐国善胜皇后孕诞玄帝，为太上八十二化，其生而神灵，十五岁辞别父母幽谷修行。因念道专一而感玉清圣祖紫元君降授无极上道，又感丰乾大天帝授以宝剑。后经勤修苦练，历经考验，终得太和山紫霄峰紫霄岩悟道。成道之后，率领六丁六甲，五雷神兵等部属下降凡界降伏六天魔王。而六天魔王以坎离二气化作苍龟巨蛇，被玄帝摄于足下，成为玄帝肋侍。此后玄帝将天下妖魔尽皆收断，并分判人鬼，锁鬼众于酆都大洞之中，使得下界国泰民安。立此功德，太上命玉皇上帝拜玄帝为北极镇天玄武大将军，真武游奕三界都督，判玄都佑圣府之职②。这其中玄帝伏灭六天魔王的故事，均取自北帝伏魔之事迹。

《太上元始天尊说北帝伏魔神咒妙经》与《洞真太极北帝紫微神咒妙经》中对于北帝带领大将伏魔的事迹均有记录。《玄天上帝启圣录》通过赋予玄武完整的降生与成道以及除魔封神的经历，将星宿玄武最初的自然神格成功转变为由玄元圣祖化生的至尊之神，使其神格逐步完善。而名号则从最初的玄武到北方大将玄武将军，再到玄天上帝，最后到荡魔天尊，其神格积极攀升，最后成为道教仅次于三清的四御之一。

---

① 《太上说玄天大圣真武本传神咒妙经》，《道藏》18册，第39页。
② 《玄天上帝启圣录》，《道藏》第19册，第571—577页。

二　唐宋玄武信仰的初兴

据《唐六典》卷七《尚书工部》所载，唐代有对玄武的国家祭祀。唐都长安的紫宸殿之北面为玄武门，其内有玄武观，为专祀玄武所建。武则天时，门下侍郎裴涛奏报朝廷，说他的儿子仲方为真武下界托生，后坐化而去，并告知了每个月不同的下降时间。此后朝廷差使前去裴涛家中，果见祥异：

> 祝献奠使方到，不见仲方肉身，但见空中祥云，垂下仙仗，升一铜棺盛贮。音乐嘹亮，散花满空，引声向武当山路，冉冉而去。自唐则天时，授得逐月下降日分，方始奉行供养，赠为武当山传道真武灵应真君①。

也就是说，由于出现真武显灵，唐代武则天时便由朝廷正式供奉玄武，并授予其封号——"武当山传道真武灵应真君"。

五代末宋太祖赵匡胤为后周大将之时，因得真武暗中相助而平乱，功绩卓著。此外太白金星化作道士告知太祖其之所以能够收降逆虏叛臣，均因为真武暗中相助，《玄天上帝启圣录》卷七《七从借名》记载了此事：

> 尚书刑部郎中，知瀛州事高阳关都总管陈畴，札奏：自前朝兴元四年五月内，却有北蕃郎官伊寿先兄弟七人，执到两界，公凭车载，毡帛香货五万余贯，来投摧货务出卖，欲将卖钱权寄官库，候归蕃计会后，次货物到来，般取前去。

---

① 《玄天上帝启圣录》，《道藏》第 19 册，第 580 页。

可及一十五年，并无消息。后因太祖登极，郊天恰限，瀛州缺赏给五万余贯，无计借贷。不期本人前来陈状，愿将其钱，与官中支遣赏给。从此，瀛州委凭借支，已得均足。时高阳关刺史郑度，遂唤伊寿先等七人，取问因依。所寄此钱，即非寿先等财物，系兴元年中，太祖仕于世宗时，曾为帅守瀛州，忽过太白星，化为白衣道士，劝谏太祖，集道德仁行，向去贵显非常矣。太祖乃曰：天曹有何灵应，助身贵显。道士云：沿边有逆虏叛臣，故朝廷委托收戮。今奸叛潜息，皆是北极真武暗中护助。言讫，其道士化白光归天。时太祖就瀛州设大醮七昼夜，烧献天曹诸位纸币外，烧金纸五万贯有余。却为天曹点对，此项金纸五万余贯，不当受领，遂付北极行遣。系佑胜院真武，牒七元北斗七辰掌计。其伊寿先七人，即是七辰下七从。大宋启运立极，蒙真武面奏三天，详将元不受醮钱，还新宋充登极沿边赏给，因差七辰，借北蕃庙名为伊寿先，将钱化买毡宝等物，约五万贯，寄州纳还。此去蕃界百里，有庙名寿先庙，系四圣祠，影其真武部下，有七从官，各绊抹额，着黄袍，手执青鱼，腰系白调，脚踏早靴，谓五方五色，七元七辰，充真武管掌天下善恶公事，即是寿先等七人之形相也。取问讫，寿先等当厅前，如骤风一阵，不见。时知通等结罪保奏，续降指挥，先将其钱充支赏给外，候别行勘会施行①。

该故事缘起于太祖在前朝镇守瀛州之时，有太白金星化作白衣道士，劝谏太祖积德行仁，则将来显贵非常，并言朝廷收戮逆

---

① 《玄天上帝启圣录》，《道藏》第19册，第617—618页。

虏叛臣均受北极真武暗中护助。后太祖遂在瀛州设大醮,烧献纸钱并五万贯金纸。然而天曹点对之后,认为该五万贯金纸不当受领,于是交由佑圣院真武座下北斗七辰执掌。后至太祖登极,瀛州缺赏钱,真武禀明三天,将不应受的五万贯醮钱还给新宋作登极延边赏钱。于是真武差七辰降下,借北蕃庙名化作伊寿先七人,先购买毡宝等物约值五万贯,于州府寄存,正好冲抵新宋登极缺给瀛州的赏钱。

虽然该真武灵应事件讲述者为瀛州知事陈畴,然而其中却有太祖与太白金星化身的道士之间的对话,同时也提到了太祖于瀛州设大醮七天之事。也就是说,这个故事是完全得到宋太祖赵匡胤的认可甚至是授意的,当然其主要目的还是说明太祖开创江山基业乃是顺应天命的,因此才会感召天降神灵的助佑。这也是在传统社会重视君权神授背景下,历朝历代统治者确定自己统治合法性的惯用手法,特别是在改朝换代的特殊时期,更需要通过这种神圣合法性得到天下万民对于新政权的认同。

《玄天上帝启圣录》卷三《宋朝一统》中进一步将这个故事进行了演绎。因为北斗七辰托瀛州蕃客伊寿先兄弟七人,将"真武惠钱五万余贯,应付赏给太祖"。于是太祖"即便下瀛州,选地创,盖北极七元四圣祠殿,装画天曹毕,遣近臣赍御香祭献。"宋太祖于瀛州建北极七元四圣祠殿之后,感召真武降神于宫中致谢太祖,并预言太祖将会统一全国,开创万世帝王之业。一日辰时,太祖与臣下正在大殿之中议事,忽然一阵云雾风雹,群臣躲避不及,唯有宰相赵普与圣驾,被童子二人引召至本内孝成殿,只见:

> 殿前云空间,睹一神明,戴星冠,披销金珮绶,执简躬

揖太祖，启曰：洪基鼎祚运新昌，尧舜须依人叹将。莫似后
奢才得位，逆奸依玷乱施张。吾系天都北极真武灵应真君，
蒙加赐祠殿于瀛州，又承遣使醮谢。今者游奕过次，所以因
来报谢……近曾亲见上帝批凿，并合归宋朝为一统，永昌万
世帝王之业。除淮汉已取复外，余处注定年限，各有先后，
不踰一纪，以河东为首，次至南唐、西蜀、广东、福建，然
后两浙，合依次收之①。

此前太祖与群臣正为如何解决未收复之诸王侯疆土而忧虑，
真武的降下给了太祖定心丸，那就是各处王侯虽未各据一方，但
并未有完全臣顺之心。但是上天早有安排，各处收复均有年限和
次序，最终的结果就是"并和宋朝归为一统，永昌万世帝王之
业"②，后果然如真武所言，实现了全国一统。无论是否真如传
说故事那般，天下一统的决定权在上天，但至少可以确定的是，
宋代自建国伊始，便以真武为家神和国神，是有利于其政权的统
一性与稳定性的。

南宋陈伀在《太上说玄天大圣真武本传神咒妙经注》卷一将
宋太祖得真武阴助事迹总括在一起，注其事迹皆引自《启圣记》：

按《启圣记》：宋太祖在周显德元年，行营征瀛州，路
逢一羽士，密告贵极兆云：总得真武阴助，言讫化光去。太
祖信诚，章醮露答毕，而果承周禅，国号曰宋，改元建隆，
遍赏天下军旅。惟瀛州阙乏，陈畴奏请，表至述库积蓄商寄
钱五万贯，欲借充边戍犒赏。回旨，依给付高阳关郑度支遣

① 《玄天上帝启圣录》，《道藏》第19册，第588页。
② 同上。

讫，续据蕃商伊寿先等到司。陈畴斋周，朝通关文牒，述寄库钱事，因赵王昨会太白金星告兆，烧献钱币，赠吾恩主真武，照疏收外，出剩钱五万，遣吾换易，凡财椿管赵王使用讫。言毕，商人不见。畴具实奏，上览喜慰不胜。至二年三月一日，百官陪驾，升端明殿，论议诸道侯王，各据山河，累征未克事。俄顷，黑雾暧碟殿前，四目不通。丞相赵普独邀驾登孝成殿。方坐，仰见云际一神人，恭揖皇帝，遽降启曰：皇基鼎祚运新昌，尧舜须依人唤将，莫似后奢才得位，逆奸依玷乱施张。太祖躬问：圣者何职降？曰：吾非土地，职系天都右胜府事，吾欲适燕地乃遥闻圣虑，特当驻报，吾囊赴三天，闻宋僭不逾纪帝。普躬谢圣谕间，真武辞升。至建隆三年秋，据河北二路申闻，两载旱荒，军民乏粮，事大不堪，官史莫能措书。忽于七月七日清晨，二十军州各有粟麦，堆垛盈城，糜袋缝记，总是黑云马纸粘糊。况其物货无主，亦无夫脚，州军互审，申奏朝廷。三司看讫回旨，物货岂得无主，盖是国家德感真武，出天仓粟麦，垂济二路。攒计已得十五万石，仰低价赈粜，接活军民方苏。上闻喜曰：恩非小可，曷敢不报。遇真武降日，帝躬驾玄都殿，香火瞻敬①。

这几个故事既包括真武遣七辰还五万贯金钱之事，也包括真武亲降告知宋太祖平定天下诸侯的次序。此外，在建隆三年（962）全国旱灾之时，真武降送十五万石粮食以赈济军民。这

---

① （宋）陈伀集疏：《太上说玄天大圣真武本传神咒妙经》，《道藏》17 册，第101—102 页。

些神迹的发生，无不是宋太祖在统御天下和管理国家过程中遇到困境之后的神助，而所有困境的迎刃而解的受惠者皆为其统治下的军民。这似乎表明，真武护佑大宋王朝的诸多举措，最终的目的都是要惠及天下子民。这也为宋太祖及以后的宋代皇帝树立了一个积极正面的形象。当然，这些故事的流布，既能彰显皇帝对子民的厚爱，也能让天下百姓在感恩戴德之际，将对天神的崇敬与对朝廷的拥护完美结合起来。这或许也是真武信仰在皇室推动下能够的广泛兴盛内在逻辑。

到了宋太宗一朝，皇帝最初对于北极紫微大帝座前四将之一的黑杀甚为崇奉。太宗赵光义为太祖之胞弟，其本无继承皇位之合法资格，据《宋史》，其帝位获得是太祖"受命杜太后，传位太宗"，也就是他们的母亲不顾传统宗法制度中的嫡长子继承制，要求太祖将位传给弟弟赵光义。然而这种王位的获得，仍旧需要借用神祇来论证自己统治的合法性，太宗最初所利用的神祇是黑杀神，即北极紫微大帝座下四大将之一。据《翊圣保德传》载，宋太祖建隆元年（960）黑杀元帅降附凤翔府张守真，并为其修道炼真，屡有神异。早在赵光义还是晋王时，张守真便预言他将要成为宋朝第二主："吾将来运值太平君，宋朝第二主。"[1]不仅如此，张守真还在太祖面前说"晋王有仁心，晋王有仁心"[2]，言下之意晋王的品质配得上成为一个仁德之君。正是因为黑杀神以降附和祥瑞事迹助太宗谋位，宋太宗在继位之后，即于终南山下修建祠庙祭祀黑杀神：

---

[1]　（宋）王钦若撰：《翊圣保德传》，《道藏》第32册，第651页。
[2]　同上。

　　凡三年宫成，中正之位列四大殿，前则玉皇通明殿，次紫微殿，次七元殿，次则真君所御殿。东庑之外，有天蓬、九曜、东斗、天地水三官四殿，西庑之外，有真武、十二元辰、西斗、天曹四殿，又有灵官堂、龙堂、南斗阁，并列星宿诸神之像，坚钟、经二楼，斋道堂室，靡不完备①。

　　整个宫殿规模宏大，主要的四个大殿分别供奉玉皇、紫微、七元和翊圣真君，真武并不是放在最为重要的位置，而是被放在西庑殿与十二元辰一起供奉，可见在那个时候太宗对于黑杀的崇奉远在真武之上。

　　但是随着太宗统治地位的逐渐稳固，他对黑杀神的崇奉热情也渐渐变淡，而黑杀神最终也随着以降附道士张守真的去世而不再有任何降言。正如《翊圣保德传》所云："吾建隆之初，奉上帝命下降卫时，今基业已成，社稷方永。承平之世将继有明君，吾已有期，却归天上，汝等不复闻吾言矣……明年闰七月十六日，守真谓门人等曰：吾已领符命，今将去矣。言讫而化。"②至此黑杀协助太宗谋位并初步稳固天下之后，便以一种恰当的方式功成身退。自此之后，对于太宗而言，自己地位的巩固更需要像真武这样的护国之神存在。

　　太宗与真武之间的特殊感应在《玄天上帝启圣录》之中多有记载，如卷二"马前戏跃"云：

　　　　伏为先祖太宗皇帝时，建北极四圣观于京城。忽一夜，于寝室睹一圣使，顶冠佩服端简，乃曰："北极紫微大帝殿

---

① （宋）王钦若撰：《翊圣保德传》，《道藏》第32册，第652页。
② 同上，第653页。

前第四被将，承建立宫观，钦崇吾等香火，故来告谢。"帝曰："四圣例受朕之谛信，何独君来谢？"真武云："天蓬、天猷、黑杀，俱在云空谢君，其三神将常骑龙虎，鬼兵群杂，恐惊圣驾，唯吾独现。"朝辞而去，帝睡起，遂一记录。次日，驾赴四圣观。自后，就内庭，建造真武家神堂一所，额为玄真殿，经今五十余年①。

太祖朝在瀛州修建四圣庙，真武除派下七辰赠还赏赐金，还亲自现身大殿对太祖表示感谢。太宗皇帝曾于京城建四圣庙一同祭祀天蓬、天猷、黑杀和真武四圣，而显露真身对太宗皇帝表示感谢的仍然是真武。因为真武的屡次显圣，太宗便在内庭专门建造了真武家神堂，名为玄真殿。在《玄天上帝启圣录》卷二"地面迎蟠"有云：

> 东京四圣观，本是国家天元祖氏之宅，自太祖策宝郊祀，舍为四圣护国建隆观。后因驾赴特祭天蓬、天猷、黑杀、真武时，有龟蛇出于画壁之下地面，迎蟠在前，其处有一小穴，二物皆蟠伏，认如土巢。因而特赐玉磕石盘，入其穴为窠室，于地泉口，开立玉堰门洞。至太宗皇帝及真庙，二朝其龟蛇，亦曾于玉磕门内出现，各应美事②。

在太宗于东京修建北极四圣观之前，太祖曾将天元祖氏之宅作为祭祀四圣之地，并赐名"四圣护国建隆观"，太祖前去祭祀之时，常见画壁之下有龟蛇出现，后在其入口放置玉磕石盘作为其巢穴，并专门为其修筑门洞。到了太宗前去祭祀之时，也曾看

---

① 《玄天上帝启圣录》，《道藏》第19册，第583页。
② 同上。

见龟蛇出现。龟蛇是真武的形象代表，在当时的出现也被认为是
一种真武显圣的表现。因为太宗一朝真武亦有诸多灵应事件，所
以太宗晚年在皇宫之内建造一座家神堂来专祀真武，这样使得真
武成为赵宋家族之神，对其独有的尊崇相对于其他三圣得到了大
大的提升。

　　到了宋真宗一朝，因真宗溯其宗源，尊赵玄朗为其远祖，为
避讳赵玄朗之名，遂将玄武之名改为真武，并于天禧二年
（1018）封为"震天真武灵应佑圣真君"。宋真宗一朝，也有许
多真武灵应事件。如《玄天上帝启圣录》卷六"施经救灾"记
载，南京应天府的上清鸿福宫，是宋太祖建国作为报天启圣功德
的地方。大中祥符中，宋真宗曾于其中居住，感真武现身谢恩，
其文云："兼大中祥符中，真宗束封，曾宿是宫，夜遇北方真武
降现，云为官家护驾。蒙真宗特赐真武立身金相宝阁，及赐御书
金字牌。"①

　　此外，《玄天上帝启圣录》卷二"圣像先锋"记载，天禧年
间，西夏与大宋两军对垒，有人在西夏军之中售药，致使西夏军
手足软弱无法作战，同时西夏打探到有道士在宋朝军队内卖药，
服下之后数日不饥。西夏之王李氏认为这是因为大宋王朝有真武
护佑，于是遣使求真武圣像并供养法式回去供养，承诺不再征伐
并三年一次进奉宋朝②。这个故事更是将真武作为大宋的家神、
国神的形象刻画得非常生动和具体，并且用以威吓外邦蛮夷的入
侵。此类灵应事件在真宗朝非常多，在《玄天上帝启圣录》卷
三"圣箭垂粉"、卷四"神将教法"等故事之中，真武均以护国

①　《玄天上帝启圣录》卷六，《道藏》第19册，第610页。
②　同上，第583页。

神和家神的姿态出现。真宗于天禧二年下诏加封真武为"震天真武灵应佑圣真君",其诏书云:"恭维真武之灵,茂着阴方之位,妙功不测,冲用潜通。"① 出于真武对国家社稷的护佑恩德,除了立金身建祠庙进行祭祀以外,还要"合登隆于称赞",也就是要赋予更为尊崇的称号,这表明在宋真宗时期,对于真武的崇信超过了前朝诸帝。

当然,宋代皇帝对于真武的信仰最为热衷时期的并不是真宗一朝,而是在宋仁宗时期。

宋仁宗至和二年(1055),皇帝染疾不愈,于是请法师王伯初上奏北极审其寿龄,仁宗亲写奏录,"传到北极中天大帝殿下披阅,见送真武佑圣院保明……至七日……已蒙真武保明仁德,合展圣寿一纪之数"②。此后仁宗痊愈,他重用王伯初,不仅命其充在京两街都道录,而且住持五岳观,赐紫乾元洞神法师,可谓荣极一时。此后更重建内庭的真武殿,广泛搜寻真武灵应事件,命宋庠编撰《真武启圣记》。虽该书今已佚,但现存《玄天上帝启圣录》应是对《真武启圣记》增删而来的。正因为如此,《玄天上帝启圣录》记录仁宗一朝真武显圣助宋军胜敌之事非常多。如卷三"天罡带箭""藩镇通和""风浪救岩""神枪竹刃""神兽驱电""毒蜂霭云"等,分别讲述了宋仁宗的军队在平定叛乱,对敌西夏等蛮夷之国的入侵,因借助真武显灵而屡战屡胜的传奇故事。

宋仁宗嘉祐二年(1057),仁宗加封真武为"玄初鼎运上清三元都部属、九天游奕大将军,左天罡北极右垣震天真武山灵应

---

① (元)刘道明:《武当福地总真集》,《道藏》第19册,第662页。
② 《玄天上帝启圣录》,《道藏》第19册,第610页。

真君，奉先正化、寂照圆明、庄严宝净、齐天护国、安民长生、感应福神、智德孝睿、文武定乱、圣功慈惠天候"①。嘉祐四年（1059）加封"太上紫皇天一真君、玉虚师相、玄天上帝"②。宋仁宗不仅封真武为"慈惠天候"，更加封"玄天上帝"，这一称号也在元明之后广为流传，直到今日的民间也大多沿用此圣号。宋仁宗敕封的真武圣号前后加起来有72字，足以体现对真武的崇奉。不仅如此，宋仁宗还同时加封龟蛇为水火二将，称："神龟：同德佐理、至应大道、显明武济、阴威翼圣、左正侍云骑、护国保宁、辅肃玄初、太一天大左将军。……圣蛇：同德佐理、至惠诚重、威慈普济、阳辨武圣、右正侍云骑、护国保静、辅肃守玄、太一天右将军。"③ 这样，真武及其部将的神格由封号而得到整体的提升。

此后宋代各朝皇帝大多沿用前朝对真武的奉祀，也有不少真武灵应事件的发生。徽宗政和年间修佑圣殿，在其要求下，林灵素奏请虚静天师，感得龟蛇及真武现身，"须臾遂现身，长丈余，端严妙相，披发，皂袍垂地，金甲大袖，玉带腕剑，跣足，顶有圆光，结带飞绕。"④ 徽宗为之画像之后，与宋太宗时所藏真武画本对照之后，丝毫不差。宣和四年（1122），雄州地震，当时的官府内出现了龟蛇："玄武见于州之正寝，有龟大如钱，蛇若朱漆筋，相逐而行"⑤，被当时人们认为是真武的预警之兆。

① 《太上说玄天大圣真武本传神咒妙经注》，《道藏》第17册，第118页。
② （明）任自垣：《大岳太和山志》，胡道静、陈耀庭等主编：《藏外道书》第32册，成都：巴蜀书社，1994年，第823页。
③ （元）刘道明：《武当福地总真集》，《道藏》第19册，663页。
④ （元）赵道一：《历世真仙体道通鉴》，《道藏》第5册，第409页。
⑤ （元）脱脱等撰：《宋史》卷六十七《五行志五》，北京：中华书局，1985年，第1486页。

南宋理宗淳祐十二年（1252）曾亲自撰写《御书真武像赞》：
"于赫真武，启圣均阳，克相炎宋，宠绥四方，累朝钦奉，显号
徽章，其由我宋社，万亿无疆"①，既表达了对真武的崇奉之情，
又寄托了期待真武继续护佑宋朝江山万代、基业稳固的希望。理
宗于宝祐五年（1257）加封真武名号"北极佑圣助顺真武福德
衍庆仁济正烈真君"②。

　　另外，在现存金石碑刻文献之中，也可以见到南宋时期所撰
的一些关于真武的碑刻资料。如刻于孝宗乾道六年（1170）的
《真武圣像题记》，刻于宁宗庆元二年（1196）的《真武像题
刻》，刻于宁宗嘉定二年（1209）的《大雄真像记》，刻于理宗
绍定二年（1229）的《紫霞观镇蛟符石刻》等③均为南宋时期与
真武相关的造像碑文。

三　元明玄帝信仰的鼎盛

　　玄帝为镇守北方之神，元朝兴起于中国北方，因而元朝诸代
皇帝对玄帝均崇奉有加。正如嗣汉天师张与材在《启圣嘉庆图
序》所说："玄天以水德镇北方，有国家者，实嘉赖之……逮于
皇元，肇基朔方。德运同符，天人胥契。"④ 玄帝以水德镇守北
方，而元朝亦于北方进入中原，二者德运相符，天人相契，则元

---

　　①　陈垣：《道家金石略》，北京：文物出版社，1988 年，第 409 页。
　　②　（明）任自垣：《太岳太和山志》，胡道静、陈耀庭等主编：《藏外道书》第
32 册，成都：巴蜀书社，1994 年，第 823 页。
　　③　以上碑文参见陈垣：《道家金石略》，北京：文物出版社，1988 年，第 363、
371、377、397 页。
　　④　《玄天上帝启圣灵异录》，《道藏》第 19 册，第 645 页。

朝的国运亨通也将有赖于玄帝的护佑。

　　元世祖忽必烈至元十年（1273），在营建大都落成之时，有神蛇出现在城西高梁河中，"其色青，首耀金彩，观者惊异，盘香延召，蜿蜒就享而去"①。第二天又有灵龟出现，"背纹金错，祥光绚烂，回旋者久之"②。龟蛇出现被人们认为是真武显圣，翰林学士王盘说："国家受命朔方，朔方上直虚危，其神玄武，其应龟蛇，其德惟水。夫水胜火，国家其尽有□乎？此承德之征应也。"③此后皇后下旨在龟蛇出现之地修建昭应宫以祀真武，大臣徐世隆与王盘分别撰写碑文《元创建真武庙灵异记》和《元创建昭应宫碑》④以纪该事，这可以认为是元朝建国以来崇奉玄帝的肇始。

　　事实上，整个元朝自帝王到百姓对于玄武均崇奉异常，而武当山在元代就已经成为玄帝信仰的中心。《大天一真庆万寿宫碑》云：

　　　　初均房之闻，有山曰太和，又曰仙室，以玄武神居之，名武当……道家言，龙汉之年，虚危之精降而为人，修道此山，道成，乘龙天飞，是为玄武之神……岁三月三日，相传神始降之辰，士女会者数万，金帛之施，云委川赴⑤。

　　至元二十二年（1285），道士张守清于武当山紫霄峰创修庙

---

① （元）揭傒斯撰：《天寿节大五龙灵应万寿宫瑞应碑》，陈垣：《道家金石略》，北京：文物出版社，1988年，第951页。
② 同上。
③ 同上。
④ 以上碑文见《玄天上帝启圣灵异录》，《道藏》第19册，第641页。
⑤ （元）程巨夫：《大天一真庆万寿宫碑》，陈垣：《道家金石略》，北京：文物出版社，1988年，第743—744页。

宇，声名远播，每年三月初三玄帝诞辰，更是吸引无数信众前去
瞻仰祭拜。元武宗至大三年（1310），皇太后听闻张守清道行，
于是遣使建醮，赐宫额"天一真庆万寿宫"，后加赐"大天一真
庆万寿宫"①。诸代元朝皇帝亦有赐予玄帝及其亲眷封号的情况，
大德八年（1304）元成宗铁穆耳加封玄帝"玄天元圣仁威上
帝"。延祐元年（1314）元仁宗爱育黎拔力八达又加封玄帝父母
分别为"启元隆庆天君明真大帝"和"慈宁玉德天后琼真上
仙"②，泰定二年（1325）元泰定帝也孙铁木儿分奉龟蛇二将为
"灵济"将军和"灵耀"将军③。

　　元代玄帝信仰在民间广为流传，大量祭祀的玄帝祠庙宫观被
修建起来，从而留下了大量碑文。杭州佑圣观是玄帝信仰兴盛于
宋元的重要道观，也是宋元举行重大祭祀的地方。佑圣观修建于
淳熙年间，历庆元、端平与淳祐直到元大德年间多次修缮，戴表
元撰于成宗大德五年（1301）的《杭州佑圣观记》④、任士林撰
于成宗大德七年（1303）的《杭州佑圣观玄武殿碑》⑤以及元明
善撰于成宗大德九年（1305）的《佑圣观重建玄武殿碑》⑥，分
别是对三次重修杭州佑圣观的记录。从碑文中可以看出，佑圣观
的多次修缮有赖于地方官员缙绅和信众的援助，是杭州地方崇奉

---

① 《玄天上帝启圣灵异录》，《道藏》第 19 册，第 643 页。
② 同上，第 644 页。
③ 同上。
④ （元）戴表元：《杭州佑圣观记》，陈垣：《道家金石略》，北京：文物出版
社，1988 年，第 878 页。
⑤ （元）任士林：《杭州佑圣观玄武殿碑》，陈垣：《道家金石略》，北京：文
物出版社，1988 年，第 883 页。
⑥ （元）元明善：《佑圣观重建玄武殿碑》，陈垣：《道家金石略》，北京：文
物出版社，1988 年，第 889—890 页。

玄帝的重要道观。其他如《上真殿记》《佑圣观捐施题名记》《大五龙灵应万寿宫碑》《天寿节大五龙灵应万寿宫瑞应碑》等数十篇碑文①均涉及元代各地玄帝宫观以及圣像的建修事宜，既有官方发帑也有民众捐资，撰写人不乏名士，足见当时的玄帝信仰在民间的广泛流行，经久不衰。

明朱元璋自开基立业之始便与玄帝信仰有着非常密切的联系。明成祖朱棣亲撰《御制真武庙碑》云："惟北极玄天上帝真武之神，其有功德于我国家者大矣。昔朕皇考太祖高皇帝，乘运飞龙，平定天下，虽文武之臣克协谋佐，实神有以相之。"②从朱棣看来，虽然太祖朱元璋平定天下有文武功臣的协助，但是却少不了玄天上帝的神助，因此玄天上帝是有功于国家的重要神祇。《明史》卷五十亦有云："北极佑圣真君者，乃玄武七宿，后人以为真君，作龟蛇于其下……国朝御制碑谓，太祖平定天下，阴佑为多，当建庙南京崇祀。"③所以在明太祖朱元璋时代，玄天上帝即已被纳入国家祭祀范围。

当然，明代玄帝信仰走向鼎盛与明成祖朱棣的推崇有着直接关系。在朱棣还是据守北方燕地的藩王时，便与真武有着深厚的渊源。明高岱《鸿猷录》记录了朱棣进行"靖难"之前，出现了真武显圣助其成事的神迹："初，成祖屡问姚广孝师期，姚屡言未可。至举兵先一日，曰：'明日午有天兵应，可也。'及期，

①　以上碑文见陈垣：《道家金石略》，北京：文物出版社，1988年，第902、903、946、950—951页。
②　《御制真武庙碑》，陈垣：《道家金石略》，北京：文物出版社，1988年，第1250页。
③　（清）张廷玉等撰：《明史》卷五十《礼四·诸神祠》，北京：中华书局，1974年，第1308页。

众见空中兵甲，其帅玄帝像也，成祖即披发仗剑应之"①。为了获得玄帝的辅助，朱棣甚至在穿着打扮上模仿玄帝的造型，身着甲胄、仗剑、披发、跣足，犹如天神降临一般威武雄壮，这样一方面鼓舞了士气，另一方面也利用人们对玄帝的信仰而获得民意支持。

但相对于封建国家统治权力沿袭的宗法传统而言，朱棣起兵靖难夺取其侄儿朱允炆的皇位实为谋逆之举。所以即便他获得了天子的位置，亦难面对传统宗法制度的压力与天下人的质疑。在成功登上皇位之后，为了摆脱世人对其行为的非议，他开始利用真武的神权来论证其"君权神授"的政权合法性。

永乐年间，朱棣在全国范围内推动了玄帝信仰的发展，一方面是在武当山大兴土木，陆续修建宫观；另一方面，他又亲自撰写了《御制大岳太和山道宫之碑》和《御制真武庙碑》，碑云："肆朕起义兵，靖内难，神辅相左右，风行霆击，其迹甚著"②，"惟北极玄天上帝真武之神，其有功德于我国家者大矣……肆朕肃靖内难，虽亦文武不二心之臣疏附先后，奔走御侮。"③ 御制说明了朱棣对玄帝作为护国之神的重视，表达了对真武暗中辅助他的功绩的感恩，更重要的是进一步彰显了自己起兵靖难的正义性。

此外，他还多次下诏修建武当山道观，任命、赏赐道士以及对武当山的道观进行管理。永乐三年（1405）六月与永乐四年

---

① （明）高岱：《鸿猷录》卷七，上海：上海古籍出版社，1992 年，第 151 页。

② 《大明玄天上帝瑞应图录》，《道藏》第 19 册，第 632 页。

③ 《御制真武庙碑》，陈垣：《道家金石略》，北京：文物出版社，1988 年，第 1250 页；《道藏》第 19 册，第 640 页。

（1406）七月，因武当山五龙宫道士李素希两进榔梅果实，明成祖下诏赍香诣五龙宫酬答神灵，同时厚赏李素希。永乐十年（1412）秋天，明成祖命隆平侯张信与驸马都尉沐昕等，督丁夫三十余万人，大建武当山宫观。同年三月，下诏敕封孙碧云官职。永乐十一年（1413）下诏，要求往来之人不得干扰大岳太和山各宫观道士的修炼，同时各道士也要虔心修行，如果有"不务本教，生事害群，伤坏祖风者，轻则即时谴责，逐出下山。重则具奏来闻，治以重罪"①。同年八月又下旨任命孙碧云为大圣南岩宫住持，命张宇清选拔有道行的高道分别为玄天玉虚宫、太玄紫霄宫、兴圣五龙宫的住持。九月，下诏敕令隆平侯张信、驸马都尉沐昕周知武当山诸宫观提点与住持，要求各处的宫名以此为定。

　　明代玄帝降神显灵的事件也见诸各类历史典籍与金石碑刻。在《大明玄天上帝瑞应图录》中记载了玄帝在武当山的显圣事件。如"黑云买感应""皇榜荣辉"记录了永乐十年（1412）秋大兴武当山修建工程时的诸多祥瑞。隆平侯张信与驸马都尉沐昕等人初到武当山宿于玄天玉虚宫时，空中有黑云盘结旋绕，同时雷电大作，祭祀之后黑云不见，官员们认为是由于皇帝兴祠报恩感动神灵。后在修建宫观之时，将皇榜挂于玄天玉虚宫前通衢之上，并建亭阁护栏。当时即常常出现祥云彩霞和仙鹤盘旋，被认为是祯祥之兆。至于一些自然现象，也被认为是感应之兆，如武当山大行宫观之时山上骞林的茂盛生长、五龙宫的榔梅结实以及突然出现的大木头等，都被认为是兴建武当山而出现的玄帝灵应。

---

　　① 《大明玄天上帝瑞应图录》，《道藏》第 19 册，第 632—633 页。

此外,《大明玄天上帝瑞应图录》还记载有玄帝圣像在建修宫殿过程中的频繁出现的事迹。从时间上来看,玄帝神像出现的时间集中在永乐十一年五月到八月期间。其中永乐十一年五月二十五日"修理大顶铜殿:是日,圆光现自洞泉之下,乘虚而升,五色灿烂,照耀山谷。光中复现天真圣像,身衣皂袍,披发而立,下有祥云拥护"①。永乐十一年五月二十六日,"大顶天柱峰,圆光再现,光中复有圣像,二天神随立于后,下有白云拥护"②。永乐十一年六月二十一日,"紫霄宫修理福地。是日,官前五色圆光现显,见圣像坐于其中,左建早旗,飞扬晚蔼,有一天将执之。右一将捧剑而立。"③ 而对于永乐十一年八月十七日的显灵有五段描写,但是前后内容却有明显差异。第一段、第二段有圣像和二天神出现,第三段又说有光中三圣像出现,第四段说光中四圣像出现,第五段说五圣像出现。如此前后相异,或许是当时在现场诸人进行了不同的阐述,而记录之人则按照讲述全部予以记载。永乐十一年八月十九日也有两次关于圣像出现的描写:

> 永乐十一年八月十有七日,彩绘大顶殿宇。是日,黑云拥护五色圆光,内现圣像,左右有二天神侍立。永乐十一年八月十七日,大顶前光中,再现圣像,身披皂袍,两袖飘举,若风动之。前有一神捧剑导引,后一神侍从。永乐十一年八月十七日,光中三现圣像,前有一神导引,后一神捧印侍从。永乐十一年八月十七日,光中四现圣像,前有一神捧

---

① 《大明玄天上帝瑞应图录》,《道藏》第19册,第637页。
② 同上。
③ 同上,第638页。

剑导引，后一神执皂旗侍从。永乐十一年八月十七日，光中
五现圣像，坐于黑云之上，左右有二天神侍立。永乐十一年
八月十九日，宇完成。是日，有五色圆光，内现天真圣像，
下有黑云拥护。永乐十一年八月十九日，光中复现圣像，后
有一神侍从①。

另外，在《大明玄天上帝瑞应图录》中不仅有玄帝灵应的
文字描写，而且还详细描画出了显圣的图像。（如图3-1-1）

图3-1-1　武当山玄帝显圣图（摘自《大明玄天上帝瑞应图录》）

明成祖之后的历代明朝皇帝，都保持着对玄天上帝的崇奉，
主要还是以武当山为信仰中心，在诸多封赏中也以武当山为
最盛。

明仁宗朱高炽虽在位仅一年便去世，但在其执政的洪熙年间
（1425）共下旨五道管理和祭祀武当山，同时数次派遣官员巡视

---

① 《大明玄天上帝瑞应图录》，《道藏》第19册，第638—640页。

维修武当山宫观并入山祭祀玄天上帝。

明宣宗朱瞻基于 1426 年即位，其在位十年（1426—1435）共颁布与武当山有关的诏令十余道。宣德元年（1426）正月下诏免均州千户粮役以令其能够专心修建武当山诸宫观，当年十二月遣官到武当山致祭北极真武之神。

明英宗朱祁镇在位十四年，正统元年（1436）两次下诏维修武当山宫观。1450 年朱祁钰继位，是为明代宗，共为武当山下圣旨六道。景泰元年（1450）两次下诏维修武当山宫观，并遣翰林院侍讲徐珵到武当山致祭北极真武，景泰五年又两次下诏维修武当宫观。

1457 年，明英宗朱祁镇复位，改年号天顺。明英宗在位共为武当山下圣旨八道，天顺元年（1457）四月遣定西侯蒋琬到武当山致祭，天顺四年（1460）下诏维修武当山宫观。

明宪宗朱见深于 1465 年继位，他在位 23 年，共为武当山及周围地区下诏书六十道。自成化元年至成化二十三年或下诏修缮武当山宫观，或命人遣送神像和祭祀用品、道经等物。如成化元年（1465）四月，遣吏科右给事中沈瑶到武当山致祭。成化九年（1473）七月，遣太监陈喜等护送真武圣像两尊于太和、玉虚两观安奉，成化十二年（1476）又遣太监陈喜送《真武经》500 部到武当山。

明宪宗去世之后明孝宗朱祐樘继位，他在位十八年（1488—1505）亦多次下诏修缮武当山宫观，并为武当山下诏书三十二道。弘治元年（1488）四月遣阳武侯薛伦到武当山致祭，七年（1494）八月遣送圣像十九尊以及祭供用品至武当山。

明武宗朱厚照于 1506 年继位，年号正德，继位当年正德元

年（1506）三月遣崇信伯费柱到武当山祭祀北极真武。在位16
年（1506—1521）间共为武当山下诏书二十一道。

1522年，明世宗朱厚熜登基，年号嘉靖，他是出名的道教
皇帝，一心追求长生，特别尊崇玄天上帝。朱厚熜在位45年
（1522—1566），共下诏书一百四十道，多次遣官到武当山致祭，
并于嘉靖三十一年（1552）发内帑，遣工部右侍郎陆杰率军民
大兴土木重修武当山宫观。

朱厚熜去世之后，明穆宗朱载垕继位，改年号隆庆，在位期
间为武当山下诏书七道，并按惯例遣官到武当山致祭。

1573年，明朝在位时间最长的万历皇帝明神宗朱翊钧登基，
在位47年（1573—1619）间除了遣官致祭与赏赐祭祀物品以
外，还亲自为《真武本传神咒妙经》与《玄天上帝说报父母恩
重经》作序。此后的光宗、熹宗与思宗处于明代行政体系日渐
衰败与农民起义频发的时代，皇帝与朝臣们忙于应付边关频发的
战事，加之国内天灾人祸带来剧烈的社会动荡，对于玄帝的崇奉
已远不如前朝。

总的来看，自明太祖朱元璋始，明成祖朱棣大力推崇，后代
皇帝莫不对玄帝信仰推崇有加，武当山作为玄帝信仰的中心，也
在整个明代保持着兴盛的发展势头。

明代玄帝信仰在全国范围内兴盛可以从现代留存的关于玄帝
的碑刻资料看出来。陈垣先生《道教金石略》中明代玄帝信仰
相关的碑刻资料非常丰富，其中有永乐十一年（1413）《大岳太
和山圣旨碑》，永乐十三年（1415）《御制真武庙碑》，永乐十六
年（1418）《御制大岳太和山道宫之碑》，永乐二十一年（1423）
《重修真武庙像记》，正统九年（1444）《真庆观兴造记》，成化

七年（1471）《塑装真武像记》，弘治十四年（1501）《重修佑圣观记》，正德七年（1512）《真武庙新建三官庙记》，嘉靖七年（1528）《重修真武三官像记》，嘉靖十三年（1534）《十代靖江王供奉玄帝记》，嘉靖三十年（1551）《重修容县武当宫碑文》，嘉靖三十一年（1552）《荡魔天尊像》，万历三十七年（1609）《重修真武庙碑记》，万历四十四年（1616）《重建真武行宫暨观音大士殿碑》，泰昌元年（1620）《重修武当宫记》，天启四年（1624）《武当宫重建三殿小石记》①。

清代皇帝对玄武信仰的崇奉虽未及明代，但康熙皇帝重视宗教教化，对于道教继续推行着适当的宽松政策。康熙十四年（1703），圣祖爱新觉罗·玄烨为武当山太和宫等宫观御书匾额，分别挂在太和宫、静乐宫、周府报国庵、南岩宫和玉虚宫。其中的"金光妙相"至今仍然悬挂于太和宫金殿之内。乾隆元年（1376）四月，高宗爱新觉罗·弘历下诏免除武当山香税。乾隆四十三年（1778），御赐匾额"天柱枢光"，悬挂于太和宫皇经堂内，至今尚存。道光十一年（1831），宣宗爱新觉罗·旻宁御赐"生天立地"匾额于太和宫皇经堂，至今尚存。

第二节　四川玄帝信仰探析

四川地区居于中国西南一隅，西临西藏青海，南接云南贵州，北方被秦岭隔绝通途，唯有东面近邻湖北、重庆，可由水路

---

① 以上碑刻见陈垣：《道家金石略》，北京：文物出版社，1988 年，第 1250—1252、1256、1265、1272、1274、1277—1278、1291—1302、1305 页。

经三峡进入中原地区。但在古代水路并不发达的情况下，要想进出四川地区，大多还是选择陆路，即由广元翻越秦岭进入汉中再走向中原地区。然而进出巴蜀的蜀道有诸多艰难险阻，被李白描述为"蜀道之难难于上青天"。虽然如此，闭塞的交通并没有影响北方之神玄天上帝在四川地区的广泛传播，早在隋唐时期就有了关于玄武在蜀中地区的传说。

一　四川玄帝信仰溯源

《道门科范大全集》卷六十三有许多玄帝下降蜀中的记载，其中之一是对玄武县名称来历的表述：

> 真君多降于蜀中，缘蜀中有玄武县。今避圣祖名，改为中汪①。自汉迄隋，隶成都。唐武德三年，分隶梓州。其县有真武圣迹最多，后倚高山。山之上下，皆有观，前临大江。江中之石，自然成龟蛇之状。近世无道士住持，更为金仙道场，威灵亦常示现，及降语于成都。宋兴之初，成都有煇灰李，置一阁奉事真君香火，真君降于其家，传以《五斗经》行于世②。

玄武县即为今四川省中江县所在之地，三国时期，蜀于今中江县置五城县；隋改为玄武县，隶属成都；唐武德三年归属梓州；明清时期，属潼川府管辖，宋代因避圣祖赵玄朗的名讳，而改为中江县。《道门科范大全集》为唐末五代道士杜光庭撰，其

---

① 原文为"中汪"，应是"中江"误写。
② 《道门科范大全集》，《道藏》第 31 册，第 906 页。

中卷署"三洞经箓弟子仲励修",原作应为杜光庭,为仲励删减杜光庭原作而成,因此其中也增加了一些宋代的传说故事。该文献提到梓州玄武县的名称来源于玄帝经常下降显灵,县中有一座武曲山,山上山下皆有道观,山下大江之中,更有许多龟蛇之形状的石头(龟蛇为真武大帝所部龟蛇二将,后世将此二者视为真武大帝的象征)。在宋代,该地虽变成金仙道场,但仍然经常出现灵应,其后又降语至成都信徒之家中,成都有信徒名燀灰李,因为供奉真武香火,感召真武降授《五斗经》。

《玄天上帝启圣录》卷一"三天韶命"中也有对玄武县的类似记载:

> 记云:潼川府中江县,古名玄武县,有一山,名武曲山。乃昔玄帝追魔至此山,摄水火二真于足下,因此而名,至今居民呼之。山有观,乃宋大观间,徽宗御赐真灵观额,以表玄帝降伏天关地轴之福地也。观前江中之石,山中之草木,俱有龟蛇之形。人病,煮水饮之,即愈。今益州之龟城,梓州之蛇城,尚记当时之遗迹也①。

该记录除了部分内容与《道门科范大全集》大致相同以外,还进一步提到了武曲山上的真灵观。明王瑾撰《重修真灵观碑记》对其进行了详细介绍:

> 县东南二里许,有玄武山,又名大雄山。其山六屈三起,有玄武之像。山下有渊,产文石,隐隐然有龟蛇之文。山麓曰亚松山,有真武将军庙。宋徽宗大观元年,敕赐名曰

---

① 《玄天上帝启圣录》,《道藏》第19册,第575页。

真灵观。先代唐登封后，渊泉有龟蛇出现，其灵莫测。凡邑之灾祥、旱涝，有祷必应，不独其邑之名受其赐也①。

《读史方舆纪要》对玄武山也有相关记载："玄武山，在县城东南，洞中石多龙蛇状，因名。"② 玄武山上的真灵观始建于唐，原为真武将军庙，北宗大观元年（1107），宋徽宗为山上道观赐额"真灵观"③。观中有一幅真武圣像，传说为唐吴道子所画，宋代其山上的住山道士祖渊刻石为记：

> 按道藏北方玄天□仪相佩服纪□□□之尽师臆□□□□教兴武江大□□□字蜀称□□□□□□显着□□□□非月□拟数□□□□□□□寓□观偶壁门有是墨本，询所从来，老冠云，人得于关表权货□以施其先师人□□□□原久□□□□法简□□□□□□以付住山祖渊令□以补专中□于□□传。嘉定己巳□秋□郎潼川府□江县□川杨□□□□□□扫洒长讲比丘□□□。己巳嘉定中秋住山祖渊立石。(此句在象两侧）披发按神剑，斩妖血水腥。至今江下石，化作龟蛇形。弘治戊午夏五月望后舜田耕夫题④。（此句在象左上侧）

从石刻可见，潼川府中江县早有玄帝传说和玄帝信仰，而宋

---

　　① （明）王瑾：《重修真灵观碑记》，载龙显昭、黄海德主编：《巴蜀道教碑文集成》，成都：四川大学出版社，1997年，第199页。

　　② （清）顾祖禹：《读史方舆纪要》，北京：中华书局，2005年，第3340页。

　　③ 《新修潼川府志》，何建明主编：《中国地方志佛道教文献汇纂·寺观卷》，北京：国家图书馆出版社，2012年，第346册，第123页。

　　④ （宋）祖渊：《大雄真圣像记》，载龙显昭、黄海德主编：《巴蜀道教碑文集成》，成都：四川大学出版社，1997年，第155—156页。《道家金石略》中碑刻名为《大雄真圣象》，第377页。

徽宗赏赐观额并不仅仅是因为其名字，更因为在当地民众之间流传甚广的玄帝降魔传说、祈晴祈雨的灵应以及江中出现龟蛇纹路石头等诸多原因。

另有《真灵观碑》也对真灵观进行了介绍。该碑文作于万历三十年（1602），作者不详。文中记录了一则祈雨的感应故事：邑侯傅公，曾于南坛祈雨，许久未见灵应，后移坛至玄武山，不出三日便获甘霖，于是与乡绅王君等人筹款重修真灵观。碑文关于玄武山传说以及真灵观的修建与前人所述略同：

> 邑南出郭不数里，一山突起，磅礴巍峨，下有渊泉，产文石，形类龟蛇，命之曰玄武山。山有真灵观，绀殿峥嵘，清都飘渺，盖邑人之星府也①。

同时，从碑文中还可以看到在明代四川玄帝信仰的兴盛：

> 今玄帝之宫遍天下，若都邑，若井聚，自王公贵人，轩冕金紫，以及间阎村落，荷锄戴笠之夫，苟有人心，靡不知有帝灵茂为尸祝之者②。

碑文之中尤为重要的信息是关于云台观的描述，作者将云台观与武当山紫霄宫并提："登斯山也，不必觐武当而紫霄在望，不必徙飞乌而云台遇目矣。"③此处飞乌即指飞乌县，是云台观所在地中江县与三台县交界之地，在明郭元翰《云台胜纪》有"武帝游驾至飞乌，云台茅屋天下无"的诗句。由此可以看出，

① （明）佚名：《真灵观碑》，载龙显昭、黄海德主编：《巴蜀道教碑文集成》，成都：四川大学出版社，1997年，第265页。
② 同上。
③ 同上。

当时云台观确实是与武当山齐名的玄帝信仰道场。

同时，《道门科范大全集》之中还记录了一个叫杜明的成都虔诚信徒因为崇信真武而脱离危险的故事：

> 又有杜明，亦勤于崇奉，真君往往就明降语。咸平中，王均叛，贼帅遣卒召明。明往见贼师，殊不知口中历历道何语，贼师命送归。移时，方知身在家，举家惊喜。贼平后，遂罄金帛于天庆观三宝院，择地筑基，建堂殿，塑真君像，及绘灵官侍从，以谢脱贼之厄。上元节，殿堂彩绘新成，游者骈集。杜明遗其弟击磬，祗饬香灯。至夜，士女填溢。其弟于纱窗，窥觇妇女。真君怒，使自櫷其眼几破。及祥符五年，又降语云：天蓬哥来则是客，吾当为主人坐，数有上真降焉。一日，明奉香火之次，降语令召道正明寂大师寒道冲曰："吾降此已数年，后吾于东都降现，以保帝祚，汝不得退前志。"自此遂不闻真君之语，十年后，京师圣水观龟蛇现，若合符节①。

北宋真宗咸平三年（1000），驻守益州川陕士兵起义，拥护王均为王。当时杜明被叛贼抓去，但是却出现了胡言乱语的情况，后来直到被送回家中才清醒过来。他认为这是玄帝护佑，便在成都天庆观三宝院择地建殿堂，供奉玄帝。其后，其弟在偷窥进香的仕女之时突然几近失明，则被认为是遭到了玄帝的惩戒。祥符年间（1008—1016），玄帝又降语："天蓬哥来则是客，吾当为主人坐，数有上真降焉。"并自称将会前往东都降现护佑君王，从此之后不再出现灵应。十年后果然在京师圣水观出现了龟

---

① 《道门科范大全集》，《道藏》第31册，第906页。

蛇，似乎正应了此预言。

此外，《道门科范大全集》之中还有玄帝下降训诫信众的故事：

> 崇宁末，成都纪堂力学能文，圣寿寺刘氏命子弟从之游。真君降言，纪堂不孝后母，天曹已不收名字，后果无成，客死于药水铺。靖康初，京师失守，真君复降于成都。朝请郎扬广因崇害其女，来玉局观，设四圣醮，真君降于座，阖观惊骇，真君为其除崇。及言斋官众等祖先以来事，一一目击。又请江渎神王，应时而至。地司主者，阶下惶恐听命。建炎中，广都巢观，夜梦真君遣人见召，心甚惊骇。至则真君降阶相接，圣颜温和，玉音清亮，待之如宾。觉而遂修醮仪，举家奉戒，愈切崇信①。

宋徽宗崇宁末年，成都纪堂颇有才能，圣寿寺刘氏让其子弟随纪堂学习，真武降言说纪堂因为不孝后母，已经无法为天曹记名，其后果然克死于药水铺。此故事以真武降言的方式对人们进行训诫，内容则是关于传统孝道的问题，强调即使是对于没有血缘关系的后母也应遵循孝道，否则即使是熟读圣贤之书的人也不会受到上天的眷顾。靖康元年（1126），金军南侵，京师失守，真武降于成都，朝请郎杨广之女被鬼怪所害，于是到成都玉局观设醮敬祀四圣，真武降神便为其驱除了鬼怪。真武对当时信众们说了他们祖先的事情，又将江渎大神请来，而地界阴司官员则在阶下惶恐听命。建炎年间（1127—1130），广都②人巢观因梦见

---

① 《道门科范大全集》，《道藏》第31册，第906页。
② 广都曾为古蜀国治地所在，今成都市南天府新区。

真武召见而修醮，此后更加虔诚要求全家人都要遵奉真武科戒。

《玄天上帝启圣录》卷二"供圣重时"记录了阆州进士陈喻言因崇奉真武而成为真武佑圣院判官的故事。陈喻言屡试不第，偶遇青城山铁柱观道士焦之微，焦告知他崇奉真武修行必然会获得福贵，于是陈喻言画真武像于家中供奉，后进京赴考却不知所踪，实际上是到了北极佑圣院为"真武佑胜院副注生善恶寿命长短判官"①。后随真武游奕下降得知妻子家人寻求其踪，遂遣值日游神化作凡人送书信告知前因后果。这个神异事件被州官上奏朝廷，朝廷下旨赏赐其妻儿，建修佑圣判官陈府君祠堂，赐法醮一会七天以报谢真武："知已受真武部属，又缘真武朕素所崇敬，天下受恩，宜赐法醮一会七昼夜，就玉津园备设，报谢真武。"② 概言之，该故事之暗喻有三：其一，让人们笃信虔诚崇奉真武的福报，那么即使不能获得人世间的荣贵，也有能够位列仙班的机会。其二，真武及所率天曹在护佑国家社会上的职能，"今系天曹主执，常怀保护国朝，安民利物，亦当阴有所助"③。其三，朝廷对这个传说故事的重视，表达出统治者期盼通过真武信仰的流布，安抚民心和稳定社会的希望。

《玄天上帝启圣录》卷七"高圣降凡"所载故事与青城山有关。在益州成都府青城大罗山有上清玉华宫，为国家名山洞天崇福第四处。宋仁宗明道二年（1033）益州兵马都监寇通的儿子寇明常与一龟尾道人出入玉华宫，其自称为真武座下北极七元勘寿司判官，后乘巨龟升天，地方官员遂启奏朝廷，建祠奉祀。成

---

① 《玄天上帝启圣录》卷二，《道藏》第19册，第580页。
② 同上。
③ 同上。

都府此类神异灵应事件不仅此一件，其文又云：

> 又准中书剖子，指挥看详，四方异地，常有如斯高圣应
> 迹降凡，度人上升。合下成都府，建立祠殿。令道士焚修，
> 立碑为记。特封灵显真君，并用灵显祠为额①。

也就是说在益州成都府此类玄帝灵应事件颇多，朝廷建祠焚修，更是促进了四川玄帝信仰的发展。

二　四川地区玄帝信仰碑文概览

有关道教碑文的文献整理，较为完备的莫过于陈垣先生的《道家金石略》。龙显昭、黄海德主编的《巴蜀道教碑文集成》又从其他金石碑文集和四川各地（明清之际亦包括重庆地区）方志中辑录道教碑文汇编成书，此二书之中有许多关于玄帝的碑文。经过笔者统计，这些碑文有十余篇，涉及地域包括平武、阆中、绵阳、通江等地。通过考析，可以看出自明至清的四川各地区为玄帝造像建观较为兴盛，进而可知明清之际玄帝信仰在四川地区广泛流布的基本态势，以下对这些碑文逐一进行介绍。

《真武圣像题记》②载宋乾道六年（1170）平武玉虚观立真武圣像的题记，碑文为右朝散郎、平武知州史祁所立。该神像实际上是抚州相符观殿壁之上的画像，在当时至少已有两百年的历史，后为平武地方官员将其模本带回仿绘于玉虚观。

---

① 《玄天上帝启圣录》卷七，《道藏》第19册，第617页。
② 龙显昭、黄海德主编：《巴蜀道教碑文集成》，成都：四川大学出版社，1997年，第129页。

《重修太清宫碑记》记载了明嘉靖二十二年（1543）阆中重修太清宫之前因后果，其中特别提到修建真武殿之目的：

> 府城面诸峰为阳，在五行为火，火盛则回禄之灾，岁或不免。余为创建真武殿以压之。盖真武，玄武也……位北极，在五行为水。水火既济，则物无不育，民无不康，时无不和，岁无不丰，而宋无忌当远遁矣。俗疑余尚仙尚佛，初不知余意，盖取诸此，要不过祈天利民已而①。

作者为嘉靖中巡道杨瞻，文中提到借以五行相克为理论依据，建立真武殿的目的是通过五行上的水火既济，以保地方平安。

《玄帝金像记》载明嘉靖二十六年（1547）绵阳东山观玄帝宫募金铸玄帝像一事。作者高简从道家修炼金丹的角度，认为玄帝斩魔之剑也能斩掉弊人性灵之魔，龟蛇象征水火，水火既济则金水交，刀圭成，而刀圭合就可以炼成金丹。所以铸玄帝金像的寓意在于修炼金丹大道，"人能睹金之在像，悟性为精金，而以慧剑斩其忿欲，则水火济，刀圭合，金丹成，传谓死而不亡者，寿当与玄帝金神变化虚空合一靡测矣。"②

《玄帝祠碑》，嘉靖丁未进士高跃撰于万历三年（1575）。玄帝祠在绵阳城东，又名东山观，明嘉靖年间修建，万历初重修。该碑文从"真武""帝"和"玄"等角度进行解析，"是故泐然而不可催焉之谓真；毅然而不可靡焉之谓武；维之宰之而不可窥

---

① （明）杨瞻：《重修太清宫碑记》，载龙显昭、黄海德主编：《巴蜀道教碑文集成》，成都：四川大学出版社，1997年，第216—217页。

② （明）高简：《玄帝金像记》，载龙显昭、黄海德主编：《巴蜀道教碑文集成》，成都：四川大学出版社，1997年，第219页。

焉之谓帝"。"人心皆有玄，故其翕然勃然之心者不可御也……
玄之又玄，其天地人之至妙者与？"① 同时也提到"天一生水，
为八卦之纲，为八方之主，为五行之祖"②。有意思的是该文分
析了玄帝遗蜕在云台观，并兴盛于四川的主要缘由。碑文认为，
在五行生克观念之中，西方为金，北方为水。而金能生水，所以
真武信仰始于北方而兴盛于西方，四川处于中国西南地区，因此
四川真武信仰的兴盛正与金生水的五行关系暗合。碑文说："谓
骨骸蜕于云台，是可以形索耶，谓可以形与象索耶？而无方无体
者何也？谓不可以形象索耶，而赫声濯灵者何也？岂非以水生于
金，而西方为其胎息之地耶？是故显于北方而尤盛于西也。"③

《五福宫殿铭》，明万历四十一年进士王应熊撰写于明崇祯
三年（1630），所记为崇祯三年重修玄帝宫之事。该玄帝宫创建
事件无考，天启年间被毁，崇祯三年重修，明末又毁，康熙三十
九年又重修。

《募修鸡子顶真武庙疏》，李蕃于康熙十四年（1675）撰写。
鸡子顶真武庙，位于通江县城东毛裕镇，先为佛寺，后为道观，
清初毁于火，康熙十四年募资重建。文中提到每年三月初三真武
诞辰之时，前来真武庙进香的盛况："记当年每自三月初，东北
郡县士南妇女络绎而来，至秋尽稍止。每岁三月，香火尤盛，相
传为神诞于三月初三日也。神号无量佛，宋真宗更为真武，封为

---

① （明）高跃：《玄帝祠碑》，载龙显昭、黄海德主编：《巴蜀道教碑文集成》，
成都：四川大学出版社，1997 年，第 241 页。

② 同上。

③ 同上。

帝，则兼释道而成名。"① 此文为真武庙修建之后募资塑神像之疏文，作者将真武与佛教联系起来，并且将真武未成道前在武当山下所遇磨针的老妪写成是观音菩萨化现，显然此文作者对释道均有所崇奉。

《修元天宫真武殿记》，康熙丁酉举人高承元撰写于康熙五十六年（1717），该文记载了铜梁巴岳山元天宫真武殿及重修之事："大石之侧有经楼三间，而其右则真武大殿也。旧制犹存，规模粗具而已矣……又三年，为新真武大殿一座。"② 该殿建于何时无考，该文对于真武殿着墨不多，但其时之真武信仰可见一斑。而今铜梁安居古镇仍有真武庙与玄天宫。

《真武寺记》，作者徐文弼，清乾隆二十九年署永川知县。永川真武寺，在县署后，创建于明正德二年（1507）。清乾隆年间由僧人住持，仍奉祀真武像。"永邑真武寺，始自前明。鼎革以来，居民庐舍荡为灰烬，而斯寺岿然独存，非呵护之灵与？然风雨弗蔽，补葺之勋，埒于肇造。自雍正间，住持雪庵及僧能应复筑墙垣，培殿宇，真武法象焕然新之。"③

《重修真武寺山门记》，作者温清，乾隆三十三年署永川知县。永川真武寺，在县署后，创建于明正德间。"署北真武山，为县治来脉。阅正德二年碑志，捐修殿宇者上自职官，下暨六房司典舍人而已。其为官地官修，信而可据。乃者殿宇倾圮，吏役

① （清）李蕃：《募修鸡子顶真武庙疏》，载龙显昭、黄海德主编：《巴蜀道教碑文集成》，成都：四川大学出版社，1997年，第293页。
② （清）高承元：《修元天宫真武殿记》，载龙显昭、黄海德主编：《巴蜀道教碑文集成》，成都：四川大学出版社，1997年，第309页。
③ （清）徐文弼：《真武寺记》，载龙显昭、黄海德主编：《巴蜀道教碑文集成》，成都：四川大学出版社，1997年，第350页。

感于前碑，慨然兴修。"①

《天仙观记》，清嘉庆举人朱有绂撰于嘉庆十四年后，其文记在夔州府奉节县天仙观，不知创建于何时。道观位于长龙山顶，"山端一峰铁峙，峰后为天仙观。老氏居之，供奉真武祖师。相传极灵异，岁有雷风扫殿云。九月一日、九日香火甚盛。遐迩届期先至止宿焉。土人称为川武当，不知创自何时代……嘉庆初，为教匪所毁，迨后重为募建，故规制未宏"②。

《培修祖师观记》，作者刘绍文，清道光二十二年（1842）任城口厅通判。祖师观，位于城口厅（今重庆城口县）城西门外，奉祀北帝玄天真武祖师，观有铁铸神像，重数千斤。该观初建于明正德年间（1506—1521），内一钟约两千斤，嘉靖三十七年（1558）重造，乾隆四十二年（1777）再铸。此观多次毁损和复修。此文为刘绍文于道光二十三年（1843）为捐俸重修而记。"厅城西门外，有庙曰祖师观，其神盖道书所称北帝玄天真武祖师。因以祖师名。我朝列入祀典，以春秋仲月致祭。城口自改设厅治以来，前丞等皆以朔望诣庙进香。遇祈祷等事，多设坛于此。"③

《重修北山观记》，作者杨汝偕，清光绪十七年（1891）太平（今万源）知县。北山观位于万源城北门外山冈，明弘治年间（1488—1505）创建，内供玉皇、真武、观音像，光绪十九

①（清）温清：《重修真武寺山门记》，载龙显昭、黄海德主编：《巴蜀道教碑文集成》，成都：四川大学出版社，1997年，第355页。
②（清）朱有绂：《天仙观记》，载龙显昭、黄海德主编：《巴蜀道教碑文集成》，成都：四川大学出版社，1997年，第407页。
③（清）刘绍文：《培修祖师观记》，载龙显昭、黄海德主编：《巴蜀道教碑文集成》，成都：四川大学出版社，1997年，第462—463页。

年（1893）动工重修，二十年完工。其文曰："而北山观景趣超旷，尤称形胜，始建于有明弘治年间，正殿奉祀玉皇，前殿祀真武，旁殿祀观音，佑福妥神，历有年所，中间兴替之迹，略可缕指者。"在谈到为何奉祀玉皇、真武和观音，作者如此解释："《诗》有之：'皇矣上帝，临下有赫，鉴观四方，求民之莫。'今之皇，古之帝也。自古迄今，含生负灵，谁非帝天。所式凭者，真武坐镇朔方，俾龙蛇不敢起陆，盖宣天之威者也。大士栖神南海，度民苦厄，有祈必应，盖宣天之德者也。"①

《重修真武阁记》，作者张文熙，合江人，生平不详。真武阁位于合江县署内左侧，创建无考，民国十一年（1922）县长贺升平主持重建。其文云："合江县署有真武神祠，不详所自。或曰：真武，水神也。以江城而祀水神，礼亦宜之。历年既久，半就倾圮。岁辛酉，岳池贺公升平来长是邦。时滇祸初息。公于政平讼理之余，既新其署，更拟析祠而更新之。邑人士亦咸乐资助。"②

通过对以上碑文的考察，我们可以看到，自明代以后，四川地区专为崇祀玄帝而修建的道观或造像分布区域较广，时间延续较长，信众较多。说明明代的四川玄帝信仰较为兴盛，清代虽然不如前朝，但是仍然保持了一定的影响力。另外，诸多道观新建、重建或者培修，大多是地方官员与士绅直接出钱或募资修建，这与他们在地方社会的经济实力与社会影响力有一定关联，

---

① （清）杨汝偕：《重修北山观记》，载龙显昭、黄海德主编：《巴蜀道教碑文集成》，成都：四川大学出版社，1997年，第529页。

② （民国）张文熙：《重修真武阁记》，载龙显昭、黄海德主编：《巴蜀道教碑文集成》，成都：四川大学出版社，1997年，第548—549页。

毕竟修建道观庙宇是一项浩大的工程，没有足够经济实力是无法完成的。由此也可以说明，明清之际的社会精英在社会宗教文化建设中占据着重要的地位，发挥着独特的作用。

第三节　云台观玄帝信仰之"八十三化"

众所周知，道教始祖老子被认为有八十二个化身，其中第八十二化身即为玄帝。而在云台观的历史上，创始人赵法应被认为是玄帝"八十三化身"，这与老子的化身之说有何联系呢？本节将从老子"八十二化"之说入手，结合道士赵法应生平，对此中"化身"之说的前因后果及个中联系进行一一考证，进一步探究云台观玄帝信仰的流变与特点。

一　老子"八十二化"说

"化身"之说来源于佛教。在佛教的基本教义中有三身之说，即法身、报身和化身。其中的化身是指佛、菩萨以凡人的形象应化世间，普度众生。中国佛教四大名山之一的安徽九华山被认为是地藏王菩萨的道场，而这一说法的来历便与地藏王菩萨的化身有关。唐贞元七年（719）来自新罗国（今朝鲜）的金乔觉在九华山修行，发下"众生度尽，方证菩提，地狱未空，誓不成佛"的宏愿，此后有诸多神迹显现，在其圆寂之后肉身不腐，被后人认为是地藏王菩萨的化身，其弟子和信众大建寺庙并塑金身予以供奉。

　　道教之中也有化身之说，其中关于太上老君的化身的传说流传较广。太上老君化身之说最早可追溯至"老子化胡"说，《后汉书·襄楷传》云："延熹九年，楷自家诣阙，曰……又闻宫中立黄、老、浮屠之祠。……或言老子入夷狄为浮屠。"西晋王浮据此作《老子化胡经》一书，但却遭到佛教僧人的激烈反对，认为这是"污谤佛法"①。但此后，"老子化胡"之说长期存在于在道教典籍之中，成书于宋代的《太上老君实录》亦云："将离蜀土欲化胡风，远适流沙长移犷俗……老君化胡已即升天。"②此处"化"字主要是"教化"之意，同时也有"化身以示教"之意。

　　在此后，对于太上老君化身还有"八十一"和"八十二"的不同说法。北宋张君房在《云笈七籤》卷一百二《混元皇帝圣记》中云：

　　　　自太上生后，复八十一万亿八十一万岁，乃生一气。……一气生后，八十一万亿八十一万岁，化生后三气。三气又化生玄妙玉女。玉女生后，八十一万亿八十一万岁，三气混沌，凝结变化，五色玄黄，大如弹丸，入玄妙口中。玄妙因吞之，八十一年乃从左腋而生。生而白首，故号为老子③。

　　其中的"八十一万亿八十一万岁"和"八十一年"与后世

---

　　①（梁）僧佑：《出三藏记集》卷十五《法祖法师传》，北京：中华书局，1995 年，第 456 页。

　　②《太上老君实录》，胡道静、陈耀庭主编：《藏外道书》第 18 册，成都：巴蜀书社，1994 年，第 17 页。

　　③（宋）张君房：《云笈七籤》，《道藏》第 22 册，第 689—690 页。

的老子"八十一化"有着密切联系。崆峒山老君楼中有明代
"太上老君八十一化图",记载了太上老君从第一化"起无始"
到第八十一化"愈恶疾"的八十一个化身事迹,近代四川二仙
庵住持王伏阳重订之《老君历世应化图说》①与其内容一致。除
此之外,在部分文献中有太上老君八十二化为真武的说法。"经
云八十二变为真武,故佑圣真君启请有云:仰启玄天大圣者,北
方壬癸至灵神金阙真尊应化无上将军号真武也。"②《玉清无极总
真文昌大洞仙经注》云:"太上八十二化身为玄武,号太玄。"③
《北极真武普慈度世法忏卷》亦云:"开皇劫下生人世,乃玄元
圣祖第八十二次应化玄天,修真成道。"④ 又《玄天上帝启圣
录》云:

> 按混洞赤文所载,玄帝乃先天始炁,太极别体。上三皇
> 时,下降为太始真人。中三皇时,下降为太初真人。下三皇
> 时,下降为太素真人。黄帝时,下降符太阳之精,托胎于净
> 乐国王善胜皇后,孕秀一十四月,则太上八十二化也⑤。

盖因太上老君被奉为道教的教主,在道教发展过程的诸多重
要事件中,都有老君降世传道的传说,所以在许多道教人物修道
故事和重要道书的制作过程中,也加入了老君降授的内容,其目
的或许是为了实现一定的神圣合法性。宋元时期真武信仰兴盛,

---

① 《老君历世应化图说》,民国二十五年(1936)成都二仙庵王伏阳刻本,藏
国家图书馆善本部。
② 《太上老君实录》,胡道静、陈耀庭等主编:《藏外道书》第18册,成都:
巴蜀书社,1994年,第30页。
③ (元)卫琪撰:《玉清无极总真文昌大洞仙经注》,《道藏》第2册,第638页。
④ 《北极真武普慈度世法忏》,《道藏》第18册,第354页。
⑤ 《玄天上帝启圣录》,《道藏》第19册,第571页,

当时出现的诸多道书在玄帝神格的塑造上，都有意识地将原有的老子"八十一化"推进为"八十二化"。在此基础之上，云台观创始人赵法应又被赋予了"玄帝八十三化身"的神圣属性。当然"玄帝八十三化"从字面可以理解玄帝有八十三个化身，但这种说法又不能够自圆其说。因为在玄帝神格形成和发展过程中，玄帝自身是作为太上老君的八十二化身出现的，历史上也没有其他的化身传说。但是赵法应被作为玄帝化身而广为颂扬和崇奉，或许是为了表述上的习惯，或许是为了彰显这种化身的至上性，所以在关于赵法应的记录中，均将他描述为"玄帝八十三化"，其本意实际就是指赵法应为玄帝的化身。

二　玄帝"八十三化"之始末

云台观是玄天上帝的道场，玄帝信仰是其存在和发展的内在信仰基础。与上文所述唐代新罗僧人金乔觉被视为地藏王菩萨的化身一样，在云台观修炼的南宋道士赵法应去世之后也被视为玄帝的化身。并且这个"玄帝八十三化"的身份认定也是通过诸多事件的发生而共同成就的，这些事件无论是属于巧合还是撰写者有意杜撰，都可以从某种程度上表明玄帝信仰的流行与兴盛。明郭元翰《云台胜纪》中有许多赵法应作为玄帝化身的记录，如卷一《启圣实录》云：

> 玄帝于宋光宗绍熙甲寅年，自武当分神化焉，游驾蜀川，骅驻飞乌，托胎于赵岩之宅。以宁宗庆元元年、岁值乙卯三月三日诞，讳法应，号肖庵，无着大道君，乃玄帝八十

三化生也①。

与此相应，明四川巡抚乔壁星在《重修云台记》云："祠家言：玄君降于太岳而尸解于云台，夫神无形而谓有形有异。"②明万安《重修云台观碑记》云："惟有此神曰元武，赫赫威灵遍寰宇。粤从飞驾至飞乌，载振元风福西土。"③清罗意辰《云台山佑圣观碑》云："则羽俗有肖庵真人为玄帝八十三化身，非臆说也。"④民国《中江县志》之中对云台山的记载是："云台山，本肖庵真人修炼处，按《化书》属真武八十三世身也。"⑤历史上被称为《化书》的有五代谭峭《化书》和元代《梓潼帝君化书》，查二书中均未有关于"玄帝八十三化"的记载。如若论及道祖化身教民而言，则《梓潼帝君化书》记载"梓潼帝君九十七化"之意涵与"玄帝八十三化"更为接近。正如其书中所言："是故圣人神道设教，始有天人相因，人神共理之化，要其所归，不过垂世立教之大端也。"⑥

当然，认为赵法应为"玄帝八十三化"需要有充分的依据。

---

① （明）郭元翰：《云台胜纪》卷一《启圣实录》。
② （明）陈时宜修，张世雍等纂：万历《潼川州志》，明万历四十七年（1619）刻本，载于李勇先，高志刚主编：《日本藏巴蜀珍稀文献汇刊》（第一辑），成都：巴蜀书社，2017年，第136页。
③ （明）万安：《重修云台观记》，龙显昭、黄海德主编：《巴蜀道教碑文集成》，成都：四川大学出版社，1997年，第202—203页；（清）阿麟修，王龙勋等纂：《新修潼川府志》卷六《舆地志·寺观》，清光绪二十三年（1897）刻本；（民国）林志茂等修，谢勤等纂：《三台县志》卷四《舆地志·寺观》，民国二十年（1931）铅印本；（明）郭元翰：《云台胜纪》卷五《天府留题》。
④ （清）罗意辰：《云台山佑圣观碑》，载龙显昭、黄海德主编：《巴蜀道教碑文集成》，成都：四川大学出版社，1997年，第526页。
⑤ （民国）苏宏宽等修，陈品全纂：《中江县志》卷十五《丛残一·仙释》，民国十九年（1930）日新印刷工业社铅印本。
⑥ 《梓潼帝君化书》，《道藏》第3册，第293页。

换句话说，唯有在普通道士赵法应的生命个体的人性之中，寻找到与玄帝的神性相契合的地方，才能实现这样一种转化。所以在关于赵法应的传说之中，出现了许多机缘巧合以及不同凡响的神迹，从而完成了"玄帝八十三化"的神圣合法性改造。

首先，赵法应出生的地点与玄帝有着密切联系。赵法应出生在古飞乌县（即今中江县与三台县交界地区），《旧唐书·地理志》云："飞乌，汉郪县地，隋置飞乌镇，又改为县，取飞乌山为名也。"① 唐武德初属梓州，宋属潼川府，元初废入中江县，而中江县有着悠久的玄帝传说和信仰。据《道门科范大全集》卷六十三云：

> 真君多降于蜀中，缘蜀中有玄武县。今避圣祖名，改为中汪（江）。自汉迄隋，隶成都。唐武德三年，分隶梓州。其县有真武圣迹最多，后倚高山。山之上下，皆有观，前临大江。江中之石，自然成龟蛇之状②。

中江县历史上曾名玄武县（"中汪"为中江之误），宋避赵玄朗之讳而更名。传说中的玄武县多有玄帝神迹的显现，龟蛇本为玄帝身旁二神将，其县中的大江中石头之上的龟蛇之纹更是增添了玄帝显灵的现实意味。《玄天上帝启圣录》中也有相关阐述：

> 记云：潼川府中江县，古名玄武县，有一山，名武曲山。乃昔玄帝追魔至此山，摄水火二真于足下，因此而名，

---

① 《旧唐书》卷四十一，《钦定四库全书荟要》，长春：吉林人民出版社，2005年，第4957卷，第10页。
② 《道门科范大全集》，《道藏》第31册，第906页。

至今居民呼之。山有观，乃宋大观间，徽宗御赐真灵观额，以表玄帝降伏天关地轴之福地也。观前江中之石，山中之草木，俱有龟蛇之形。人病，煮水饮之，即愈。今益州之龟城，梓州之蛇城，尚记当时之遗迹也①。

赵法应就是出生在这样一个有着玄帝传说和信仰的地方。在清代潼川府、中江县和三台县等地方志书中均有对赵法应出生地的相关记载。清乾隆《潼川府志》②和光绪《新修潼川府志》③均载："赵法应，别号肖庵，旧州人，生于望君山之左赵村垭。"而清嘉庆《中江县志》则记："赵法应，别号肖庵，邑人。"④清道光《中江县新志》⑤与民国《中江县志》⑥均有对赵法应的记载，内容则大同小异，应为循旧志相关内容，所不同在于此二志对赵法应出生地的记载为"梓州飞乌人"。然与"旧州人"和"望君山之左赵村垭"并未有出入，仅表述不同而已，均为今中江县与三台县之交界处。在本书第四章有关于其出生地的详细考证，此处暂且不表。

其次，赵法应的出生时间与玄帝的诞辰完全一致，修道的经历也有相似之处。在《玄天上帝启圣录》中，对玄帝出生时间

---

① 《玄天上帝启圣录》，《道藏》第 19 册，第 575 页。

② （清）张松孙修，李芳谷等纂：《潼川府志》卷八《人民部·逸行志》，乾隆五十一年（1786）刻本。

③ （清）阿麟修，王龙勋等纂：《新修潼川府志》卷二十八《杂志二·轶事》，清光绪二十三年（1897）刻本。

④ （清）陈此和修，戴文奎等纂：《中江县志》卷四《仙释志》，嘉庆十七年（1812）刻本。

⑤ （清）杨需修，李福源、范泰衡纂：《中江县新志》卷七《杂纪志》，道光十九年（1839）刻本。

⑥ （民国）苏宏宽等修，陈品全纂：《中江县志》卷十五《丛残一·仙释》，民国十九年（1930）日新印刷工业社铅印本。

的描述是：

> 岁建甲辰三月戊辰初三日，甲寅庚午时，玄帝产母左
> 胁。……年及七岁，经书一览。仰观俯视，靡所不通。……
> 年十五，辞父母而寻幽谷，内炼元真①。

此处所述玄帝出生时间为农历三月初三，到了七岁便能够过
目不忘，知晓世理，到了十五岁即辞别父母入山修行。又《元
始天尊说北方真武妙经》载玄帝："于开皇元年甲辰之岁三月建
辰初三日午时，诞于王官。生而神灵，长而勇猛。不统王位，唯
务修行。"②

而在《云台胜纪》中对于赵法应出生时间和成长经历的描
述是：

> 以宁宗庆元元年、岁值乙卯三月三日诞……年甫七岁，
> 经书一览，仰观俯察，靡所不通。……帝以嘉泰六年丙寅入
> 此山，首结茅屋。……于此栖隐修真。时有灵鸦报晓、黑虎
> 卫岩③。

清光绪《潼川府志》提到赵法应入山修行也是十五岁，"年
十五岁诣云台山，结茅练习"④。以上文字记录中，赵法应出生
的时日正好也是农历三月初三，同样自幼聪颖，到了七岁左右对
经书过目不忘，十五岁便到云台山结茅修炼。对比之下，可以看
到《云台胜纪》与《玄天上帝启圣录》有许多地方大同小异，

---

① 《玄天上帝启圣录》卷一，《道藏》第19册，第572页。
② 《元始天尊说北方真武妙经》，《道藏》第1册，第813页。
③ （明）郭元翰：《云台胜纪》卷一《启圣实录》。
④ （清）张松孙修，李芳谷等纂：《潼川府志》卷八《人民部·逸行志》，乾
隆五十一年（1786）刻本。

移植借用的痕迹十分明显，如"经书一览，仰观俯察，靡所不
通"，又如"灵鸦报晓、黑虎卫岩"均与《玄天上帝启圣录》完
全相同，所以赵法应出生及初期修行的时间与内容应该是直接移
植借用《玄天上帝启圣录》。如此一来，赵法应真正的出生日期
究竟为何时，就成了一个谜而无可考证。

　　再次，赵法应的去世时间也是玄帝得道飞升日，并且赵法应
去世之后的肉身并未腐坏，而是历经数代仍然栩栩如生。按文献
所言，玄帝在"九月初九日，南山严宫五龙捧圣，白日飞升"①。
所以每年的九月初九日是为玄帝得道飞升日，包括武当山在内的
玄帝道场均会有隆重的庆祝活动，至今亦然。赵法应则是在宋宁
宗七年（1214）九月初九坐化而去，实在是巧合之极。按《云
台胜纪》：

　　　　至初九日正辰时，灵旗拂空，香风遍野，歌鸣应节，朗
　　耀云衢，帝即升隐而去。真容留于正殿之右，迄今俨若
　　生者②。

　　赵法应在去世之后，肉身并未腐坏，"人以为元帝再世也。
遂奉遗蜕于铁像之右，其遗蜕历元明，两目不陷，发润如生"③。
　　最后，赵法应所写偈子之中有着诸多隐喻。如赵法应自制偈
子"武当游驾到飞乌，茅屋云台天下无"④，以及"肖庵手内一

①　（明）张国祥较梓：《玄天上帝百字圣号》，《道藏》第 36 册，第 337 页。
②　（明）郭元翰：《云台胜纪》卷一《启圣实录》。
③　（清）张松孙修，李芳谷等纂：《潼川府志》卷八《人民部·逸行志》，乾
隆五十一年（1786）刻本。
④　（民国）苏宏宽等修，陈品全纂：《中江县志》卷十五《丛残一·仙释》，
民国十九年（1930）日新印刷工业社铅印本。

竹竿，不可绝来不可续，惟有神仙打得熟"①。特别是在离世前
一年七月一日，赵法应在故宅佛座下留章云："赵镇天，字太
真，玉京人也，谪世梓阳，非久还位。脱落一贫道，谪凡十有
九，记其归去时，在处重阳酒。"② 赵法应在去世前一年回到故
居，在其家中的佛座下留下数语，暗示着自己不凡的身份与回归
天界的时间。"佛座"之语或指其父母信仰佛教而在家中供奉佛
像，说明其家族有浓厚的信仰传统，而赵法应自幼修道，则显示
出其对道教修行的偏好。另外，此处话语中的梓阳即为梓州
（今三台县所在地），玉京则为玄帝修炼得道之后受三清册封之
处，《玄天上帝启圣录》之"玉京较功"云：

> 元始上帝，上清上帝，太清上帝，在玄都玉京山九霄梵
> 炁之上，玉清圣境清微天中玉宸殿内大会，九霄上帝，十极
> 高真，三界万灵，皆集是殿，考较诸劫功过。……谨遣金真
> 紫阳大夫，金阙侍中素灵殿大学士，主管三天金阙门下，直
> 日储灵典奏事，含光上德仙轩辕执本，斋捧玉册金书，上尊
> 号：特拜玉虚师相玄天上帝，领九天采访使③。

玄帝的名号之中，有"镇天真武长生福神"④ 之称。那么赵
法应所言之中，赵镇天即是他原有名号，自己于玉京谪凡至梓
州，时日将至，即将归位，留言以纪。虽寥寥数语，加之自募铁
数十斤铸降魔祖师神像并供奉的行为，足可见其与玄帝之间的深

---

　　① （清）张松孙修，李芳谷等纂：《潼川府志》卷八《人民部·逸行志》，乾
隆五十一年（1786）刻本。
　　② （明）郭元翰：《云台胜纪》卷一《启圣实录》。
　　③ 《玄天上帝启圣录》，《道藏》第19册，第576页。
　　④ （明）张国祥较梓：《玄天上帝百字圣号》，《道藏》第18册，第354页。

厚渊源。

　　云台观之所以能够成为玄帝信仰的重要道场，吸引无数虔诚信众的扶持，受到明朝藩王府乃至朝廷的重视，除了赵法应肉身不腐和"玄帝八十三化"的传说之外，更与云台观各种祥瑞现象和诸多玄帝灵应事件密不可分。宋代云台观有梧桐树："瑞云、彩霞常覆于上，夜夜光悬。若皓月当空，仙鹤早暮栖止其上，若舞若吟，悠悠助道之态也。"① 梧桐之上常常出现瑞云与彩霞，甚至还有仙鹤栖息，翩翩起舞，此情此景宛若仙境一般。云台观普应殿的修建为"帝显化此山"而成，"是殿也，无劳经营，无费纸谷，不日而成"②。其后大殿之前的瑶阶玉玺更是神力所为，"一夜，椎凿声闻三四里许。至次黎明，趋视之，见殿脚下天界、地界、水阳界，无不备具。光彩射人，真瑶阶也。阶下有一台，下瘗五色之琨，上应五星之气，名之曰"玉玺"③。此后，赵法应制疏，降一童子持疏募铁，铸八十二化降魔圣像一尊，铸成之后，神像自动飞向云台山，"时日子时分，月收云布，电掣雷鸣。风伯清晨，雨师洒道。少焉，天霁云散，碧霞凝，屡文着，人皆闻空中奏钧天妙乐之音。帝像乃乘玉辇，声若雷震，浮空至山，位镇中殿。巍峨赫奕，俨雅如生"④。不仅如此，当时现场有数千人目睹此景而莫不"参拜称寿"。

　　而明洪武年间，蜀献王朱椿初入蜀境，亦见玄帝现身护卫：

　　　　初驾入境时，自见空中有神披发仗剑，常行拥卫。王因

---

① （明）郭元翰：《云台胜纪》卷一《启圣实录》。
② 同上。
③ 同上。
④ 同上。

异询之曰：此何神灵？左右曰：蜀省比去三百余里许梓州治，有山名云台，乃玄武帝现年蝉蜕于此。其神极灵，想今驾护者，必上帝也①。

后朱椿便遣官至云台观，拨置庄田，重修殿宇，赏赐丰厚。这也是蜀藩王府扶持云台观之肇始。至于云台观，则在不同年代出现诸多显灵事件。如正统七年（1442）、正德十年（1515）、正德十五年（1520）、嘉靖元年（1522）、嘉靖五年（1526）、嘉靖六年（1527）、嘉靖十一年（1532）、嘉靖二十七年（1548）、嘉靖二十八年（1549）等均感玄帝披发仗剑、跣足踏龟蛇现于空中。另外，成化六年（1470）、正德八年（1513）、嘉靖三十年（1551）、隆庆二年（1568）、万历十五年（1587）等更有数次祥光显现。相关事迹《云台胜纪》所记如下：

> 正统七年九月九日，本观铸圣像。其日，圆光照烛，玄武跣足建于空中。成化六年，蜀府遣臣杨侯炷香，建醮乞恩。启坛宿夜，七星现于屼姆峰岩，高低恍惚。众官瞻拜惊异。应感王宫，孕诞世子。成化十九年中秋日，光现本山。弘治十年三月三日，祥光罩殿。正德八年九月十五日，钦差太监锦兴，锦衣卫千户龚清诣观修醮。是日，感五色祥光罩殿。正德一十年五月十一日卯时分，正东方现上帝：披发仗剑，足踏龟蛇，左天神执旗，右真人执幡。五色彩云辰时末方散。正德十五年，钦赐绿幡二首。上显"大明皇帝喜舍宝幡"八字。至观张挂日，感上帝披髮，左、右真人侍从现本观之东。嘉靖元年三月十五日，雷雨过北方。光现见上

---

① （明）郭元翰：《云台胜纪》卷一《灵奕显应》。

帝披发执旗奉剑。五年、六年、十一年内，每年一次见帝。
或蹑龟蛇见于北。或执纛旗见于西。见之者众。二十七年正
月初一日，二十八年正月初九日，祥光捧日，上帝见于东
北。三十年正月初一日光现本山，光敛，降雷雨。本山道士
并近观人等，无不共见。隆庆二年正月初一日，万道霞光，
自西而见。万历十五年二月初一日夜，圣灯五盏见于帝山之
后。光焰炫日，远近视之，莫不惊异①。

在云台观之中如此频繁感应玄帝现身，也只有武当山之上出
现的玄帝显灵②可与之相媲美了。这无疑极大渲染了云台观的神秘
感，为其作为玄帝道场而吸引信众们的崇拜奠定了神圣性基础。
当然，以上绝大部分的玄帝灵应事件均出自郭元翰《云台胜纪》，
该书是郭元翰在多方收集相关碑文石刻和民间传说之后，予以汇
集成册并进行刻印，并非其一人凭空所杜撰，正如其所言：

　　玄帝遗脱云台，自宋以来，近有千年。余登其境，得
《启圣实录》，阅之所纪，皆武当旧本，非云台事迹。因谓
道人曰："玄帝出现，事关民生。可使后世无传乎？"乃命
访其遗书，考之碑传，得知玄帝托生赵氏，修炼云台，绝武
当而为八十三化也。遂辑其祥，敬镂诸梓，俾后人知所
自云。

① （明）郭元翰：《云台胜纪》卷四《灵奕显应》。
② 见《大明玄天上帝瑞应图录》之中关于玄帝数次显圣于武当山的记载，《道
藏》第19册，第634—640页。

三　云台观玄帝神格的嬗变

在中国传统的神灵信仰中，玄帝最初是作为星宿神来崇拜的，而随着时间推移和神学理论的发展，玄帝的神格逐渐分离出北方战神、水神、生殖神和司命神等神格①。云台观玄帝信仰系统中，除去传统的祛病、禳灾和司命等神格以外，玄帝的防火降雨的水性神职和保佑生殖的护生功能受到了当地信众的广泛认同。

玄帝为坐镇北方之神，从方位与五行的关系来说，北方主水，所以供奉玄帝也有熄灭火灾的功能。这种观念在传统社会普遍流传，甚至在佛教寺庙中也出现了修建真武祠以厌胜火灾的做法。据《峨眉山万年寺真武阁碑记》，明崇祯六年（1633）四川巡按刘宗祥捐造真武阁以镇火灾。又据《峨眉山志》卷八"峨眉火因"云：

> 峨眉多火灾，所以前人改华藏为黑水，普贤为白水，牛心为卧云，中峰为集云，华藏为归云。以为二水三云，可禳此厄。明末代巡黄冈刘公梧阳，又于万年筑真武祠压之②。

玄帝具备水神的神格，自然是可以运化雨水，既能避免火灾，也可以在干旱之时降下甘霖。云台观原建有天乙阁，为居于甘肃兰州的肃藩王府的淳化王捐资修建，其名取《太玄经》之

---

① 王光德、杨立志：《武当道教史略》，北京：华文出版社，1993年，第39—40页。
② 印光大师修订，弘化社编：《四大名山志·峨眉山志》，北京：科学文献出版社，2017年，第363页。

"天一生水"之寓意。因玄帝为太一之精，"帝以宋代分炁诞于西蜀。既长，炼身修真，降伏水火，分判人鬼，又太上八十三化之身也"①。而当时云台观之中因香火不绝而易存火患，所以修建该楼有镇压火灾之意。为了祈求玄帝为当地带来甘霖，宋嘉定九年（1216）、嘉定十年（1217）、明弘治三年（1490）、嘉靖七年（1528）、嘉靖四十三年（1564）和万历九年（1581）等数年中，每逢干旱，地方官员、士绅与乡民均至云台观祈祷求雨，求则多有灵应。

宋嘉定九年三月内阙雨。府、县各处官并诣帝前祈祷，于当日立获雨泽。嘉定十年入夏以来，苦旱不雨。农心傲傲，恐伤苗稼。合境士民及府、县僚属，诣中殿祈祷于六月初七日，随即甘雨如霪。此宋罗祖高奏请敕赐。国朝弘治三年立夏后至夏中无雨，民心惊骇。乡民拜投本山。道士陈冲范、刘洞明申祠祷帝，得雨栽种，民心始安。嘉靖七年五、六月遭旱，叩帝祷雨。至七月初，得雨一救，谷得十之三，豆得十之七。嘉靖四十三年夏，祈雨有感。万历九年夏及秋旱，祈雨有感。即屡年来，有祈即应，四野沾足，皆帝之赐也②。

在玄帝的佑生护生神职方面，蜀王府世子的诞生具有某种重要的象征性意义。明成化六年，蜀怀王朱申铉派遣王府承奉正杨旭到云台观建醮，为王府子嗣祈祷。当晚杨旭夜宿云台观，看见有七星显现在云台观之后的岘姆峰（今圣母山），云台观的官员

① （明）郭元翰：《云台胜纪》卷五《天府留题》。
② （明）郭元翰：《云台胜纪》卷四《灵奕显应》。

"瞻拜惊异"。此后不久，王妃顺利诞下世子。蜀怀王当即下令重修云台观，建成之后，杨旭入京请求时任内阁首辅的眉山人万安为之撰写碑文，著成《重修云台观碑记》①。显然，云台观为藩王府的子嗣诞生立下了大功，也就成为稳固皇室基业的重要保护神，自然获得了皇室的赞赏和青睐，恩宠益盛。

作为记载云台观历史的重要文献《云台胜纪》，其成书的很大原因也来自作者郭元翰在云台观祈祷得子，其《再游云台》云"重叩真灵求嗣应，胤再虑□设华筵。熊罴叶梦呈祥贶，聊写丹衷谢上玄。"②并诗后所附数语，更是表达了因为求子遂愿而为感谢神灵写下该书：

> 余两登云台，为承先绪计也。一念顷诚遂感至人，显示吉梦□□□，赐男祥之兆。不二年，果获奇效。乃知神之显应，信不诬□。故特纪此，以昭其灵云③。

其堂兄（弟）万历进士郭元柱亦是说："伯子重诣云台，祈嗣获应，爰删集而重梓之，以广其传。"④

在三台县的民间传说之中，还有一个关于云台观"打儿树"的传说。在云台观二天门之外的登云路上有一棵古树，其树斜长的枝干之上有一个孔洞，传说求子之人若能将石子投入其中便能

① （明）万安：《重修云台观记》，龙显昭、黄海德主编：《巴蜀道教碑文集成》，成都：四川大学出版社，1997年，第202—203页；（清）阿麟修，王龙勋等纂：《新修潼川府志》卷六《舆地志·寺观》，清光绪二十三年（1897）刻本；（民国）林志茂等修，谢勷等纂：《三台县志》卷四《舆地志·寺观》，民国二十年（1931）铅印本；（明）郭元翰：《云台胜纪》卷五《天府留题》。
② （明）郭元翰：《云台胜纪》卷五《天府留题》。
③ 同上。
④ （明）郭元翰：《云台胜纪序》，载于（明）郭元翰：《云台胜纪》。

如愿①。由此也吸引了远近求子的信众前往云台观进香投石，祈求子嗣绵延。

总之，玄帝信仰在传统帝王时代有着不同的层次和面向，并与国家、社会以及民众需求密切联系。从国家统治层面上看，在宋元明三代，玄帝作为护国神的形象出现，其主要职能乃是护佑君王统辖下的万代江山基业的承续与稳定；从社会治理层面上看，玄帝保护农业生产不至于被风雨旱涝等自然灾害所破坏，从而平复地方社会的群体焦虑，保证地方官员管理一方社会的安定与有序；从个体信仰层面上看，玄帝的神格中有降妖除魔，保护平安，甚至还有保佑生育的现实神格，如此便可保证底层民众在遭受政治强权的隐形压力与自然灾害带来的显性压力下，获得情感的依托与生活的希冀。与其说是玄帝以其多层次神性功能满足着不同层面信仰的需求，不如说祈求者因着自身的需求而不断创生着玄帝的神格面向，并随着时代推移而使得玄帝信仰成为中国历史上流布区域甚广，影响颇为深远的民间信仰。

① 张庆主编：《四川省三台县郪江、云台观、鲁班湖历史文化旅游丛书》之三《民间传说故事歌谣集》，内部出版资料，2005 年，第35—36 页。

第四章　云台观道士法脉与科仪

　　历史上有名的道教宫观初创、发展与兴盛，与道派创立、道士的修行和传教活动密不可分，云台观亦是如此。自南宋开禧二年（1206）创立至今，云台观已经历了八百余年的风雨，既有过无上的尊崇与荣耀，也有过战乱兵燹的摧残。在这数百年时间里，有许多曾在云台观中生活修行的道士，就其曾经的繁荣与影响力而言，定不缺乏在道教界有着重要影响力和做出卓越贡献的道士。然而在当前文献资料有限的情况下，笔者并不能全部考证出云台观的历代住持和重要道士，现仅就笔者所收集的有限文献资料，对云台观的道派与道士予以初步介绍。

第一节　宋元明时期的云台观道士

一　宋元云台观道士

　　云台观的创始人为南宋道士赵法应，其生平与道教神祇玄天上帝有着非常密切的联系。在他逝世之后，被后人认为是"玄帝八十三化"，这也是云台观百年香火繁盛不衰的重要因素之一。因史料之中对其生平事迹阐述略有差异，为免混淆迷惑，现予以考证辨析。

（一）赵法应生平考析①

1. 生卒时间：1195—1214

郭元翰《云台胜纪》对赵法应出生时间有着清晰的记载，其文云：

> 玄帝于宋光宗绍熙甲寅年，自武当分神化炁，游驾蜀川，跸驻飞乌，托胎于赵岩之宅。以宁宗庆元元年，岁值乙卯三月三日诞，讳法应，号肖庵。

宋光宗绍熙甲寅年为公元1194年。"玄帝"指道教神祇玄天上帝，也称为真武祖师、降魔祖师等。郭元翰在《云台胜纪》之中均以"帝"指代赵法应。"自武当分神化炁，游驾蜀川，跸驻飞乌"之语指出，赵法应就是玄天上帝自其成道的武当山分神而到飞乌县，投胎于赵姓之家。在孕胎十月之后，赵法应于宁宗庆元元年（1195）三月初三出生。巧合的是，这一天也是传说中的玄帝出生日。按《玄天上帝启圣录》卷之一：

> 是时，正当上天开皇，初劫下世，岁建甲辰三月戊辰初

---

① 关于赵法应生平修道事迹最早记录文献就是明万历十九年郭元翰所撰《云台胜纪》，潼川州、潼川府、中江县以及三台县的方志之中亦有记录，此外，曹学佺《蜀中广记》卷七十六"仙人记"也有记载，从内容来看以上文献相关记载均是取自《云台胜纪》并多有窜改之处。本章对赵法应的生平考证即以《云台胜纪》为主，辅以地方志的相关内容。

三日，甲寅庚午时，玄帝产母左胁①。

历史上的云台山似乎并不出名，在诸多地理志如《太平寰宇记》《舆地纪胜》《元丰九域志》等书之中，均未见到对该山的介绍。然而，作为与玄天上帝密切相关的道场，在诸多道教类文献中，云台山与湖北武当山被相提并论而称为"西岳云台"。明郭元柱《云台胜纪序》云：

> 若帝之琳宫、金像，亦遍寰宇，而楚之太和、蜀之云台独称最焉。盖帝炼真成果，始于太和，而云台则其化热蝉蜕处也。

作于万历三十年（1602）的《真灵观碑》将云台观与武当山紫霄宫并称："登斯山也，不必觐武当而紫霄在望，不必徙飞鸟而云台遇目矣。"② 而乔璧星在《重修云台记》亦云：

> 我国家尊太岳帝玄君，于是天下名山离宫遍置，益极一时之崇事矣。其崔嵬壮丽与太和鼎足者，莫如西岳云台③。

这个中原因，既与宋元明三代统治者在宗教信仰政策上逐渐加强了对玄天上帝的崇奉有关，也与赵法应去世后广为流传的传说有关。

赵法应宋宁宗嘉定七年（1214）坐化于云台观，时年十九岁。但是在离世前一年，即嘉定六年（1213）七月一日，赵法

---

① 《玄天上帝启圣录》，《道藏》第19册，第572页。
② （明）佚名：《真灵观碑》，载龙显昭、黄海德主编：《巴蜀道教碑文集成》，成都：四川大学出版社，1997年，第265页。
③ （明）乔璧星：《重修云台记》，（明）陈时宜修，张世雍等纂：万历《潼川州志》，明万历四十七年刻本，载于李勇先、高志刚主编：《日本藏巴蜀珍稀文献汇刊》（第一辑），成都：巴蜀书社，2017年，第193—198页。

应在老宅的佛座之下留下了一偈云：

> 赵镇天，字太真，玉京人也。谪世梓阳，非久还位。落托一贫道，谪凡十有九。纪其归去时，在处重阳酒①。

在此赵法应自称为居住于玉京之上赵镇天，赵镇天何许人并不可考，而玉京是和大罗并称的神仙居所。而"谪世梓阳，非久还位"进一步表明谪凡十九年，在重阳节之时即会回到天界。所以此偈语表明了赵法应自认为神仙谪凡的身份。嘉定七年（1214）二月一日他又留下一偈云：

> 我今年二十，快乐无人及。世态媚吾时，眼前观不入②。

当年九月八日，赵法应标志"云台十景"，为道观取名"佑圣"，大殿名为"普应"。在做完这些事情之后，第二天也就是玄帝得道日——九月九日，赵法应离开了人世。郭元柱《云台胜纪序》云：

> 本年九月八日，自标志"云台十景"。因名其观曰"佑圣"，名其殿曰"普应"。至初九日正辰时，灵旗拂空，香风遍野，歌鸣应节，朗耀云衢，帝即升隐而去。真容留于正殿之右，迄今俨若生者。

虽然赵法应在世时间非常短暂，然而他在去世之前一年便预言了自己的离世时间。去世之后，遗体并未腐坏，而是保持了生

---

① （明）郭元翰：《云台胜纪》卷一《启圣实录》。
② 按照中国古代的观念，虚岁纪年法出生之时便为一岁，则赵法应去世之时为二十岁。现存方志中多称其为十九岁离世，实则按照周岁的年龄计算方法。

前的状态，"真容留于正殿之右，迄今俨若生者"，甚至经历数百年时间仍然栩栩如生，由此引起了世人的极大轰动。除了信众前来瞻仰遗容之外，还有无数官员、文人前来游览，留下了大量赞叹的诗篇。如宋代翰林学士钱金"玄天从此飞升后，金体虽留竟不回"、元代杨既清"圣母之峰兮，廉真星光。云台之上兮，武曲主张"、明代承务郎蒲天品"东梓云台第一山，玄天圣迹绝尘寰"等等诗句皆是对玄天上帝化身云台观的感叹①。

赵法应短暂的一生充满神迹，出生日与去世日和《玄天上帝启圣录》之中玄帝的生辰及得道日完全相同；募铁铸造降魔祖师像，并以神力飞镇中殿；在诗词偈语中暗示自己为谪世之神仙；预言自己的离世缘由以及时间；去世之后，种种异象，肉身不腐等等，成为玄帝化身传说的诸种依据。在其离世之后仍有许多灵应事件的发生，《云台胜纪》在第四卷《灵奕显应》中，专门记录了大量玄帝显灵的事件，如"降授鸾书""祷雨获应""玄帝显圣""惩罚恶人"等。

2. 出生地

关于赵法应的出生地，相关文献之中有三种说法。包括四川飞乌县、四川玄武县、四川三台县望君山之左的赵村垭。这三个说法究竟哪一个是正确的？笔者认为有必要将飞乌县、玄武县以及赵村垭之间的关系予以——考证，以最终确定赵法应真正的出生之地。

关于赵法应出生地最早的记录是飞乌县。按明郭元翰《云台胜纪》：

---

① 以上诗作见（明）郭元翰：《云台胜纪》卷五《天府留题》。

　　玄帝于宋光宗绍熙甲寅年，自武当分神化炁，游驾蜀川，跸驻飞乌，托胎于赵岩之宅①。

　　明《潼川州志》也认为赵法应是"蜀梓州飞乌县人"。而清嘉庆《中江县志·仙释志》载："赵法应，别号肖庵，邑人"②，清道光《中江县新志》卷七《仙释载》："赵法应，通志别号肖庵，梓州飞乌人。"③ 此后的民国《中江县志》④ 也依《中江县新志》，采同样说法。然而明万安《重修云台观记》则云："当赵宋时自武当飞神降精于蜀之元武县（玄武县），托迹赵岩者。"⑤ 这里认为赵法应出生之地为玄武县，与前述文献出生地存在出入。

　　飞乌县设立于隋开皇十三年（593），辖区包括今中江县与三台县交界的部分地区。同年设立玄武县，即为今天中江大部分地区，在唐武德三年（620）二县同属于梓州。宋真宗大中祥符五年（1012）因为避讳宋圣祖赵玄朗名讳而将玄武县改为中江县，元至元二十年（1283），飞乌县并入中江县。经过数次县域划分和调整，历史上飞乌县与玄武县曾有过区域上的重叠，到了元代则合并为中江县。所以，无论是郭元翰所认为的飞乌县或是

---

　　① （明）郭元翰：《云台胜纪》卷一《启圣实录》。
　　② （清）陈此和修，戴文奎等纂：《中江县志》，清嘉庆十七年（1812）修，清抄本。
　　③ （清）杨霈：《中江县新志》，清道光十九年（1839）刻本。
　　④ （民国）苏洪宽：《中江县志》，民国十九年（1930）日新印刷工业社铅印本。
　　⑤ （明）万安：《重修云台观记》，龙显昭、黄海德主编：《巴蜀道教碑文集成》，成都：四川大学出版社，1997年，第202—203页；（清）阿麟修，王龙勋等纂：《新修潼川府志》，清光绪二十三年（1897）刻本，卷六《舆地志·寺观》；（民国）林志茂等修，谢勤等纂：《三台县志》卷四《舆地志·寺观》，民国二十年（1931）铅印本；（明）郭元翰：《云台胜纪》卷五《天府留题》。

万安认为的玄武县实际上都是指中江的同一个地区。而中江县与玄帝有着特殊渊源，据《道门科范大全集》：

> 真君多降于蜀中，缘蜀中有玄武县。今避圣祖名，改为中江。自汉迄隋，隶成都。唐武德三年，分隶梓州①。

《玄天上帝启圣录》亦云：

> 潼川府中江县，古名玄武县，有一山，名武曲山。乃昔玄帝追魔至此山，摄水火二真于足下，因此而名，至今居民呼之②。

另外一个关于赵法应出生于望君山之左赵村垭的记录相对而言更为详细，该记录最早来自清乾隆《潼川府志》。其文有云："赵法应，别号肖庵，旧州人，生于望君山之左赵村垭。"清光绪《新修潼川府志》、清嘉庆《三台县志》、民国《三台县志》等均取乾隆《潼川府志》所记赵法应出生地，同样是"望君山之左赵村垭"。望君山处于三台县菊河镇，清代之前隶属于中江县地区，今为三台县辖区，现地图上标为"望金山"，不远处是圣母山。圣母山为云台观所在地（圣母山侧即云台山），该山位距云台观西南方向约数公里。

虽然在《潼川府志》以及《三台县志》之中有不同于《云台胜纪》之中的"飞鸟县"和"玄武县"的记载，但是《云台胜纪》中有提到赵法应"于文曲峰下赵村垭设炉鼎，铸八十二化降魔圣像一尊"以及"文曲峰西去十里许、虚危之下有山名

---

①　（唐）杜光庭：《道门科范大全集》，《道藏》第31册，第906页。
②　《玄天上帝启圣录》，《道藏》第19册，第575页。

云台"，笔者猜测可能因为清代潼川府和三台县的方志撰写者通过考证，明确了赵法应出生具体地点。综合前述，赵法应出生地在中江县的古飞乌县和玄武县的交界之处，也就是今天的三台县菊河镇望君山侧的赵村垭。

3. 修道

据《云台胜纪》，赵法应的父亲名为赵岩，"感异征而生真人"。在赵法应出生的时候，出现了许多祥瑞之兆："瑞云弥空，天花散漫，异香芬然，光炎满村，土皆金玉色。"① 赵法应从小聪明异常，显现出了许多与众不同之处，他七岁的时候阅读经书即可过目不忘，甚至"仰观俯察，靡所不通"。赵村垭旁边有一座山名为文曲峰，赵法应幼年之时便到文曲峰上结茅"游息内炼"。离文曲峰西面十余里的地方有一座山叫作云台山，"高只三百六十丈，阔只四里八分，地接岷峨，脉连玉磊，瑞气葱郁，岩洞幽丽，真佳境也！"② 或许是被云台山独特的山貌地形所吸引，开禧二年（1206）年方十二岁的赵法应便到云台山首结茅屋，"栖隐修真"，开始了正式的修道生涯。

赵法应在云台观修炼的时间并不长，何时正式出家入道不得而知，师承何门也未有记载，从其修道之处有"金井、丹炉"和"所留之八方宝印、灵符玉简，迄今犹在"可推断他的修道方式主要是外丹和符箓。当然，可以直接反映赵法应修行思想的是他所写的偈语和诗词。如他初到云台山自制偈语曰："武当游驾到飞乌，茅屋云台天下无。九转神丹斯再炼，孜孜本为救凡

---

① （明）郭元翰：《云台胜纪》卷一《启圣实录》。
② 同上。

夫"①，暗喻自己是从武当山分神化气至飞鸟，修炼于云台普度
众生，这句偈语也被后世弟子将其看作是"玄帝八十三化身"
的依据之一。

赵法应通过以物喻志的方式寄托了自己的修行愿望。茅庵的
前面有一株梧桐树，时常被瑞云和彩霞覆盖，到了晚上更发出明
亮的光彩，而且还有仙鹤栖息其上。赵法应将炼丹炉置于梧桐树
下，作诗云："梧桐苦炼几经年，徒向师真殿陛前。两耳被攻何
宿障，归期恐不待鸣蝉。"② 在诗中，赵法应以梧桐树喻道，象
征修行人的品行高洁，然而聒噪的鸣蝉正如修行人的宿世业障一
般扰人清修，而自己的归去或许已经等不到第二年夏天的蝉鸣
了，"不待蝉鸣"或在暗示归期。

另外，赵法应还以渔鼓为乐写了三首诗。

> 其一：肖庵通透一竿竹，惟是神仙打的熟。
>
> 几许贤愚都不识，至今犹被尘埃扑。
>
> 其二：肖庵晓得一竿竹，不抟金来不抟玉。
>
> 修成大器已灼然，尘埃何用区区拂。
>
> 其三：肖庵无坏一竿竹，不可折来不可续。
>
> 纵使庸愚道短长，竟是神仙手中物③。

渔鼓是渔鼓筒子的简称，包括渔鼓和筒子两件，在古代作为
修道人唱道情常用的伴奏乐器。《续文献通考·乐九》云：

> 渔鼓：元寿星队第十队，有渔鼓筒子八，制未详。王圻

---

① （明）郭元翰：《云台胜纪》卷一《启圣实录》。
② 同上。
③ 同上。

《续通考》曰："按近制截竹为筒，长三四尺，以皮冒其首，用两指击之。筒子则以竹为之，长二尺许，阔四五分，厚半之，其末俱略反外，歌时用二片合击之以和。此即其制也。"①

赵法应的诗中所提及的"神仙、修成大器、神仙手中物"代表着道士修行的一种终极追求。众所周知，得道成仙是道教的核心教义，即通过修炼获得生命的超越从而长生久视乃至位列仙班。可以说，道士们的行为均是围绕这个终极目标而进行的。纵观历史，从先秦时期的方士到汉末的道士，以及崇奉道教的封建帝王，都想通过特定方式来获得生命永久不灭的形态和神仙逍遥物外的境界。在这里，赵法应将自己手中的筒鼓喻为神仙之物，显然也寄托了自己得道成仙的追求。

4. 敕封称号

赵法应曾受到朝廷两次敕封。一次被封为"无着大道君"，在《云台胜纪》卷一《启圣实录》之"游驾西蜀"有云："无着大道君乃玄帝八十三化身也。"② 而此后亦有"皆蒙大道君笔示'彩云瑞露'③ 诗句，信之昨宵所见瑞出玄天造化也"。一次被封为"妙济真人"。在《云台胜纪》卷五《天府留题》之"□诰封命跋"中云：

> 一日睹加封妙济真人诰命从天而下，若海景真人之行，

---

① 《景印文渊阁四库全书》，台北：台湾商务印书馆，2008 年，第 629 册，第 185—186 页。
② （明）郭元翰：《云台胜纪》卷一《启圣实录》。
③ （明）郭元翰：《云台胜纪》卷四《灵奕显应》。

慕真人之风，于心终不忘。敬刻诸石，期与此山相为□□
存尔①。

从该文内容来看，应是郭元翰辑录当时留存于道观之中的敕
封真人称号的碑文而成，但遗憾的是其中并没有提到具体敕封
时间。

此后的明代碑文中也有提及这两个封号。明成化年间万安
《重修云台观记》云："绍熙间，屡应祈祷，有司请于朝，封以
妙济真人之号。"② 清光绪罗意辰所撰《重修云台观报销碑》亦
云："尸解后，其徒群以为玄帝八十三化身，果彰灵应，光宗遂
授为妙济真人。"③ 由此可见，明代的万安和清代的罗意辰都提
到赵法应在宋光宗绍熙年间被敕封为"妙济真人"。从时间上
看，宋光宗在位时间是公元 1190 年至 1194 年，而赵法应出生于
宋宁宗庆元元年即公元 1195 年，晚于宋光宗在位时间，所以宋
光宗是不可能敕封赵法应的。

万历《潼川州志》记录了四川巡抚乔壁星在《重修云台记》
中关于赵法应生平的阐述，其中提到宋代对他有两次敕封，其文
云："宋理宗封真人'无着大道君'，宁宗时封'妙济真人'，详
见《云台山纪》。"④

---

① （明）郭元翰：《云台胜纪》卷五《天府留题》。
② （明）万安：《重修云台观记》，龙显昭、黄海德主编：《巴蜀道教碑文集
成》，成都：四川大学出版社，1997 年，第 202—203 页；（清）阿麟修，王龙勋等
纂：《新修潼川府志》卷六《舆地志·寺观》，清光绪二十三年（1897）刻本；（民
国）林志茂等修，谢勤等纂：《三台县志》，民国二十年（1931）铅印本，第 19 页；
（明）郭元翰：《云台胜纪》卷五《天府留题》。
③ （清）罗意辰：《重修云台观报销碑》，现存云台观内。
④ （明）陈时宜修，张世雍等纂：万历《潼川州志》，载于李勇先、高志刚主
编：《日本藏巴蜀珍稀文献汇刊》（第一辑），成都：巴蜀书社，2017 年，第 140 页。

《重修云台记》中指出赵法应在宋宁宗（1194—1224）时被封为"妙济真人"，从时间上来看是可能的，因为宋宁宗赵括在位时间为 1194 年至 1224 年，那么很有可能是在赵法应去世之后进行敕封。不过宋代四川还有一位道士被封为"妙济真人"，这个人是潼川府的中江县栖妙山集虚观道士田大神，其敕封诏书如下：

妙济真人敕
宋宁宗

　　敕潼川府中江县栖妙山集虚观道士田大神：胜地灵湫，神物所宅，活枯起槁，阴有相之。畴其及物之功，锡以仙真之号，益思惠利对我宠光，可特封妙济真人。

　　奉敕如右，牒到奉行。嘉泰四年八月二十二日①

据嘉庆《中江县志》，田大神为唐代道士，唐代宗广德元年飞升，因其地多有灵应，于宋嘉泰年间被封为妙济真人，并敕建集虚观②。那么既然田大神被封为"妙济真人"，而此处又说赵法应被封为"妙济真人"，二者是否矛盾呢？笔者认为并不矛盾，历史上有相同封号的道士往往不止一人。比如北宋著名道士林灵素也有"妙济真人"的称号，在金丹派南宗道士白玉蟾所写《天师侍宸追封妙济真人林灵素像赞》中提到林灵素也被追封为"妙济真人"。

赵法应在宋理宗之时被封为"无着大道君"，然而到了清

---

　　① （宋）宋宁宗：《妙济真人敕》，载龙显昭、黄海德主编：《巴蜀道教碑文集成》，成都：四川大学出版社，1997 年，第 148—149 页。
　　② （清）陈此和修，戴文奎等纂：《中江县志》卷四《仙释志》，嘉庆十七年（1812）修，清抄本。

代，地方志之中却忽略了这一封号而未曾提及。但是在清光绪年间重修的云台观九间房的脊檩上留有如下字句："赵法应……自武当分神化气游驾蜀川，跸驻飞乌，托胎于赵岩之宅，至庆元乙卯岁三月三日圣诞，号无着大道君。"所以，可以确定赵法应于宋理宗时期被封为"无着大道君"。

对于赵法应生平事迹的记载和传播，无不彰显着赵法应与道教神祇玄天上帝有着特殊渊源。当然，在赵法应的生平故事中，神迹的显现和各种巧合也显现出了人为编写的痕迹，这种有意而为之的行为背后，意在凸显其神性的内在驱动。从道教历史发展来看，历代均有许多关于道士得道成仙的传说，并被写入《道藏》等典籍之中。这些故事或许来源于坊间传说，但同时代或后代的道士们通过将这些故事演绎和传颂，不断奠定和稳固了主人公的神圣性。换句话说，如果没有了这些超乎常人认知的异人异事，甚至是神祇的直接化身传说，就无法对道教的信众产生持续性的吸引力，也无法令道教在统治者眼中保持稳固的话语权和影响力。而在道教浩繁的典籍之中诸如此类的遇仙、成仙的故事，也不断激励着修道者们为了达到得道成仙的目的，而孜孜不倦地寻求各种有效修行途径与方法。

（二）赵法应的弟子门人

赵法应从在云台观建观修炼开始，就有门人弟子追随身旁，包括赵希真、黄鼎之、李纲、赵法洪、白志荣、罗祖高等人。这其中与赵法应关系最为紧密的弟子当属赵希真。在《云台胜纪》之中多次提到赵法应与赵希真之间的师徒互动：

> 一日，帝见庆云彩霞，幽兰清蕙，万乳天花；石露金晟之星，树有松萝之秀；仙禽奏乐，神兽呈祥。乃呼门人赵希

真等，谓曰："吾山不及他山富，他山不及吾山清。吾山冬寒而不寒，夏热而不热。三界为人，方到吾山。五世为人，方住吾地。七世为人，方葬吾境。女其识之！"①

显然，当时的门人并非只有赵希真一人，但在该书之中二人之间的频繁互动足以说明赵希真是赵法应较为器重的弟子。赵法应以能在云台山进行修行的不易，告诫赵希真等人珍惜在云台观修行的宝贵机会。赵法应去世之后，赵希真还运用扶鸾的方式沟通圣意。比如南宋理宗绍定二年（1229），赵希真通过扶鸾得玄帝召入庵内，第二天，玄帝生前所住茅庵之前久已枯槁的芙蓉树开出了娇艳的花朵，此事在《云台胜纪》中记载如下：

> 绍定己丑岁，书花现芙蓉。庵前有芙蓉树，枯已久矣。帝一日慈旨降，召赵希真人入庵。次早，只见芙蓉树上鲜花一朵，娇艳融融，香风馥馥；烟霞绕结，光射迢迤。发生春意，盖托物以示希真也②。

道士们认为这一定是玄帝以物示赵希真，展现修道的高深意蕴。赵希真遂以绝句二首，以托其志：

> 其一：不是枯枝解放花，庵前原自有烟霞。
> 　　　世人罕识真仙境，示现芙蓉长道芽。
> 其二：谪在人间几许年，肖庵来约住山巅。
> 　　　芙蓉为我开先兆，报得他时会洞天③。

---

① （明）郭元翰：《云台胜纪》卷一《启圣实录》。
② 同上。
③ 同上。

第一首诗中"真仙境、长道芽"表明云台观为修道的好地方，而第二首诗的"谪在人间几许年"则直接表明自己也是谪凡之仙人，与赵法应相约修道，期待修成之后共会于洞天仙境。以诗言志，托物喻人，是古代文人进行创作的常用方式，也是许多才情和趣志颇高的道人常用的方式。如王重阳、张三丰、白玉蟾等，均留下了大量诗作，既展现了修行者的修行境界，也寄托了他们对修道终极目的追求。

赵法应另外一个重要的弟子叫李纲，在《云台胜纪》之中所记载玄帝所降鸾书之中，将赵希真与李纲一并提及，二人应是赵法应离世之后主要住持云台观的道士。《云台胜纪》卷四《灵奕显应》之"鸾书呈瑞"提到，南宋理宗绍定二年（1229）玄帝降鸾书一律：

　　　彩云瑞露为谁来？特为真纲次第排。
　　　凤髓龙肝都割舍，痴人窃笑太常斋①。

"特为真纲次第排"显然分别指赵希真与李纲。另有赵希真所撰并刻石之碑文，记录了赵希真与李纲所见之祥瑞之兆。按该碑文所记，南宋理宗绍定二年十月初五日夜，赵希真与李纲同登拱宸楼，二人见云台观对面山间红光云气，直入本山"庆会堂侧"，实为罕见，于是"概刊诸珉石，以诏将来"②。

鸾降圣意在云台观时有发生，如玄帝要求门下道人置办庄田，以为常住物业的事情。该事件仍然发生在南宋理宗绍定二年，当年九月九日鸾降玄判："委赵希真、李纲两州行化，所施

---

① （明）郭元翰：《云台胜纪》卷四《灵奕显应》。
② （明）郭元翰：《云台胜纪》卷一《启圣实录》。

置庄，作记以纪姓名，坚珉传远，永为云台常住根本。"① 通过
鸾书，赵希真与李纲"密觇圣意"而云"法轮未转，食轮先
转"，所以置田庄物业实为"修造无穷之利，而修造成利，亦足
以威灵卫驾"②。这从另一个侧面可以看出来，道士们认识到了
道观在自身发展过程中物质基础的重要性。在此鸾书的指引下，
云台观的诸多信众为种"大福田"而捐赠大量田地。

> 说一行、段淑靖、杨余羡、潘德先、王越等，或为亲祈
> 祷，或为子祈疫，或求坊境静宁，或求五谷丰登，无不响
> 应。读勒施钱共二十三万二千余。铜山县赵珪、赵璘，舍水
> 浒陆田即泉水坝。不一月而庄遂置矣③。

当时的云台观，已经有为数不少的忠实信众进行物质性的捐
助，具备了较为牢固的物质基础。此次置办田庄的事件也被赵希
真、李纲以及里人罗祖高一起以"谨破荒置庄故事，檀姓纪诸
石"的方式勒石记录了下来。

因洪武初年蜀献王朱椿与云台观的特殊渊源，在永乐六年
（1408）九月九日，朱椿又差承奉长吏司同本州官吏至云台山，
除掉税粮，并将道观周围空闲田地永充常住。后又捐金翻盖正
殿，修建之时在原正殿之中发现赵希真、李纲以及罗祖高所留庄
田抵界的册子，其中"罗祖高奏请敕赐之书与所拨充者，若合
符节"。也即是说，宋理宗之时赵希真等人奏请玄帝以求拨充庄
田，与蜀王所赐完全相符，这自然令当时人们惊异异常，莫不感

---

① （明）郭元翰：《云台胜纪》卷四《灵奕显应》。
② 同上。
③ 同上。

叹玄帝护佑之灵。

赵法应的其他弟子之名字仅有只字片语可以看到，如《云台胜纪》卷之一"梧桐修炼……门下道人黄鼎之""铁像腾空……赵希有、李纲、赵法洪、白志荣。罗祖高等远近数千人参拜称寿"①。其中罗祖高并非赵法应的出家弟子，但从"里人罗祖高"来看，他应该是云台观重要的护法居士。除了在与赵希真、李纲共同处理云台观置办庄田的事宜之外，他还数次主导云台观祈雨仪式。《云台胜纪》卷四"甘霖应祷"中记录了宋嘉定九年、十年各处干旱，府县官员到云台观祈雨"合境士民及府、县僚属，诣中殿祈祷"，后得灵应，"甘雨如霆"。其文中小字标注："此宋罗祖高辅奏请敕赐。"② 也就是说，在地方官员、民众到云台观祈雨的仪式之中，请赐雨水的疏文是由信士罗祖高辅助观中道士上奏的。这也从侧面反映了云台观在宋代的时候就已经有了非常固定和虔诚的信众群体。

囿于相关历史文献资料的匮乏，对元代云台观道士的情况目前尚不清楚，唯有留待未来新资料的发掘以填补此缺憾。

二 明时云台观道士

自明洪武年间朱椿就藩四川成都开始，云台观进入了发展的鼎盛时期。《云台胜纪》更注重于对蜀藩王府、肃藩王府以及嘉靖、万历数代朝廷对云台观的翻修、赏赐等事迹的描述，对于道观中的主要道士并未有着重的提及。就其文所见，明代云台观主

---

① （明）郭元翰：《云台胜纪》卷一《启圣实录》。
② （明）郭元翰：《云台胜纪》卷四《灵奕显应》。

要道士有谢应玄、何玄澄、陈冲范、刘洞明、李云春、陈九仙、孟仙、宋子仙、黄畏仙、杜升仙、王云登、陈范符等人。现就以上道士名字出现之处及相关情况略一阐述。

明天顺年间（1457—1464），云台观的住持为道士谢应玄，他与徒众一起募资重修了拱宸楼。云台观拱宸楼是南宋时期赵法应募资修建的，历宋元兵燹而毁坏，天顺五年（1461）谢应玄与其徒何玄澄等募资进行了重建。

明弘治年间（1488—1505），云台观主要道士是陈冲范与刘洞明。弘治三年（1490）潼川州附近地区自立夏之后数月无雨，人民莫不惊骇。于是当地乡民共同请求云台观道士陈冲范等，"申祠祷帝"开坛求雨，终于得甘霖降下。

明正德年间（1506—1521），云台观住持为道士李云春。据《蜀王重修拱宸楼记》，正德年间拱宸楼有倾颓之势，在蜀成王朱让栩的命令号召之下，除了王府发内帑以外，包括四川省院、藩、臬等各级官员也进行了慨然捐赠，其他还有王府内的府官也进行了捐助。正是因为出资丰厚，参与人员众多，使得这次重修拱宸楼用了不到一年时间就顺利完工。而在这次重修事宜之中，承担具体事务的便是道观之中的道士们，"主持李云春率道众，咸得尽其乃心。是皆神威默感也，故不一载而楼成焉"①。

明嘉靖十八年（1539），云台观有常住道士陈九仙、孟仙、黄畏仙、宋子仙等人。据《云台胜纪》卷四《灵奕显应》之"梦清常住"所云，云台观旁苏家沟是云台观常住之地，最初交与董、高二姓分别租种，此二人向云台观交纳租粮。但是董姓租

---

① （明）郭元翰：《云台胜纪》卷四《灵奕显应》。

户从正德年间便谎称该地在洪武十四年设立中江县时，便已"州粮过县"，意图贪昧该田地。本山道士陈九仙、孟仙和宋子仙便计议上告，结果该案之中的争议经潼川府抚按司、道官以及州、县官，都没有解决。直到南昌玉罔张珩到潼川州任职。"时嘉靖十八年九月，霄梦帝披发跣足来谒，曰：'有隐卷飞粮事，为我清正之。'"① 后云台观道士宋子仙等来相告，其中转批之词与梦中俱符。张珩经过详细查阅志书，得知中江县自宋代以来就属潼川府所有，而自洪武年记录并无"州粮过县"之事。据此判决该田地属于云台观所有，永为常住。有意思的是，此时云台观的道士名字之后都带有"仙"，显然这并非道士们的俗名。那么是否在那一个时期道士名字的共同特点或者是某一个道派名字的专有字，这是一个可以在未来探讨的问题。

嘉靖三十年（1551）成王朱让栩命府官及简州御史王完启出资种植柏树十万余株，并铸钟以作记，其钟铭之中有道士杜升仙、王云登等名字。

万历十九年（1591），云台观有道士陈范符。这一年，郭元翰到云台观祈祷求子，后得偿所愿。于是他再次来到云台观，让云台观之中的道士陈范符（或为云台观住持）广泛收集诗文、碑刻以及其他各种文字材料，并经过编撰，写成了《云台胜纪》。因此，这本重要的研究云台观的史料，云台观道士陈范符也做出了重要的贡献。囿于史料文献缺乏，对于以上云台观住持或者道士的详细生平暂无法考证，或许随着新文献的发现会逐渐解开诸多疑题。

---

① （明）郭元翰：《云台胜纪》卷四《灵奕显应》。

第二节　清代云台观的法脉承续

据现有资料，对于清以前云台观道士的法脉尚无法予以确定。清以后云台观主要由全真龙门派弟子住持。基于明末清初国家社会发展整体趋于衰落，作为意识形态之一的宗教，其发展趋势也被贴上了整体衰败的标签。然而在清代，道教并未如学界所言"整体上显现出明显的衰落景象"①，而是在国家整体格局发生转变、地方社会政治文化重构的背景下，积极寻找自身发展的有效路径。从整体发展来看，经过北京白云观住持王常月的阐扬，全真龙门派仍然活跃在全国各地，呈现出"龙门中兴"的盛况，甚至在清末民初，还出现了大量新建与重修道观的风潮。来自武当山太子坡的全真龙门派道士陈清觉在四川创立了龙门派分支丹台碧洞宗，并呈现出蓬勃发展的趋势。与四川大多数地方一样，清代云台观的道士均属于龙门派丹台碧洞宗的派系，他们在与地方社会保持持续互动过程中，将弘扬道法与法脉的传承结合起来，实现了全真龙门派丹台碧洞宗在川北地区的兴盛。

一　陈清觉与全真龙门派丹台碧洞宗

明末李自成、张献忠相继起兵造反攻打四川，"崇祯十年丁丑，闯贼李自成分兵掠蓬溪，寻退去……先是贼于五月自秦州犯

---

① 卿希泰：《中国道教史》第四卷，成都：四川人民出版社，1996年，第1页。

蜀……沿途杀戮"①，云台观所在之地潼川府也未幸免："崇祯十
三年庚辰，流贼张献忠过潼川……十七年，贼陷潼川……屠戮无
遗。"②　此后李自成攻陷京师，立国大顺，张献忠则占据成都，
立国大西，以蜀藩府为宫，仍然没有停止杀戮百姓的恶行，"屠
戮益甚"。直到顺治三年，被肃亲王率师讨伐，伏诛于西充凤凰
山。张献忠所过之处，杀戮无数，致使民不聊生、十室九空，造
成明末清初四川大部分地区荒无人烟的荒凉景象，后才有"湖
广填四川"之事。四川的道士们也在这一历史灾祸下几乎逃亡
殆尽，各处道观出现无人住持的情况，四川道教发展陷入停滞，
宗教活动几乎停止。直到康熙年间，陈清觉及其师兄弟自武当山
太子坡来川，并开创了全真龙门派丹台碧洞宗，此后广传法嗣，
四川的道教才慢慢恢复并发展起来。有学者研究认为，陈清觉不
是最早进入四川传法的全真派道士③。即便如此，全真龙门派在
四川广为流传和兴盛却与陈清觉在川中创建全真龙门派丹台碧洞
宗密不可分。

　　陈清觉（1606—1705），道号寒松，又号烟霞子。湖北武昌
人，天资聪颖，少年登第为进士，入庶常，除东宫侍讲。后因勘
破官场险恶，辞官隐退，于武当山太子坡拜全真龙门高道詹太
林④为师，讲求养身之道。康熙八年（1669），陈清觉入川，先
驻足于青城山天师洞修道，将道观庙务整饬一新，后交给张清湖

　　①　（清）阿麟修，王龙勋等纂：《新修潼川府志》卷十七《纪事志》，光绪二
十三年（1897）刻本。
　　②　同上。
　　③　郭武在《全真道初传四川地区小考》中认为，全真道传入四川地区不晚于
中统四年（1263），证据是陕西终南山楼观的《大元重修古楼观宗圣宫记》碑。参见
《全真道初传四川地区小考》，《中国道教》2008 年第 4 期。
　　④　詹太林为全真龙门派第九代律师，谭守诚之徒，王常月之再传弟子。

住持，于康熙二十六年（1687）到成都青羊宫侧结茅静养①。

康熙三十四年（1695），西蜀观察使司臬台赵良璧遇陈清觉于青羊宫，敬而礼之，延入署中，促膝谈修真养性之道历数日，甚为契合。于是赵良璧于陈清觉结茅处重新修静室供其安住。陈清觉结茅处原有孚佑真君庙，赵良璧在其基址上建庵，并祀吕洞宾和韩仙，故称"二仙庵"。"肖吕、韩二公像颜，曰'二仙庵'。"②赵良璧不仅为陈清觉修建了清修的静室，而且还修建了安单和客座安室以及寮门厨舍共计二十四间房，显然是为了方便陈清觉收徒传道。更为周全的是，赵良璧还为陈清觉购置了庵旁两处土地，以作长期生养的资粮，足见其对陈清觉的仰慕之心。具体细节，在赵良璧亲撰《重修二仙庵碑记》有甚为详细的记载：

> 爰度其地，经营基址，采购木植，付彼梓人，构亭一座，竖静室三间，东西朔南，各建静室，另立安单六间，接大众也。客座三间，待随喜也，又另立安室三间，为养老之堂也，以及了门厨舍，共二十四间，前后载以竹木。又计量之所需，即于近庵处二契，其用价八千两。每年可载谷种十石，条银六两，以供本庵之道，供即一切大众，往来安单，来不拒去不追，一体供养，以浦大同之志③。

陈清觉对于赵良璧的知遇之恩是深表赞许的，他在其所撰

①　以上事迹见《龙门正宗碧堂上支谱》，四川青城山天师洞祖堂珍藏本，光绪二十四年（1898）重辑，民国三十五年（1946）续辑。
②　（清）刘沅：《碧洞真人墓碑》，载龙显昭、黄海德主编：《巴蜀道教碑文集成》，成都：四川大学出版社，1997年，第449页。
③　（清）赵良璧：《重修二仙庵碑记》，载龙显昭、黄海德主编：《巴蜀道教碑文集成》，成都：四川大学出版社，1997年，第299—301页。

《新建青羊宫二仙庵功德碑》中云：

> 今于乙亥之秋，辛遇臬台赵公，创建一静室，其名曰
> "青羊二仙庵"。所以辅翼修行，即青羊宫之别馆也。其间
> 曲折周致，安顿新奇，俱出人意表，而又多置斋粮，使存久
> 远。愚不知何幸而遇之，青羊宫又不知何幸而得大善人之护
> 持乃而也夫！……愚虽老朽，惟体赵公之心以为心，愿继愚
> 之志者，亦体赵公之心为心，世守此庵，永存善果①。

　　显然，陈清觉认为赵良璧为他修建的青羊宫二仙庵，建造设
计周致新奇，用心良苦，"出人意表"，并表示自己和后继者一
定要永远守住二仙庵，以报赵良璧的善心，留存善果。"四十一
年，赵良璧以清贤请于朝，蒙圣祖俞允，并赐以'丹台碧洞'
之额，又御书张紫阳诗章赐之。公之荣宠，可谓至矣。"② 清康
熙四十一年，赵良璧将陈清觉奏闻皇帝，钦赐御书"丹台碧洞"
并《悟真篇》，人称"碧洞真人"③。至此陈清觉名声大震，其
门人弟子以青城山为中心递相传道，广布四川各地，形成一个有
影响力的龙门支派，该宗尊陈清觉为开山祖师，称为全真龙门派
丹台碧洞宗。而二仙庵也成了西南全真道传戒的中心④。"近300
年间，青城道系全属全真龙门派丹台碧洞宗。"⑤

---

① （清）陈清觉：《新建青羊宫二仙庵功德碑》，载龙显昭、黄海德主编：《巴
蜀道教碑文集成》，成都：四川大学出版社，1997年，第297—298页。
② （清）刘沅：《碧洞真人墓碑》，载龙显昭、黄海德主编：《巴蜀道教碑文集
成》，成都：四川大学出版社，1997年，第449页。
③ 参见《灌县志》，成都：四川人民出版社，1991年，第691页。
④ 张泽洪：《元明清时期全真道在西南地区的传播》，载赵卫东主编：《全真道
研究》第四辑，济南：齐鲁书社，2015年，第25页。
⑤ 参见《灌县志》，成都：四川人民出版社，1991年，第690页。

二 云台观全真龙门派法脉考辨

陈清觉在四川创建全真龙门派丹台碧洞宗之后，弟子门人陆续住持四川各地宫观。"四川许多州县的宫观都有该宗道士作住持……该宗道士作过住持的地区和宫观……潼川云台观，潼川宝河观，潼川东岳庙，潼川三圣宫，潼川川主庙，潼川河嘴文昌宫，潼川云台场文昌宫，潼川金村场川主宫，潼川广利井真武宫。"① 清代潼川府治所为三台县，从以上丹台碧洞宗弟子任潼川府各道观住持来看，潼川府是全真龙门派丹台碧洞宗的主要分布区域。至今在云台观存有建于明代的牌坊一座，该牌坊于清代有修复，近代又重培坊基，坊额书有"丹台碧洞"四字，说明清代云台观住持道士为丹台碧洞宗法脉。（如图4-2-1）

图4-2-1 云台胜境坊上的"丹台碧洞"四字（笔者摄）

康熙年间自武当山与陈清觉同来四川的还有其师兄弟穆清风、张清湖、张清云等人，他们各住在四川各地较为知名的道观中："穆清风……退隐青城白云观，兼主眉州重瞳观；张清湖住

---

① 卿希泰：《中国道教史》第四卷，成都：四川人民出版社，1996年，第137页。

青城山文昌宫；张清云住三台云台观。"① 因此，丹台碧洞宗最早进驻云台观的道士应是陈清觉的同门师兄张清云。虽然自张清云开始，全真龙门派的道士正式进入了云台观，但到底他当时是否直接接管了云台观则不得而知。但可以肯定的是，陈清觉的嫡传弟子龙一泉实际上开建并住持了云台观："陈清觉传有弟子多人，多为各地宫观的主持人……龙一泉，开建住持三台云台观。"② 从"开建"一词来看，在龙一泉之前，云台观似乎处于无人管理的状态，那么也许当时张清云到云台观的时候，仅仅是去居住修炼。直到陈清觉弟子龙一泉进入云台观，才开始正式住持云台观并开展授徒传道的活动。

丹台碧洞宗按照全真龙门派的百字辈传承字派，具体是：

　　道德通玄静，真常守太清，一阳来复本，合教永圆明。
　　至理宗诚信，崇高嗣法兴，世景荣为懋，希微衍自宁。
　　未修正仁义，超升云会登，大妙中黄贵，圣体全用功。
　　虚空乾坤秀，金木性相逢，山海龙虎交，莲开现宝新。
　　行满丹书诏，月盈祥光生，万古续仙号，三界都是亲③。

按照这个传承，云台观在张清云、龙一泉之后应该有"阳"和"来"字辈道士。笔者从云台观茅庵殿脊檩墨书找到了"阳"与"来"字辈的道士："混元门下先天状元丘大真人龙门派十二代弟子余阳轩，徒侄□来渊、刘来元、谭来凤、龙来成、何来清，

---

①　参见《灌县志》，成都：四川人民出版社，1991 年，第 690 页。
②　卿希泰：《中国道教史》第四卷，成都：四川人民出版社，1996 年，第 136 页。
③　王卡：《诸真宗派源流校读记》，载熊铁基、麦子飞主编：《全真道与老庄学国际研讨会论文集》（上册），武汉：华中师范大学出版社，2009 年，第 65 页。

募化弟子韩复智、王复谦、张复乾、李复明。"也就是，龙一泉之后，全真龙门派第十二代弟子余阳轩接任了云台观住持之位。而余阳轩的数位徒侄则均为全真龙门派第十三代弟子，名字分别是"□来渊、刘来元、谭来凤、龙来成、何来清"。同时参与该项培修的，还有第十四代弟子"韩复智、王复谦、张复乾、李复明"。从墨书来看，他们都来自青城山，但又是余阳轩同辈师兄弟的弟子，说明在那个时候云台观与青城山有相同法脉传承。

在云台观的青龙白虎殿的脊檩有墨书题记："本山住持道李复元、任复莲，徒潘本通、刘本宁、余本忠，徒孙雷合煓、冷合英。"该殿建于明万历三十二年（1604），清乾隆三十六年（1771）培修。由此可知清乾隆三十六年道观中道士有"复、本、合"三代字辈，其中全真龙门派丹台碧洞宗第十四代弟子李复元、任复莲为云台观住持。从近年发现的云台观回龙阁牌匾落款中，可以看到在咸丰元年（1851），云台观住持为杨元（圆）珍与赵明灿。他们分别为全真龙门派十九代和二十代弟子。

云台观清同治年间有"明、至"字辈弟子。同治七年（1868）云台观三合门重新培修，并装重彩门神。门旁石墙刻有如下文字："发心装彩门神二尊，弟子石□□，住持杨明正、赵明亮、赵至斌，同治七年三月十六日吉旦。"可见当时全真龙门派二十代弟子杨明正、赵明亮，第二十代弟子赵至斌为云台观住持。

光绪十三年（1887），云台观因为一场大火烧毁了大部分建筑，不久后重修。重修完成之后，进行了立碑作传的工作，现存云台观的数通碑刻即是对当时重修过程的记录，其中部分内容被辑录于三台县方志之中。

据光绪十九年（1893）罗意辰所撰《重修云台观报销碑》

载:"本山住持龚至湖、冷理怀、杨明正、赵明亮、任理权、赵至霖、王理金、张理顺、宋宗清、戴宗科、侯宗德、李宗荣、彭宗杨、杨宗恩、万诚章、苏性端。"① 除了在碑刻之上记录的当时云台观道士的名字,现存云台观主体建筑脊檩之上也可以看到当时的道士的名字,与碑刻之中的名字完全一致。如云台观九间房的脊檩留下的当时住山道士的名字:"经理龙门正宗天仙状元二十一代孙——住持龚至湖、冷理怀、杨明正、赵明亮、赵至霖、任理权、王理金、宋宗清、侯宗德、万诚章。"

众所周知,道教的核心教义是得道成仙,以此为基础,道教逐渐发展为区别于其他宗教的神仙体系。葛洪在《抱朴子内篇·论仙》之中,分别将仙分为:天仙、地仙和尸解仙,其中最高得道者即为"天仙"。而"状元"为古代科考之中第一名,所谓的"天仙状元"乃是金阙选仙第一名之意。全真道的龙门派创派祖师邱长春有着卓越的道行与成就,因"一言止杀"和广阐全真之道的济世奇功,被称为"大罗天仙状元"。成书于清代的丹经著作《大成捷要》指出,在全真七祖之中,因为邱长春宗祖师大开普度之门,教导无数弟子得大道,被"帝"封为"天仙状元"。虽然无法明确"帝"是否为当时的皇帝,也没有找到奉敕的正式记载,但至少可以确定的是,历代全真龙门派弟子均称邱祖为"天仙状元"。因此,此处的"龙门正宗天仙状元二十一代孙"即是强调龚至湖等人作为全真龙门派玄裔弟子的正统法脉。从当时记载的道士的字号结合全真龙门派的百字辈传承字派,可以确定在这一时期,有"明、至、理、宗、诚、信"

---

① (清)罗意辰:《重修云台观报销碑》,现存云台观降魔殿内。

等六辈道士，其中第二十一代弟子龚至湖为云台观住持。

值得注意的是，云台观在这一时间内同时存在六辈弟子，足以说明当时云台观的师徒传承频率非常高，这一现象在全真道历史上较为少见，也从另一个侧面说明云台观道在当时发展的兴盛态势。

另据 1998 年《四川省志·宗教志》：

> 云台观清代以来历任主持有赵至斌、伍至忠、杨元珍、龚至福（龚至湖）、冷理怀、杨明正、宋宗清、侯崇德、彭宗杨、万诚章、陈诚中、李信敏、詹崇德、李崇岳、周诚宽①。

此处出现了"崇"字辈三人，为全真龙门派的第二十六代弟子，中华人民共和国成立之后，云台观还有第二十七代"高"字辈弟子：易高志、王高祥、赵高容、周高银②。加上前文梳理出的"一、复、明、至、理、宗、诚、信"字辈，说明龙门派从第十一代到二十七代都曾经住持云台观。

民国时期云台观住持李崇岳在四川道教界颇有名望，其生于民国九年（1920）八月十四日寅时，曾任三台县道教分会会长，先后住持保和观和云台观。21 岁时作为"侍规大师"参加了1942 年民国二仙庵举行的授箓仪式③。

近代云台观住持为詹崇德。詹崇德，俗名詹少卿，中江县烽火乡人，于成都二仙庵受戒，为全真龙门派第二十六代弟子。

---

① 《四川省志·宗教志》，成都：四川人民出版社，1998 年，第 34 页。
② 以上道士名字见 1977 年三台县安居区革委会调查云台观与精神病院的住房纠纷问题，对云台观周边群众进行调查所作笔录：《关于云台观寺庙道众房产分配情况及处理意见报告》，三台县档案馆，档号：060 - 01 - 0322 - 046。
③ 参见 1942 年《二仙庵壬午坛登真箓》，四川成都青羊宫藏。

1986 年 5 月，云台观成立道教协会筹委会，詹崇德任筹委会主任，同年 9 月，他作为云台观代表参加在北京白云观举行的中国道教协会第四次代表会议。1988 年 11 月，云台观道教协会成立，詹崇德任会长①。除此之外，詹崇德还兼任三台道教协会会长。詹崇德在书法方面颇有造诣，是三台县书法家协会会员，云台观至今悬挂的"道不外求"匾额即是他的作品，该匾额字体为行楷，线条饱满圆实、遒劲有力，是不可多得的书法佳品。

现笔者将掌握的云台观龙门派道士派系字辈整理如下：

"清"字辈有张清云；"一"字辈有龙一泉；"复"字辈李复元、任复莲；"本"字辈有潘本通、刘本宁、余本忠等三人；"合"字辈有雷合煓、冷合英二人；"元"字辈有杨元珍；"明"字辈有杨明正、赵明亮、赵明灿三人；"至"字辈有赵至斌、伍至忠、龚至湖等三人；"理"字辈有冷理怀、赵理均、任理权、王理金、张理顺等五人；"宗"字辈有宋宗清、彭宗杨、宋宗清、戴宗科、侯宗德、李宗荣、杨宗恩等七人；"诚"字辈有万诚章、陈诚中、周诚宽等三人；"信"字辈有李信敏、苏性端（苏信端）等二人；"崇"字辈有侯崇德、詹崇德、李崇岳等三人；"高"字辈有易高志、王高祥、赵高容、周高银等四人。除了"阳、来、教、永"四个字辈的道士以外，以上字派与全真龙门派字派里的"清、一、复、本、合、元、明、至、理、忠、诚、信、崇、高"相符合。虽然其中的"阳""来""教""永"四个字辈的道士名字虽在现存文献和碑刻中没有找到，但是从以上统计字辈的前后连贯性来看，基本可以肯定全真龙门派在云台

---

① 《绵阳市民族宗教志》，成都：四川人民出版社，1998 年，第367 页。

观的法脉传续是没有中断的。（见表4-2-1）

表4-2-1　全真龙门派在云台观的法脉字谱一览表

辈数	字辈	徒众名字
十	清	张清云
十一	一	龙一泉
十二	阳	余阳轩
十三	来	□来渊、刘来元、谭来凤、龙来成、何来清
十四	复	李复元、任复莲、韩复智、王复谦、张复乾、李复明　　傅复圆（现代）
十五	本	潘本通、刘本宁、余本忠　　赵本还、严本真（现代）
十六	合	雷合煓、冷合英
十七	教	郑教琳
十八	永	
十九	圆	杨元珍（杨圆珍）
二十	明	杨明正、赵明亮、赵明灿
二十一	至	赵至斌、伍至忠、龚至湖、赵至霖
二十二	理	冷理怀、赵理均、任理权、王理金、张理顺
二十三	宗	宋宗清、彭宗杨、宋宗清、戴宗科、侯宗德、李宗荣、杨宗恩
二十四	诚	万诚章、陈诚中、周诚宽
二十五	信	李信敏、苏性端（苏信端）
二十六	崇	侯崇德、詹崇德、李崇岳
二十七	高	易高志、王高祥、赵高容、周高银

综上可以看到，自清康熙到中华人民共和国成立初期云台观的全真道士已经传到了第二十七代子弟。而根据青城山《龙门正宗碧洞堂上支谱》记录，青城山全真道传承速度远远低于云台观，如青城山道教协会会长张明心道长为二十一代，四川省道教协会会长唐诚青为二十五代。笔者认为清代云台观全真龙门派丹台碧洞宗的法脉应为单独一脉传承，且传承速度高于青城山和二仙庵。

20世纪80年代全国落实宗教政策之后，原有道众陆续回到道观之中，恢复了道士身份与宗教活动。1986年5月，经过三台县委批准成立了三台县云台观道教协会筹委会，詹少卿为筹委会主任，左承元、赵理均为筹委会副主任。1991年，三台县民族宗教办公室批准詹少卿、傅复圆、李宗岱、李明荣、邹本果、邹本元、梁柱等七人为云台观正式道士。此时道士的字派有"复""宗""明"和"本"。其中傅复圆自1992年开始正式负责云台观全面工作至今。

傅复圆（1944—　　），俗名傅元法，四川省遂宁人。1976年拜李真果为师，1985年于青城山天师洞正式出家，拜全真龙门派高道彭来明为师，为全真龙门派第十四代玄裔弟子。傅复圆道长1986年到云台观修道，90年代正式收徒，其弟子们为"本"字辈，是全真龙门派第十五代。这一字辈并不接续中华人民共和国成立初期云台观的全真法脉，而是从青城山彭来明一脉传下。另外，经笔者访谈傅复圆道长得知，他在未正式出家之时已拜李真果道长为师。如今傅复圆及其弟子认为他们的道派并法脉同时也有李真果一脉的传承，而该宗派源头可以上溯至轩辕黄帝，所以他们自称"轩辕黄帝派"。考轩辕黄帝姓公孙，因生于轩辕之丘，故名轩辕。长于姬水，又以姬为姓。国号有熊，号有熊氏。以土德王，故称黄帝。生而神武，禀质异乎常人。"时神农氏衰，诸侯相侵伐，炎帝榆罔能让，帝乃让不享。及蚩尤倡乱，帝会诸侯与战于涿鹿之野，擒而戮之。诸侯宾从，尊为天子。"[1] 轩辕黄帝和炎帝共同被尊为华夏族的祖先。查日本学者小柳司气太所写《白云观志》中"宗派源流目录"[2]，并未见有轩辕黄帝派，因此这一道教宗派迄今并未有文字记载，其存续情况现无所知。

第三节　云台观科仪

一　云台观日常科仪

清代至近代的四川全真道在其发展过程中，除了一方面保持全真道注重全神清静的修行路径之外，在经忏仪轨方面逐渐与活跃于民间的火居道坛相互影响，形成了两大具有影响力的科仪派别。一是由陈复慧开创的广成坛，一是由刘沅开创的法言坛[3]。陈复慧（1734—1803）是清代青城山道士，曾住持温江龙盘寺，他除了校正《广成仪制》之外，还著有《雅宜集》。四川近代以来大部分道教宫观在举行斋醮科仪的时候均使用这两本科书，所

---

① 冯玉祥：《轩辕黄帝之碑》，载龙显昭、黄海德主编：《巴蜀道教碑文集成》，成都：四川大学出版社，1997年，第554页。
② ［日］小柳司气太：《白云观志》，日本东方文化学院东京研究所藏版，1934年（昭和九年），第109页。
③ 民国《温江县志》第二册卷四，民国十年（1921）温江县修志局镌刻本，第37页。

以至今以青城山和青羊宫为中心的四川全真道观仍然沿袭并使用广成仪制的仪范。现代云台观的高功均是在青城山道教协会组织的高功培训班上进行培训学习相关科仪，其所用法本来自二仙庵刻本，所以云台观的醮仪亦采用广成仪制。

云台观的日常功课包括早晚功课与朔、望功课。云台观的早晚功课所诵为《太上玄门功课经》，此经分为三个部分，包括序言、早坛功课经和晚坛功课经。云台观所用经书经文为梵夹本，封面覆黄绸布或蓝绸布，正面以黑框宣纸繁体竖书《太上玄门早坛功课仙经》，背面繁体竖书《太上玄门早坛功课仙经》。文前有序言，首先阐明丛林之中精勤的焚香朝礼与讽经诵咒是修仙必经之路；其次认为诵经是住丛林的规范，可以令修道者积累福报、远离灾殃；最后指出诵经的注意事项和先后顺序，要求诵经者必须首先斋戒和严整衣冠，诚心定气，"务在端肃，念念无违"，并且要严格按照"先念步虚，后诵咒章"的顺序进行。

云台观早晚功课均在玄天宫进行（如图4-3-1）。

图4-3-1　云台观晚课（笔者摄）

行功课时，道众整肃衣冠鱼贯进入坛场站立供桌之前，坛桌之上已依次摆放好功课所用乐器。云台观法事所用乐器皆为击打类乐器，其中包括鼓、钟、镲（铰子）、铛子、碰铃、磬、三清铃、二心和木鱼等。各乐器在整个仪式过程中相互配合进行演奏，辅助经师诵唱，音声相合，呈现出一场完整的早晚科仪。其中鼓为最主要的乐器，无论是早晚功课或者重要的法事，鼓师通过鼓主导整个法事的整体节奏，特别是在重要法事的时候，更要根据高功的动作和唱诵随机应变，通过预测高功下一步的行动而提前有所准备。因此鼓师需要熟悉整个科仪进程以及高功的行法过程，是整个法事过程中非常重要的角色。另外，云台观的鼓师同时也要负责吊钟和镲。

功课开始，由主经持引磬三击，司鼓三击，所有道人顶礼并三拜九叩，各取法器立于坛桌之前。主经击木鱼60声，其声缓急相间，并在木椎起落之间，默念诸真名号。主要内容为"起三落四滚五"，所谓"起三"指每一锤落一三清名号，即"玉清圣境元始天尊、上清真境灵宝天尊、太清仙境道德天尊"；"滚五"是默念五行金、木、水、火、土。之后再"缓打三阵，每一阵十六椎"，每一椎依次默念："黄、中、理、炁、统、摄、无、穷、镇、星、吐、辉、流、炼、神、宫。"最后结尾交大钟四椎，为"落四"，也就是指落四御名号，即"勾陈天皇大帝、北极紫微大帝、南极注生大帝、承天效法后土皇地祇"。

木鱼之后主经开始领诵经文。经文是由主经赞——"澄清韵"开始，接着三称三举"大罗三宝天尊"，接着道众分别以引磬、铛子、木鱼、鼓等乐器伴奏共同唱诵"提纲"：

　　　灵音到处，灭罪消愆，宝号宣时，扶危救难，将当有开坛，演教之偈，仰劳道众，随声应和。

次诵"下水船"①：

　　救苦天尊妙难求，身披霞衣累劫修。五色祥云生足下，
九头狮子导前游。盂中甘露时常洒，手内杨柳不计秋。千处
寻师千处降，爱河常作度人舟。诵经功德不思议，孤魂滞魄
早超升。

在唱诵此段经韵过程中，每一句第三、四字会有拖腔和重
复，重复后转提一个音阶，并加入"哎、嗨"等间词，如第一、
二句完整吟唱出来为："救苦啊~天~尊哎~哎~，天尊哎嗨哎
嗨哎妙难求。身披啊~霞~衣哎~哎~，霞衣哎嗨哎嗨哎累劫
修。"在唱第二个"天尊"和"霞衣"之时，提高音阶并加入铛
子。此段经韵之后由主经单独唱"大启请"，乐器仅用三清铃，
内容为：

　　种种无名是苦根，苦根除尽善根存。但凭慧剑威神力，
跳出轮回五苦门。道以无心度有情，一切方便是修真。若昄
圣智圆通地，便是生天得道人。

主经诵完之后，众人共唱"宝经未开先持玄蕴伏魔神咒大
众谨当持诵"。此后进入开经偈，仅用木鱼伴奏，一字一椎，节
奏明快简洁：

　　寂寂至无宗，虚峙劫仞阿。豁落洞玄文，谁测此幽遐。
一入大乘路，孰计年劫多。不生亦不灭，欲生因莲花。超凌

_____

① "下水船"为词牌名。

三界途，慈心解世罗。真人无上德，世世为仙家。

正式经文亦用木鱼伴奏，依次念诵经文。早课念诵《太上老君说常清静经》《太上洞玄灵宝升玄消灾护命妙经》《太上灵宝天尊说禳灾度厄真经》与《无上玉皇心印妙经》。经文念诵之后，称圣号"玉清号"以及念"上清诰""太清诰""弥罗诰""天皇号""星主号""后土号""南极号""北五祖号""南五祖号""七真号""普化号"。念完上述圣号之后，除了朔望日加诵"祝圣文"之外，平日早课均诵"灵官神咒"。

晚课则念诵《太上洞玄灵宝救苦妙经》《元始天尊说生天得道真经》《太上道君说解冤拔罪妙经》，在念诵圣号过程中，每一个圣号伴一个磬声。三经诵毕，念诵宝诰，包括"斗姥诰""三官诰""玄天诰""天师诰""吕祖诰""萨真君诰""王灵官诰""救苦诰"以及"反八天"。继念"解厄真言"，祈请三官大帝分别解天地水三厄，五帝解五方厄，四圣解四时厄，南宸解本命厄，北斗解一切厄等，真言之后唱诵"报恩诰"。

早晚课法事接近尾声的时候，唱诵"小赞韵"和念"回向偈"，接着念"土地咒"：

经坛土地，神之最灵。升天达地，出幽入冥。为吾关奏，不得留停。有功之日，名书上清。向来诵经功德，上奉高真，下保平安，赐福消灾同赖善功，证无上道，一切信礼，志心称念，太乙救苦天尊，不可思议功德。

之后唱诵"三皈依"：

志心皈命礼，无上道宝，当愿众生，常侍天尊，永脱轮回；众等志心皈命礼，无上经宝，当愿众生，生生世世，得闻正法；众等志心皈命礼，无上师宝，当愿众生，学最上乘，不落邪见。

唱完皈依之后，钟鼓磬交错齐鸣，道众三叩九拜主神，经师两两相对行礼，在磬的引领之下，经师退殿。早晚课的最后，主经燃数张金裱纸（金裱纸较一般纸钱更大，焚烧给众神，以示尊重）于殿外火盆，敬祀参加晚课的众神。堂中寮板三击，同时双锤击鼓，依次念"雷声普化天尊"，并默念鼓文三遍之后，用鼓槌将鼓边打三下，念"闻钟声烦恼轻，出地狱离火坑，愿成道度众生"，结束时接殿外大钟，同样三遍钟文。最后数声渐次减弱至结束，整个功课结束。在早课结束时和午时，还会进行供饭仪式，一般由一人完成，在主坛三个杯子中供奉干净新鲜的一饭一菜一水，念诵净天地咒、土地咒和供养咒，念完之后敕饭、敕水与撤食，最后结斋送神，整个仪式时间较短，约5—10分钟。

在朔望日，云台观的早晚功课有部分调整，即增加"大皈依"和"祝寿文"上表。除了前述功课内容相同之外，会将平时功课结尾处的"皈依"换成"大皈依"，同时将"祝寿文"放在"小赞韵"之后"回向偈"之前。现将"大皈依"与"祝寿文"辑录如下：

志心皈命礼，太上（师道经）宝十方诸天九十九亿九万九千十方国土历劫度人清净真一不二法门本师教主，十方常住道宝宝珠说法元始天尊，十方常住经宝玉宸道君灵宝天尊，十方常住师宝混元皇帝道德天尊。

伏以，高高碧落缘宝烛以升闻，渺渺大罗俯丹衷而上

叩，恭焚真香，虔诚供养，虚无自然大罗三清三境三宝天
尊，白玉京中四御四皇上帝，高上神霄九宸上帝，十方太上
灵宝天尊，诸天上帝诸后元君，南宸北斗河汉群真，三官五
老四圣真君，扶桑大帝五岳之神，玄门启教南宗北派五祖
七真。

除此之外，塑望日的晚上还有随堂施食，主要是施食给五音
男女十类孤魂等鬼道众生。

总之，云台观的经韵赞诵有着独特的音韵，其以打击乐器为
伴奏，通过唱诵与念诵，将经文内容呈现出来。在唱诵时，音韵
高亢婉转，注重音调的承转起合，特别是称颂圣号会以重复和提
韵进行强调；在念诵经文时则以木鱼敲击节奏，语调平和短促、
简洁利落。整个过程中唱诵以主经为引领，协调完整，各乐器以
鼓点为中心，相互配合，毫不拖泥带水，展现出广成韵在唱诵伴
奏上的简练与优美并存的独特风格。

二　云台观施食利幽科仪

除了日常科仪之外，根据道教的传统，云台观在每个月中都
有相应的法事。如正月的上元日法会、二月的文昌圣诞、三月的
玄天上帝圣诞、七月的中元法会、九月初一至初九的九皇会、十
月的下元法会、腊月送迎太岁法会等。这其中，较为隆重的便是
道教庆祝三官大帝诞辰的三元法会。

道教之中有司掌众生祸福的三官大帝，他们分别是天官、地
官和水官。三官各有司职，并在农历特定的日子里给众生不同的
祝福和护佑。每年农历元月十五是上元日，可祈求天官赐福；七

月十五是中元日，可祈求地官赦罪；十月十五是下元日，可祈求水官解厄。云台观在每年的三元日都要举行庆祝道教三官诞辰并进行祈福赦罪解厄的祈愿法会。对于云台观而言，中元法会是其一年之中较为重要的宗教活动，且具有川西流传的全真道教典型的广成法坛特色，并带有云台观自身的经韵吟诵特点。

一般情况下，云台观的中元法会至少连做五天，举行的时间通常在每年农历七月十一到七月十五的五天时间内，如果遇到戊日，按照道教"戊不朝真"的原则，则在戊日那天停做法事。法会开始之前，道观会进行一系列的准备工作，道士们的工作繁忙而有序。道士们各司其职，除了向信众发布法会公告之外，还要全面清扫殿堂、摆放法桌，准备祭品，制作和书写诸神牌位，准备受生钱等等。还受生钱是道教世界观中的一种较为重要的观点，在道教经书《灵宝天尊说禄库受生经》中指出：一切众生皆命属天曹，身系地狱，投得人身之日都向地府所属冥司借贷了禄库受生钱财，在世之时如果还清了阴债，则能得富贵健康。而那些贫苦之人是因为欠下了累世的阴债未还，为了能让他们获得富贵安乐的生活，道教劝诫他们除了行善积福之外，还要把在阴间欠的阴债还掉。最直接的办法就是在中元法会这种重要的法事中，通过道士们代为焚化纸钱，寓意着偿还受生钱。

云台观中元法会流程：

第一天：开坛启师、申发三界、灵主正朝、东岳正朝、关召开方、款驾停科。

第二天：正启三元、度亡转咒、正申十王、血湖正朝、救苦正朝、送灵化帛、款驾停科。

第三天：救苦正朝、申启城隍、正申酆都、关召开方、款驾停科。

第四天：朱陵黄华、度亡转咒、东岳正朝、正申十王、血湖正朝、款驾停科。

第五天：天曹正朝、供祀诸天、圆满践驾、施食利幽。

每一朝仪式基本人数 9 – 10 人，包括高功 1 人，司鼓 1 人，经师 6 人，信人（或斋主）1 至 2 名。

"施食利幽"是道教较为重要的一个科仪，其主要内容是通过仪式对亡魂进行施食和超荐，使沉沦苦海的亡魂能够倚仗道教天尊的慈悲之力而获得解脱。"施食利幽"也称为"利幽度亡"。该仪式所用科本为成都二仙庵刻《广成仪制铁罐斛食全集》，仪式由邹本果道长为高功。邹道长为坤道，是云台观副当家，1988年皈依，1995 年受戒，分别于青城山和二仙庵进行高功培训，她也是云台观资历最老的高功。这一场法事是中元节最后一场法事，也是最为重要的一场法事，所以一般情况下都由邹道长主持。

1. 科仪准备

首先需要提前布置坛场。因为"施食利幽"需要在天黑以后方能进行，所以坛场布置需要在天黑之前完成。坛场坐北朝南，搭建在玄天宫右侧大门外空地之上，坛场背靠玄天宫关闭的门扉，面朝南方用两个长条桌拼成供桌，上覆绣有"玄天佑圣观"的绸布。供桌后部搭高台，高台搭红色绸布，是高功所处位置，法桌上放置高功行法时所使用的法器与科本。法器包括三清铃、香炉、净水杯、一碗米和令牌。供桌前部放置"太乙寻声求苦天尊"神位，供奉鲜花、贡果、香炉、蜡烛。左右两边放置钟、磬、铃、木鱼等乐器，两班经师分坐桌两边，高功站在高台之上，主持整个法事。高功旁边还有"二科"，辅助高功行法。云台观"施食利幽"科仪要使用几种阴法事才有的法器：海螺（招魂）、三清铃（摄魂）、引魂幡（引魂）。在行法时，高功采用讴腔，声音婉转凄凉，使整个法坛充满悲怆的氛围。

2. 上香洒净

法会开始，道众整肃衣冠，鱼贯进入坛场。人数共计 11 名，其中高功一名，经师 8 名，二科 2 名。二科与经师分别入场，分别立于法桌两侧，鼓师鸣鼓开坛，钟磬齐鸣。高功入场上香，经师以较为低沉的声音齐唱：

> 稽首先天一炷香云缭绕遍十方此香愿达青华府太乙天尊，稽首先天二炷香云缭绕遍十方此香愿达朱陵府十方灵宝尊，稽首先天三炷香云缭绕遍十方此香愿达黄华府道场诸圣众。

上香时高功脚踏罡步，存思默运。

上香毕，执事者各执其事，鸣金三匝，鼓发三通。二科念：

> 金鼓齐鸣后，十类孤魂惊。请师登宝座，说法度幽魂。

念毕请高功升座。高功首先拈香，进而左手持水盂，右手掐诀加持净水，以令牌于水盂上书讳，加盖金光篆。其次右手持五个火煤子，进行同样的洒净加持。之后，将火煤子点燃，按照东南西北上等五个方位以火凌空书写符文，此处的五方代表五方五帝，他们分别是东方青帝青灵始老九炁天君、南方赤帝丹灵真老三炁天君、中央黄帝玄灵黄老一炁天君、西方白帝皓灵皇老七炁天君、北方黑帝五灵玄老五炁天君。接着洒净五老冠，五老冠是做法事时戴在头上的半合围头冠，上有五瓣莲花，莲花上分别绘有五方五老神像，两边垂有剑头长带，一般绣有符文。

在为五老冠加持之时，高功起"东极青华"，众人接唱：

> 东极青华妙严宫，紫雾霞光彻太空。千朵莲花映宝座，九头狮子出云中。丹台宝笈开南府，玄范垂章破北酆。唯愿垂恩来救苦，人天净土路遥通。

接着，高功头戴五老冠，取净米一碗，右手持碗，左手结诀，符咒加持，继以令牌于米碗之上书讳，加盖金光篆，并洒法水，抓少许米撒出法坛。

3. 唱诵《黄箓斋》与宣科

高功白：

> 太上立教说法，众生悉皆闻知。慈风浩荡透硖石，哀悯幽魂出离。闻法昭彰，句赞坛中，忏礼希夷。十类孤魂尽皈依，今宵黄箓妙偈。

鼓师起，高功起"黄箓斋筵临妙宫"。

众人接唱《黄箓斋》：

> 黄箓斋筵临妙宫，青城山下说原因。张氏丽华曾造罪，三官拷较甚分明。丈人观里求忏悔，哀告黄冠李若冲。经卷未完离地府，速登云路早超生。一片贪嗔痴，到底返成苦海。大慈方成教，今宵得遇慈航。南辰光芒北斗明，犹闻窗下读书声。孤魂万里复归去，空负洛阳花满城。太上大道君，位列无何乡。宝光真童子，下履九幽房。悲哉孤魂众，拔度痛哀伤。二十四门户，咸令闻宝香。明灯照长夜，永消黑薄硖。大慈大悲，寻声救苦，无上慈尊。

《黄箓斋》记录了蜀后主孟昶之妃张丽华之魂被拘于青城山
丈人观，后被道士李若冲通过设黄箓斋念诵《九天生神章》，将
张丽华之魂超度了。因为这个传说因缘，所以在道教度亡科仪里
面都要诵读《黄箓斋》。

众人颂完《黄箓斋》之后，高功白：

> 伏以，天阶夜静，人市更残。金乌已坠于西山，玉兔将
> 升于东海。银河耿耿，乃分昼夜之期。宝篆飘飘，实判鬼神
> 之际。一声圣号，彻开地狱重城。三炷真香，奏启云霄列
> 圣。（磬）密运真香，虔诚上启。……

接着颂"东极青华教主太乙慈父救苦天尊"等诸位救苦神
祇名号，每一声圣号合一磬声。圣号之后，高功念：

> 兆闻，开天辟地，三皇五帝以茫茫；亘古传今，四生六
> 道而滚滚。不假拔度之功，曷遂超凌之果。孝信人等切念幽
> 魂之孤苦，设放云厨之法食，赈济九幽梵魂，拔度三途滞
> 魄，俱有济炼文函合行宣读。

念毕，由提科将疏文取出对坛进行宣读。其文首先将法会举
行事由和目的进行疏告：

> 嗣教邹本果，谨疏为庆祝中元圣会冥阳普福超度亡魂以
> 利生方。

其次陈述参加法会的人员：

> 中华人民共和国四川省绵阳市三台县郪江镇福地云台
> 观……弟子傅复圆、严本真右领阖观乾坤道众，洎合会善信
> 人等，是日沐浴焚香虔诚叩乾元造意者……

在陈述法会举行的缘由之后，虔诚祈请"东宫慈父太乙寻声救苦天尊青玄九阳上帝"慈悲护佑，"于幽界开其生门"，指点迷津，并保护众弟子"家门清泰，人眷平安"。

4. 引魂

疏文读诵完毕，高功念：

> 妙协云囊启紫庭，玉符金简度幽冥。若超苦爽凌仙界，请诵生天救苦经。

众人诵读《太上洞玄灵宝救苦妙经》，诵经以木鱼为节奏，一字一木鱼，一圣号一磬声，并在这个过程中将疏文进行焚化。当念到"下方真皇洞神天尊"之时，高功摇三清铃，众人分别于法坛上坐下，接着同念追魂咒七遍：

> 唵卑班，急金急，金金急，金革来临，速来临，降来临，急来临，降来临，飞来魂，摄，来临法会。

念时，高功左手持引魂幡，右手掐诀，并以三清铃沾净水于引魂幡之上书符咒。

追魂咒念毕，高功白：

> 太微回黄旗，无英命灵幡。摄召长夜府，开度受生魂。

起身念："志心召请……"

众人合唱：

> 志一心召请，东方世界，青衣童子下瑶阶。手执青幡来接引，引将魂来，引将魂来。

在唱念过程中，吹响法螺，高功起右手执引魂幡于东方挥动。接着依次念南方赤衣童子手执赤幡、西方白衣童子手执白

幡、北方黑衣童子手执黑幡和中央黄衣童子手执黄幡来接引众鬼
魂。高功亦分别于南、西、北和中间挥动引魂幡，最后以"灵
幡摄召天尊"圣号结尾。

高功念：

> 施食功德利两途，五灵梵语嘿庚呼。

提科念：

> 幽乡有滞同开泰，化逐丹丘不夜都。

高功念："太上敕下开酆都真言众当持诵"，众人共诵开酆
都真言。念毕，高功念：

> 猛火焰焰烧铁城，铁城内面有孤魂。

提科念：

> 若要孤魂离幽界，讽诵生天救苦经。

众人共念《太上救苦经》的后半部分，颂时仍以木鱼为节
奏，一字一木鱼，念诵自：

> 道言：十方诸天尊，其数如沙尘，化形十方界，普济度
> 天人。……

至

> 尔时，飞天神王，及诸天仙众，说是诵毕，稽首天尊，
> 奉辞而退。

该经文以五言韵文写成，经常于济幽度亡科仪中读诵，通过
赞颂太乙救苦天尊救拔众生脱离迷途，超出三界，解脱生死，免

遭苦难，体现了道教济幽度厄的基本教义。

5. 破地狱

念颂《太上救苦经》毕，鼓声起，众乐响起，高功手摇三清铃起吟唱"破地狱词"，众人接声共唱：

> 茫茫酆都中，重重金刚山。灵宝无量光，洞照炎池烦。九幽诸罪魂，身随香云幡。定慧生莲花，上升神永安。

唱完之后，开始念"破酆都离寒庭咒"，其内容为：

> 功德金色光，微微开暗幽。华池流真香，莲盖随云浮。仙灵重元和，常居十二楼。急宣灵宝旨，自在天堂游。寒庭多悲苦，回首礼元皇。女青灵宝符，中山真帝书。一念升太清，默念观太无。功德九幽下，旋旋生紫虚。

以上念毕，进行"破酆都"，即破十八狱。道教之中，人去世后的亡魂最主要去处便是十八层地狱，每一个地狱有一个阎罗王值守，对亡魂进行审判。十八层地狱之中均为极苦之地，亡魂在其中受尽苦难。破十八狱正是本法会最重要的一个环节，即通过打开地狱之门，放亡魂出来享受施食。"破酆都"从第一狱开始：

> 东方玉宝皇上尊、皇上天尊，风雷地狱拔度亡魂。十方灵宝救苦尊、救苦天尊。唵哑吽，吽哑唎，吽吽吽。东极宫中，破开酆都第一层。……

一直到第十八狱层层冲破，主要内容是祈请诸天尊加持。所祈请的诸天尊名号如下：东方玉宝皇上天尊、南方玄真万福天尊、西方太妙至极天尊、北方玄上玉辰天尊、东北度仙上圣天尊、东南好生度命天尊、西南太灵虚皇天尊、西北无量太华天尊、上方玉虚明皇天尊、下方真皇洞神天尊、九幽拔罪天尊、法桥大度天尊、大慈接引天尊、朱陵度命天尊、慈航苦海天尊、青帝护魂天尊、白帝滞魄天尊、转轮圣王天尊。以上一共十八位道教神祇，祈请他们与十方灵宝救苦天尊一起破开每一层地狱。

众人在念诵每一个圣号之时，均有一位经师重复一句圣号，并击磬一声。在众人念诵之时，高功于法台上，撒米于案上，左手掐诀，右手持令牌书讳。至众人念到"吽吽吽"与"破开酆都第＊层"的时候，均用令牌在讳上点三点，此时法螺响起，召请亡魂。在破每一狱时，高功均掐不同的诀，并密念咒，默运存思，九幽十类均被光明朗照。

6. 召请、开咽与施食

在众人念毕"破酆都之后"，齐奏乐唱"超凌仙界天尊"，乐停。高功右手摇三清铃，吟诵《小叹文》：

> 伏以，阴阳首判，清浊肇分，尧天荡荡。……五音苦爽，六道幽灵。黄壤未沾新化雨，红尘不改旧家风。

叹文指出世事无常，岁月风云变幻，家国兴亡如梦幻，多少生灵亡魂凋落流离，苦楚无尽。这其中的内容实际是一种劝告，也是一种感叹，其中所表达的是对生死存亡的一种旷达的认识，正如："三寸气在千般有，一旦无常万事休。"高功在吟诵之时，运用了"讴腔"的表现方法，其声低沉，其音悲凉、哀婉。这样一种女声，再结合吟诵内容，给人心灵以一种深深的触动，令人生起对生死无常的感触，以及对于无限受苦生灵的同情之心。

高功诵至：

今宵斋主发慈悲愿，真人启无上妙道，修建九幽之斋筵，赈济三途之鬼趣闻今一声之召请，勿辞千里以来临。恭对长空称扬大偈。

二提科一人一句分别念：

前亡后化众孤魂，有主无依恐不闻。星月蒙蒙笼古道，细雨飘飘罩荒村。可怜白骨堆黄土，空忆新尸葬旧坟。此夜好承功德力，花幡召请望来临。

正式召请鬼魂来临。众人同念召请文，文中念诵各路孤魂之名，既包括尧疆之外、禹甸之中众鬼魂，也包括佐国文贤与安邦武士众鬼魂，还有琳宫羽士和杖履袈裟众鬼魂，以及因为各种原因死亡的数十种鬼众。除此之外，还召请包括"地盘业主……有主承，无祭祀。……有主无依……"等各路孤魂野鬼，通过召请文将它们一一接引请来，享用施食。在众人的念诵之间，伴以吹奏法螺召引。

如此召请完毕，祈请太乙救苦天尊。提科念：

天尊圣号妙无穷，应化如神顷刻中。杨柳枝头甘露洒，祥光照处破罗酆。

众人念太乙救苦天尊圣号：

青华长乐界，东极妙严宫，七宝方骞林，九色莲花座，万真环拱内，百亿瑞光中，玉清灵宝尊，应化玄元始，浩劫垂慈济，大千甘露门，妙道真身，紫金瑞相，随机赴感，誓愿无边，大圣大慈，大悲大愿，十方化号，普度众生，亿万劫中，度人无量，寻声赴感，太乙救苦天尊，青玄上帝。

高功与众人共宣"十伤符","十伤符"是用灵宝解"刹伤、自缢、溺水"等十种枉死,在念的同事由提科化符纸。接着,高功念:

> 天尊符命下丹台,童子传言地狱开。

提科念:

> 燦燦神华辉夜府,幽魂拔出九泉来。

众人齐诵圣号"超凌仙界天尊"。高功摇三清铃,继续以讴腔吟诵《大叹文》:

> 伏以三途罢拷,六道临坛。……饥寒难忍,泪泪汪汪。

音调与前《叹文》一样低沉凄婉,表现出对幽魂的哀愍之情。诵至"泪泪汪汪",转诵为念:

> 苦楚伤情。可怜可怜,哀哉哀哉。……仰仗道力,宣扬秘咒。

如果说前部的吟诵表达了哀叹之情,那么后面的念白则为一种劝告,希望众幽魂不要再执着痴迷,而应该仰仗道力,希求解脱。

众念《咽喉咒》:

> 悲哉苦魂众,热恼三途中。猛火入咽喉,常生饥渴念。……我今传妙法,解除诸冤孽。闻诵志心听,冤家自消灭。

众人念时,高功右手持糖果、花生等物,默念咽喉咒七遍,左手开咽喉符,继以三清铃沾法水加持食物。加持食物之后,将盆中诸物撒出,表明用这些食物施舍给来到法坛的幽冥众生。

在施食之后，高功念：

东极宫中太乙尊，玉清应化启宗门。

提科接：

今宵大演慈悲法，普济河沙众鬼魂。

高功与众人共唱：

修设斋筵，大慈因缘起。救苦天尊，化现云端里。接引众生，脱离诸苦趣。不违本愿，来赴今宵会。赈济孤魂，早得生天去。

高功四言，众人五言，以相间隔，所用语调与前又有所不同。此处语调高亢洪亮，带有高声宣告之意。在这段高声唱诵文中，对不同的鬼众分别进行了宣请，其中包括枉死投河等八种伤亡鬼众、修行炼真羽士仙灵、佛家修行僧尼幽魂、为国捐躯军卒孤魂、忠臣将帅幽魂、鳏寡孤独懒惰饿死等二十一种幽魂众生。在道教里，因鬼道众生不仅遭受饥饿之苦，而且也无法喝到水而处于干渴状态，所以在施食之后又请他们前来享受"甘露味"。其后高功念诵"特开济度之筵，大启慈悲之法，听吾加持，受沾法食"等语并进一步请亡魂享用法食。

高功念"清凉甘露天尊"，提科接念：

玉诀应化甘露食，普施河沙众鬼神。

表白：

愿皆饱满舍悭贪，脱化人天生净界。

高功念：

汝等鬼神众，吾今施汝供。

众人念：

一粒遍十方，河沙鬼神用。

提科念：

常乐天官不夜春，普施甘露济群生。

表白：

顿悉尘埃归正道，法众调诵五厨经。

众人齐声念《五厨经》，该经本为老子所说经书，本为阐述修身之要。通过让五脏充满道气，五神静正，则有助于神气静笃。后世道教进一步将"五厨"具象化，并转化为饮食之象征，放在了施食的科仪之中，表明对于鬼众的食物的施舍。

念完《五厨经》之后，击鼓点数下并奏乐为间隔，高功念：

奉请变食神王、变食小吏，变此法食，遍满天地，自然天厨食，普及于一切，神魂饥渴者，尽沾甘露味。奉请东王公、西王母、太乙天尊，降甘露，三天无量食，充满法界中，济汝饥渴者，清静无量身，饥虚生饱满，热恼得清凉，一切饥渴者，同登极乐界。

念毕，高功称念《咒枣偈》，对"人伦、仙子、魔灵、恶鬼、地狱、畜生"等众生，"吾今施汝供"，众人接念"一粒遍十方，河沙鬼神用"。高功念：

自然天厨食，吾今为加持。一粒遍十方，河沙鬼神用。饥渴永消灭，食之赴瑶池。今将献幽魂，功德不思议。

高功举"超生脱化天尊",提科接:

普施甘露济沉幽,十类孤魂归善侍。自此仙神生净土,
蓬莱仙境好遨游。

7. 皈依说戒

接着,将为鬼众授三皈九戒。众人奏乐共举"超生三界天
尊",高功念:

向来宣行斛食,并已周圆妙用,端严真神澄正,湛湛性
天现出,本来面目明明,心镜看破自己元神,将反生于人
道,即进品于仙阶,回光返照,证果成真,须当皈依三宝,
然后听说九戒,超生净土天尊。

提科念:

玄元阐化道经师,普度人天衍大慈。接引孤魂归净土,
志心礼叩莫迟迟。

高功分别念"第一皈依,无上道宝""第二皈依,玄上经
宝""第三皈依,太上师宝",每念一句皈依,敲击令牌一次,
以示。提科分别念诵皈依道经师三宝的功德,即能够仰仗三宝之
力,消除罪障,不堕地狱恶鬼畜生。念毕高功宣告:

汝等诸仙子众皈依三宝已毕,从今万罪消除。……常享
天堂之乐。

接着高功为众鬼魂说戒律,提科念:

祖师真机秘法传,玄微普济度人天。坛下仙子来参受,
须听真师说戒言。

　　戒律一共有九条，由高功念戒名，提科念戒律要求，包括孝顺父母、克勤忠君、不杀众生、正身不淫、仗义不盗、忍耐不嗔、诚实不诈、谦虚不骄、专一奉戒等九个方面。每念完一条戒律，便问："汝等仙子，可能持否？"众人答"天上人间，信受奉行"。

　　说戒之后，众人同吟唱《太上救苦生天宝箓》，此唱诵语调缓慢，以木鱼为节奏，内容为昭诰三元九府一百二十曹五帝考官酆都主宰阎罗诸司五岳灵山重阴九磊城隍社令等各属冥司一切威灵，凭此符命拔度救亡，各处消除罪簿不得拘留等，最后念诵"一如诰命风火驿传"，念毕将宝箓与黄表纸一同焚化。

　　8. 送关、回向与焚化纸钱

　　此后众人奏乐共吟诵偈："万里悲号实可哀，五音苦爽丧泉台……"接着举"广度无量天尊、法桥大度天尊"。众人共念诵《元始灵书中篇》，其中包括东方灵书、南方灵书、西方灵书和北方灵书。念毕，高功宣召各变食神王、持宝箓将军以及地道功曹等，"是日所备法食品馔，均垂歆受承，领符箓护送魂仪，具有关文，合行宣告"。提科念诵护送关文并焚化掉，这表明凭借此关文才可以护送鬼魂，通过各个关口而最终被超度往生南宫。焚毕高功念：

　　　　关文宣示，神听必从，就法坛用凭火化，护送十方孤魂往生南宫，生天脱化，教有真言，羽众加持。

　　众人念"魂神澄正，万炁长存。……功德满就，飞升上清"。共举"升天得道天尊"之后，高功念：

　　　　伏以饿鬼道中，久随尘沙之劫，爱河岸上，难瞻天日之

光。若非太上留此因缘，安得汝等离诸苦趣。……随愿超升
法侣慈悲，同音赞咏。

念毕，众人同奏乐念诵各天尊奉送孤魂，其中东极宫青华府
太乙救苦天尊送第一程，南极宫朱陵府火炼丹界大天尊送第二
程，西极宫黄华府生天得道大天尊送第三程。每一程念至"送
孤魂上朱陵"，吹响法螺招魂。念诵完，高功念：

　　伏以三阳济炼，最上妙缘，承斯神力，普济幽魂。……
一切有情，同登道岸，志心称念，生天得道天尊。

法会渐进尾声，高功念诵送亡文：

　　向来济炼功德已遂云周，九玄七祖以超升，四生六道而
脱化。……今宵追荐后，孤魂早超升。

继续称念：

　　承功脱化天尊，不可思议功德。

接着回谢，提科念：

　　元始传言地狱开，无鞅数众自天来。今宵大演慈悲法，
礼毕还当下宝台。

众人齐奏乐并唱诵：

　　道，太乙救苦天尊。稽首皈依无上经，回谢十方灵宝
尊。师，道场诸圣众。踏开三宝座，师返九莲台。幽魂生净
界，五福自天来。

高功唱念步下法台，手执引魂幡与三清铃，众人离座，各持
乐器步行演奏，随高功而出，至道观偏殿外纸钱焚化处。焚化处

用封好的禄库受生钱交错堆叠成圆井状，道众将早已准备好的纸元宝、纸钱以及斋主送来超度的亡魂牌位等投入其中，高功环绕一圈以三清铃加持之后，点火焚化。自此代表焚化的纸钱将被送至阴司之中，到达鬼魂手中，这既表达了阳间人们对于去世之人的怀念，也体现了人们希望亡去的亲人能够在阴间衣食无忧。

纸钱焚化之后，"施食利幽"完全结束。整个科仪持续近150分钟，包括入意、荡秽、破地狱、召请、施食、遣关、皈依说戒、送亡等过程，其中念诵了包括经文、赞偈、咒语等，唱、诵、念等方式并用。科仪过程既体现了对众多鬼众悲悯的慈悲之情，也给人以庄重和肃穆之感。"施食利幽"充分蕴含了中国人自古以来的慎终追远的情怀，它既寄托了人们对于祖先亡人的追忆思念，也教给了世人要为善去恶。因此，在道教诸多科仪之中，"施食利幽"是最能体现道教的慈悲情怀与教化世人的科仪。

总的来看，云台观的科仪法事遵循了清代四川道士陈复慧所编制的《广成仪制》基本内容和规范，带有典型的四川道教广成坛的科仪特色。道士进行法事的时候，多采用川音念诵，器乐以打击乐为主。参加科仪的道士成员为9—11个不等，视具体情况而定。另外，云台观科仪又有着自己的特点，例如在做施食济幽等阴法事的时候，其女声讴腔凄婉悠长，经师念诵拖腔低沉，有利于渲染法事庄严肃穆的氛围。

第五章　宋明云台观：初创、藩王护持与御赐《道藏》

　　据明郭元翰《云台胜纪》，云台观创建于南宋开禧二年（1206）[1]，创始人赵法应。初创期的云台观有茅庵殿和普应殿，除了赵法应之外还有弟子数名。元代云台观发展情况不详，从明初的屡次修缮可知在元代云台观应该是受到了兵燹的破坏。明代云台观由于受到地方藩王的重视，迎来了快速发展时期，并受到了朝廷的关注，逐渐走向了鼎盛。本章首先略述南宋时期云台观的创建过程，并进一步阐述云台观在明代发展的主要态势。

---

[1]　虽然《云台胜纪》记载云台观建于南宋开禧年间，但值得注意的是，三台县档案馆存有一份1963年的《三台县人民委员会文件》（档号：029 - 01 - 0034 - 012），该文件记载云台观降魔殿有一尊铁佛，该铁佛之上铭文记载，云台观始建于唐光启三年（887）。如果该文件所言属实，则云台观的历史还可以上溯至唐光启年间。可惜经过"文革"之后，该铁像已不存，且无其他直接证据可证明云台观是否建于唐代，所以唯有暂时存疑，以待将来进一步考证。

第一节　南宋云台观的初创

一　结屋云台

云台观的创始人为道士赵法应（1195—1214）。赵法应，讳肖庵，号妙济真人、无着大道君。宋宁宗庆元元年（1195），赵法应出生于古梓州飞乌县（今现四川省中江县与三台县交界处），《潼川州志》云："父赵岩感异征而生真人。"①

在《云台胜纪》的描述中，赵法应是玄天上帝应化于世的化身。"无着大道君乃玄帝八十三化身也。"② 明万安《重修云台观记》亦云：

> 谨按北方七宿成元武之形，其神乃武当所奉佑圣真君。此之妙济真人又自彼一体之分化，其神应不合而同宜矣③。

赵法应出生后，有各种祥瑞之象：

> 当生时，瑞云弥空，天花散漫，异香芬然，光炎满村，

① （明）陈时宜修，张世雍等纂：万历《潼川州志》，载于李勇先、高志刚主编：《日本藏巴蜀珍稀文献汇刊》（第一辑），成都：巴蜀书社，2017 年，第 135 页。
② （明）郭元翰：《云台胜纪》卷一《启圣实录》。
③ （明）万安：《重修云台观记》，龙显昭、黄海德主编：《巴蜀道教碑文集成》，成都：四川大学出版社，1997 年，第 202—203 页；（清）阿麟修，王龙勋等纂：《新修潼川府志》，清光绪二十三年（1897）刻本，卷六《舆地志·寺观》；（民国）林志茂等修，谢勤等纂：《三台县志》卷四《舆地志·寺观》，民国二十年（1931）铅印本；（明）郭元翰：《云台胜纪》卷五《天府留题》。

土皆金玉色，覆映之祥，莫能备载①。

这一段描述与成书于元代的《玄天上帝启圣录》有许多相似的地方，《玄天上帝启圣录》如此描述玄天上帝出生的情形：

> 是时，正当上天开皇，初劫下世，岁建甲辰三月戊辰初三日，甲寅庚午时，玄帝产母左肋。当生之时，瑞云覆国，天花散漫，异香芬然，身宝光炎，充满王国，地土皆变金玉，瑞应之祥，莫能备载②。

后世文人在记录某些圣贤或帝王出生时，往往都会对降生前后进行神异性描述，以彰显该人与众不同之处。如《明史》对太祖朱元璋降生之时如此描述："红光满室，自是，夜数有光起，邻里望见，惊以为火，辄奔救，至则无有。"③ 基于赵法应为玄帝八十三化身的传说，郭元翰在撰写《云台胜纪》卷一《启圣实录》时，有相当多的内容均取自《玄天上帝启圣录》，他自己也在第一卷末尾说："余登临其境，得《启圣实录》，阅之所记，皆武当旧本。"④ 如此的艺术加工，实际上也是为了充分说明赵法应作为玄帝化身的神圣性。而赵法应的出生时间，也与玄帝的生辰日期相同，即三月初三日。如果不是巧合或者民间流传的话，那么更多的可能性应该是郭元翰有意而为之。

赵法应从小便显露过人之处，"真人幼颖异有奇表，甫成童

① （明）郭元翰：《云台胜纪》卷一《启圣实录》。
② 《玄天上帝启圣录》卷一，《道藏》第 19 册，第 572 页。
③ （清）张廷玉等撰：《明史》卷一《本纪第一·太祖一》，北京：中华书局，1974 年，第 1 页。
④ （明）郭元翰：《云台胜纪》卷一《启圣实录》。

即喜性命之说，动静隐显，人莫能测"①，到七岁的时候，已经能够过目不忘，"年甫七岁，经书一览，仰观俯察，靡所不通"②，便到文曲峰结茅屋"游息内炼"，"故今基墠、盘石，金井、丹炉犹有存者"③。

后来赵法应又到文曲峰西边的云台山结茅修炼。《云台胜纪》卷一《启圣实录》之"结屋云台"云：

> 文曲峰西去十里许、虚危之下有山名"云台"，高只三百六十丈，阔只四里八分。地接岷峨，脉连玉垒；瑞气葱郁，岩洞幽丽，真佳境也。且南有火峰，西有金顶、屼姆山。峻耸凌霄，若蘸旗树于侧，陟其巅，四顾苍然，一望无际。锦江盘旋若玉带，流溅珠而声戛玉。印台，圣灯。献于左、右。而凤来、太平诸山，势若星拱。苍翠跪伏，绮缩绣错。此古人所谓"五星得位，九龙捧圣"之地，盖天为帝造、地为帝设也。帝以嘉泰六年丙寅入此山，首结茅屋，乃自制偈曰："武当游驾到飞乌，茅屋云台天下无。九转神丹思再炼。孜孜本为救凡夫。"于此栖隐修真。时有灵鸦报晓、黑虎卫岩。
>
> 一日，帝见庆云彩霞，幽兰清蕙，万乳天花；石露金艮之星，树有松萝之秀；仙禽奏乐，神兽呈祥。乃呼门人赵希真等，谓曰："吾山不及他山富，他山不及吾山清。吾山冬

---

① （明）陈时宜修，张世雍等纂：万历《潼川州志》，载于李勇先、高志刚主编：《日本藏巴蜀珍稀文献汇刊》（第一辑），成都：巴蜀书社，2017年，第140、135页。

② （明）郭元翰：《云台胜纪》卷一《启圣实录》。

③ 同上。

寒而不寒，夏热而不热。三劫为人，方到吾山。五世为人，方住吾地。七世为人，方葬吾境。汝其识之！"帝虽结茅修炼于此山，然天池位前，玄岗枕后，峻秀清绝，与夫万仞香城，都卓然可爱，帝常亲历处焉。而多留之八方宝印、灵符、玉简迄今犹在。香火殿像，与此山同不磨①。

修建茅屋之后，赵法应有一偈曰："武当游驾到飞乌，茅屋云台天下无。九转神丹斯再炼，孜孜本为救凡夫。"显然，赵法应自称从武当游驾至飞乌县，而其修建云台山之茅屋更是天下绝无仅有的修炼之地，在此处修炼九转神丹，以实现拯救天下苍生的夙愿。这在某种程度上更应和了赵法应是玄帝化身的说法。《云台胜纪》记录了赵法应离世之后鸾降《云台十景》诗，其中"茅屋金容"云："蓬莱宫殿在仙台，沉眠结屋避俗埃。金像香焚灵气爽，鹤飞峰顶日斜回。"② 翰林学士钱金韵步赵肖庵《云台十景》原韵，作诗云："茅屋低低壮古台，俨然仙境静无埃。玄天从此飞升后，金体虽留竟不回。"并在诗旁有小字注云："帝自入山，首结茅屋于此。"③

对于"云台茅屋"，《新修潼川府志》亦有记载：

> 云台茅屋，《旧通志》：赵法应，别号肖庵，生于望君山之左赵村垭。幼年手弄一笛，歌曰：肖庵手内一竹竿，不可绝来不可续，惟有神仙打得熟。年十五，诣云台，结茅修炼。至十八，募铁数百斤，铸元帝像，高数丈，阔称之。一

---

① （明）郭元翰：《云台胜纪》卷一《启圣实录》。
② （明）郭元翰：《云台胜纪》卷二《云台十景》。
③ 同上。

夕，风雨昼晦，忽自五里许移至山顶，留偈云：武帝游驾至
飞乌，云台茅屋天下无。又云：脱落一贫道，谪凡十有九，
记其归去时，再注重阳酒。果于次年九月化去，人以为元帝
再世也。遂奉遗蜕于铁像之右，历元明而目不陷，发润如
生，遭大劫乃毁，至今时著灵应①。

另万历《潼川州志》云：

赵法应，别号肖庵。蜀梓州飞乌县人。父赵岩感异征而
生真人。幼颖异，有奇表。甫成童，即性喜性命之说。动静
隐显人莫能测。乃于县左文曲峰游息内炼，凡六年。始选胜
于云台山中，诛茅结屋，为栖隐修真之所②。

初到云台观的时间在地方志中略有出入。清嘉庆《中江县
志》和《新修潼川府志》则记赵法应是在十五岁的时候入云台
山："赵法应，别号肖庵，邑人，幼着灵异。年十五岁诣云台
山，结茅练习至十九。"③ 而《云台胜纪》则记："帝以嘉泰六
年丙寅入此山，首结茅屋。"按"嘉泰"年号仅存四年，第五年
改为"开禧"年号。嘉泰与开禧均为宋宁宗在位时的年号。郭
元翰便直接沿用"嘉泰"年号，将开禧二年称为"嘉泰六年"。
所以严格来说赵法应是于开禧二年（1206）入云台山的。按照
《云台胜纪》所记他七岁入文曲峰，在文曲峰经过六年的修炼之
后到了云台山，当时赵法应尚只有十三岁。

---

① 何向东等校注：《新修潼川府志校注》，成都：巴蜀书社，2007年，第1217页。
② （明）陈时宜修，张世雍等纂：万历《潼川府志》，载于李勇先、高志刚主
编：《日本藏巴蜀珍稀文献汇刊》（第一辑），第139页。
③ （清）陈此和修，戴文奎等纂：《中江县志》，清嘉庆十七年（1812）修，
清抄本。

云台山所处之地为岷峨山脉与玉磊山脉相交之处，"地接岷峨，脉练玉垒，瑞气葱郁，岩洞幽丽"①。自古以来，岷山和峨眉山就有着许多神仙传说，亦为人们寻仙访道和修炼的好地方。《历世真仙体道通鉴·周义山传》，记录周义山入此二山访得真仙而得受金丹妙法之事：

> 登峨眉山，入空洞金府，遇宁先生，授大丹隐书、八禀十诀。登岷山，遇阴先生，授九赤斑符②。

宁先生或为宁封子，而阴先生或为阴长生，此二人都是传说中隐居于蜀中的神人。云台山与岷峨相接，地脉相连，自然也是一个修道的好地方。正如赵法应对其门人赵希真所说：

> 吾山不及他山富，他山不及吾山清。吾山冬寒而不寒，夏热而不热。三劫为人，方到吾山，五世为人，方住吾地。七世为人，方葬吾境。女其识之③。

此处指出需要多世为人，才有机缘到云台山修行，而要埋葬在此，更需要七世的人身，由此将云台山描绘成了一个如仙境一般的地方。实际上这段话取自《玄天上帝启圣录》之《紫霄圆道》，其所指的乃是玄帝修炼和成道的武当山紫霄峰岩。《紫霄圆道》云：

> 圣训云：吾山不及诸山富，诸山不及吾山清。吾山冬寒而不寒，夏热而不热。三世为人，方到吾山。五世为人，方

---

① （明）郭元翰：《云台胜纪》卷一《启圣实录》。
② （元）赵道一：《历世真仙体道通鉴》，《道藏》第5册，第181页。
③ （明）郭元翰：《云台胜纪》卷一《启圣实录》。

住吾地。七世为人，方葬吾境。吾山寂寂草萋萋，只闻钟鼓
不闻鸡。汝若有缘居此地，吾令六甲斩三尸。七十二峰接天
青，二十四涧水长鸣。三十六岩多隐士，葬在吾山骨
也清①。

所以也可以知道，有意识将《启圣录》中的诸多故事移植
到《云台胜纪》之中，将云台山与武当山并称，更多的是借武
当山之名彰显云台山之不同寻常之处，则有利于进一步渲染
"玄帝八十三化身"这一传说。

二　营修大殿

宋宁宗嘉定三年（1210），赵法应自设图式，命工匠修建了
大殿三间。《云台胜纪》"营修巨殿"记：

> 嘉定三年岁在庚午，帝显化此山。指示图式，命工建大
> 殿三间，高七长，盖取少阳不变之义。而其宽、其深，各有
> 所象。是殿也，无劳经营，无费纸谷，不日而成。

修成之后的大殿瑞云环绕，宛如仙境：

> 殿成，只见托锦朝霞绕林，瑞霭靡日不昭于其上。且左
> 右宝壁，皆光台，升扣之，有敲金戛玉声。郁罗宝顶，深沉
> 壮丽，睹之令人敬畏②。

大殿的建制有着特殊寓意，"其宽、其深，各有所象"，长

---

① 《玄天上帝启圣录》，《道藏》第19册，第573—574页。
② （明）郭元翰：《云台胜纪》卷一《启圣实录》。

宽高均有所象征，比如大殿高七丈，取《周易》七为正阳不变之数之意。建成大殿之后，赵法应为道观赋名"佑圣观"，其修大殿名为"普应"，又名"宝殿"。赵法应赋诗《宝殿腾霞》云：

> 琼琳玉殿势凌霄，古柏苍松万树摇。
> 瑞霭轻烟时弄日，长虹万丈紫云潮①。

大殿之前有一个被称为"玉玺"的胜迹，其建造过程也甚是神异：

> 一夜，椎凿声（闻）三（四）里许。至次黎明趋视之，见殿脚下，天界、地界、水阳界，无不备具，光彩射人，真瑶阶也。阶下有一台，下瘗五色之琨，上应五星之气，名之曰"玉玺"②。

在某一个半夜，出现了施工锥凿声音，第二天早上道人们起来一看，在大殿前面形成了天、地、人三界分明的"瑶阶"，瑶阶之下有一个光彩耀目的石台，被称为"玉玺"。赵法应有诗《瑶阶玉玺》曰：

> 琼瑶乱砌入仙阶，玄帝登临剪翠苔。
> 天上玉楼今落地，云中洗篆共衔来③。

翰林学士钱金和韵同题诗云：

> 玉篆轻轻覆宝阶，状形八角映苍苔。

---

① （明）郭元翰：《云台胜纪》卷二《云台十景》。
② （明）郭元翰：《云台胜纪》卷一《启圣实录》。
③ （明）郭元翰：《云台胜纪》卷二《云台十景》。

只因玄帝阴符召，却向云台丐幻来①。

瑶阶之上，据说还有一个胜景，即自然生成的梅花石，下雨过后，自然显现梅花图案。在梅花石之下有洞，洞内为石棺铁椁。明张正道《云台观》诗云：

> 独上天门第一台，森森柯柏倚云栽。
>
> 乾元洞劈开天寿，北极楼高接上台。
>
> 夜宿清虚来鹤舞，梦游仙阙笼今古。
>
> 月穿碧幌树烟笼，雨过瑶阶梅花吐②。

钱金《乾元胜迹·仙迹》云：

> 混沌未分时，玄元而立极。
>
> 真机现玉昆，费隐包含密。
>
> 无着驻云台，天然印仙迹。
>
> 世人识者稀，吾道勒金石。
>
> 古云胜迹有梅花石，雨过则梅花现，其下有洞，传云石棺铁椁在焉③。

以上二诗描述了瑶阶梅花的独特景致和石棺铁椁的传说。在民国《三台县志》中有云：

> 梅花石，《图书集成》："在治南云台观，大石上有梅花，雨过则见下有洞，相传为肖庵真人铜棺铁椁在焉。"④

---

① （明）郭元翰：《云台胜纪》卷二《云台十景》。
② （明）郭元翰：《云台胜纪》卷五《天府留题》。
③ （明）郭元翰：《云台胜纪》卷二《云台十景》。
④ （民国）林志茂等修，谢勷等纂：民国《三台县志》卷四《舆地志五·古迹》，民国二十年（1931）铅印本。

现代三台县仍然流传着一个传说：在玄天宫基石之下，埋藏有棺椁。关于棺椁，一说是赵法应的遗体，一说是明代护送藏经至云台观的太监白忠病逝云台观，之后埋葬该处。然而云台观玄天宫在1949年之后进行了全面培修，其地基之下并无传说之中的遗迹，因此"铜棺铁椁"也仅为民间传说而已。

普应殿修成之后，赵法应募化铁数十斤，在文曲峰下赵村垭设炉鼎，铸八十二化降魔圣像一尊，该神像"高一丈二尺，剑长七尺二寸，以应七十二候，阔四寸八分，以应四时八节。抚三辅，应三台，铸成于癸酉年九月九日，恰八十二化冲举之晨"[1]，圣像的尺寸也是与七十二候、四时八节相呼应。九月初九日，为传说中的玄帝得道之日，当日子时起便风雨雷电交加，其后云收雨住，听得天空中有"钧天妙乐之音"，位于赵村垭的降魔圣像自然升到了半空之中，并飞到云台观坐镇在中殿，"巍峨赫奕，俨雅如生"[2]。当时远近数千人目睹此奇观，震撼不已，"远近数千人皆参拜称寿。帝颜欢喜。霞光瑞云，香气绕结，屡日方散。"[3] 其徒众赵希真、李纲、赵法洪、白志荣、罗祖高等远近数千人均共同目睹，参拜不已。

赵法应在逝世之前除了赋予道观以"佑圣观"之名以外，还据云台的主要景观而题名"云台十景"，包括"茅屋金容""宝殿腾霞""瑶阶玉玺""乾元胜迹""梧桐夜月""拱宸琼楼""抚掌蝉鸣""龙井灵泉""洞天鹤舞""锦江玉带"。这其中涉及佑圣观的主要建筑以及其他自然景观。

---

① （明）郭元翰：《云台胜纪》卷一《启圣实录》。
② 同上。
③ 同上。

　　但赵法应仅仅留下了十个题目,《云台胜纪》作者郭元翰特别指出:"《云台十景》乃帝所自标题者,升隐后鸾降十绝,余特录梓,以昭其盛。"① 因此,《云台胜纪》之中据此十景之题名而作的绝句,是在赵法应逝世之后由道观中的道士通过鸾降所得。

　　此外,赵法应还募资修建了拱宸楼。清嘉庆《三台县志》记:"云台观,在县南百里云台山,名佑圣寺。屡毁于火。创建于赵宋绍熙间,有真人赵肖庵者结茅兹峰,采金铸玄帝像,因作玄天宫并拱宸楼。"可见,赵法应在铸造玄帝神像同时,修建了玄天宫和拱宸楼。玄天宫或许就是嘉定三年所修普应殿,而拱宸楼则在《云台胜纪》中的《云台十景》绝句中有所记录,并注"此殿帝自募缘而建",其诗《拱宸琼楼》曰:"万丈高楼纵目空,挐云峭壁万山红。漫道仙家岳阳过,登临高耸独争雄。"② 据《云台胜纪》记载拱宸楼上有横匾与立匾,横匾为"人间天上",立匾为"拱宸楼"。拱宸楼的名字盖取自《论语》"为政以德,譬如北辰,居其所而众星拱之"③。清代以后均称"拱辰楼"。由"拱辰"可知其楼高耸入云,气势雄伟。

三　置办常住庄田

　　《云台胜纪》录有一碑铭,为宋绍定二年(1229)佑圣观破荒置庄、永为常住物业之事,名为"云台庄利"。对于当时的道

---

① （明）郭元翰:《云台胜纪》卷二《云台十景》。
② 同上。
③ 杨伯峻:《论语译注》,北京:中华书局,2006 年,第11 页。

士们来说，有一个问题是必须要面对的，那就是即使道士们归隐世外，专于修炼，但一方面他们仍然是凡胎肉体，需要保证饮食；另一方面弘扬道法，实行教化，又需要对现有宫观建筑进行培修维护，甚至扩大规模。同时，在宋代，普遍存在私人占有土地并置庄生产的情况，除了地方上有相当实力的官吏、士大夫与地主以外，有一定影响力的寺庙和道观也拥有数量不等的私人庄田，并雇佣农户进行农业生产。所以在这样的社会背景下，佑圣观也把置办常住庄田作为一项非常重要的事情来处理。

在《云台胜纪》另有一文，为宋绍定二年佑圣观获得玄帝的鸾降玄判书，"委赵希真、李纲两州行化，所施置庄，作记以纪姓名，坚珉传远，永为云台常住根本"。文中进一步阐述了道观置庄的重要性和必要性：

> 为今之计，合缓其所急，而急所可缓者，其惟置庄。子何则常闻教门中云"法轮未转，食轮先转"。天人相因之际，正其时也。况天时、地利、人和，三者相须。自人和之乐于喜舍，以资置庄之地利；以地利之济于食用，以答天时之机会。庄其可不置乎？计其置庄所积，可以为修造无穷之利。而修造成利，亦足以灵威卫驾①。

佑圣观初具规模之后，也面临着自养的问题，除了道士们主动去募化资金以外，信众们的积极捐赠也是道观收入的来源之一。由于佑圣观屡有灵异，且面对信众们的祈求，如"或为亲祈寿，或为子祷疫，或求坊境静宁，或求五谷丰登，无不响

---

① （明）郭元翰：《云台胜纪》卷四《灵奕显应》。

应"①，吸引了大批的虔诚信众与金主。信众们一方面纷纷捐赠功德，"都乐施钱共二十三万二千余"②，另一方面在道观置办庄田问题上，也尽心尽力。在道士们的努力下，云台观获得了大量捐赠，除了金钱以外，还有庄田。如"安昌公之舍庄……铜山县赵珪、赵璘舍水淬陆田"③。很显然，佑圣观在当时有着较大的影响力，所以置庄之事，完成得非常顺利，"不一月而庄遂置矣"④。此后道观将土地租给农户，每年收取租金，用以满足观中道众的生活用度。

宋嘉定七年（1214），赵法应坐化而去，时年仅十九岁。坐化前一年，曾留一偈，其偈言："脱落一贫道，谪凡十有九。记其归去时，在处重阳酒。"⑤ 清嘉庆《重修三台县志》亦有载："又云：脱落一贫道，谪凡十有九。记其归去时，再注重阳酒。果于次年九月端午坐化去，人以为元帝再世也，遂奉遗蜕于贴像之右。"⑥ 此二处所及大略相同⑦，均对自己将于次年仙去有着预言，又其生前在故宅佛座中留有偈语曰"赵镇天，字太真，玉京人也。谪世梓阳，非久还位"⑧，更是进行了印证。

---

① （明）郭元翰：《云台胜纪》卷四《灵奕显应》。
② 同上。
③ 同上。
④ 同上。
⑤ （清）陈此和修，戴文奎等纂：《中江县志》卷四《仙释志》，嘉庆十七年（1812）刻本。
⑥ （明）郭元翰：《云台胜纪》卷一《启圣实录》。
⑦ 除了"在处重阳酒"与"再注重阳酒"有别以外，《中江县志》与《重修三台县志》关于此条记录相同。然查明《云台胜纪》，则先记为"在处"，后修改为"又值"，明曹学佺在《蜀中广记》卷七十六记为"在处"，明万历《潼川州志》所记亦为"在处"。这一偈语预言其将于第二年重阳节归去，联系下句"果于次年九月端午坐化去"，则"在处"指在某一时刻之意，所以相比"再注"更为妥当。
⑧ （明）郭元翰：《云台胜纪》卷一《启圣实录》。

更为神奇的是，赵法应在坐化之后，身体一直未腐，从宋元至明代数百年均保存于云台观中，更成为其弟子认为他是玄武化身的有力证据，并且屡证神异。宋绍熙年间，宋光宗赵惇钦封赵法应为"妙济真人"，"绍熙间，屡应祈祷，有司请于朝，封以'妙济真人'之号，自时阙后，灵威益著，香火益降。上自王公大人，下至闾阎小子，莫不争先快睹，奔走恐后，论者以为蜀之太和云"①。可以说，赵法应短暂的一生充满了神秘色彩和神圣意味，从其出生之地、出生时间、出生时无尽的祥瑞之气，到其结茅修炼、募金铸玄武像以及在很短时间内将佑圣观修至一定规模，并收徒传法，直至其坐化之后肉身不腐的事迹流传，其间各种玄帝显灵的事迹更是难以叙说，这为宋代佑圣观在后来成为玄武道场赋予了神圣内涵。正是基于此，云台观数百年来在巴蜀地区独树一帜，成为巴蜀玄武信仰的主要道观。以至于到了以玄帝为护国神的明代，这里更获得就藩巴蜀的历代藩王的重视，逐渐成为川内绝无仅有的明代政府皇家道观。

第二节　明代藩王府对云台观的护持

明代开国以来，太祖朱元璋便对包括玄帝在内的道教"四圣"进行建祠祭祀。明成祖朱棣登基之后，更对玄帝进行建祠

---

① （明）万安：《重修云台观记》，龙显昭、黄海德主编：《巴蜀道教碑文集成》，成都：四川大学出版社，1997年，第202—203页；（清）阿麟修，王龙勋等纂：《新修潼川府志》，清光绪二十三年（1897）刻本，卷六《舆地志·寺观》；（民国）林志茂等修，谢勋等纂：《三台县志》，民国二十年（1931）铅印本；（明）郭元翰：《云台胜纪》卷五《天府留题》。

专祀，使得玄帝信仰在全国广为流传。明代永乐之后，社会经济蓬勃兴盛，商业和贸易事业进一步发展，人们现实生活的需求层次更加多元化。这使得玄天上帝除了作为镇守北方的护国战神之外，还被赋予了更多的神职，如镇火、降雨、消灾解厄、护生等，这也为玄天上帝成为深入普通百姓生活的一位全能神祇奠定了基础。在明代中后期，供奉玄帝的祠庙在中国各地处处可见，足以证明当时的玄帝信仰的广为传播。农历三月初三玄天上帝诞辰庆祝活动成为各地的民俗活动重要的组成部分，也成为民间文化的重要内容。这一时期，在明代玄帝信仰的广为流行与分封地方的藩王的大力扶持之下，云台观增修了大量宫殿，并按照皇家建筑标准加盖了琉璃瓦盖，朝廷与藩王府的各种赏赐更是不可胜数。此外，朝廷还分两次颁发《道藏》到云台观，并遣太监亲自护送至观安放，此后云台观在地方社会的影响力也进一步提升，云台观进入了发展的鼎盛时期。

一　明代蜀藩王府对云台观的护持

四川玄帝信仰历史久远，早在唐代就有关于玄帝显灵的传说，与玄帝降魔的故事相关的古玄武县更是早在隋朝就已存在。但四川玄帝信仰真正的兴盛是在明代玄天上帝成为护佑国家的神祇之后，主祀玄天上帝的云台观成为皇家道观，这也是玄帝信仰在四川达到鼎盛的重要标志。这其中与明代蜀藩王府的保护与推动有着直接关系。

（一）明代蜀藩王世系

明代洪武年间，太祖朱元璋出于多方面考虑，制定了系统的宗室制度，将皇子分封各地为藩王，世世享受朝廷俸禄，不过问政事，这样既避免了军阀割据的情况出现，也利用藩王对帝国国防安全进行屏卫，以此保证皇帝的绝对权威和地位的稳固。在这个宗室制度中，皇子被封亲王于各藩封之地；亲王嫡长子为世子，袭封王位，其余王子封为郡王；郡王嫡长子为世子，袭封郡王位，其余诸子分封为镇国将军，孙为辅国将军，曾孙奉国将军，四世、五世分别为镇国中尉和辅国中尉，六世以下皆为奉国中尉。自洪武三年（1370）始，太祖前后三次分封诸王，后世历朝因袭该制度。整个明代，受封为藩王的皇子共有六十二人，其中各代又有因各种原因被褫夺爵位的藩王数十位，最终能够在整个明代善存的藩王仅剩二十九位，这其中就有蜀藩王一系。

自洪武十一年（1378）分封的第一任蜀王朱椿开始到崇祯十七年（1644）张献忠率兵入川为止，蜀藩子嗣在四川总共延续十世，封王十三位。在这些蜀王之中，有的崇信佛教，有的崇信道教，但对于云台观，历代蜀王均延续了献王朱椿所建立的优待政策。（蜀藩王世系见表5-2-1）

表5-2-1　蜀藩王世系一览表①

谥号	姓名	皇室身份	在位时间
蜀献王	朱椿	太祖庶十一子	洪武十一年（1378）封，洪武二十三年（1390）就藩成都府，永乐二十一年（1423）薨。

　①　本表源自（清）张廷玉等撰：《明史》卷一百《表第二·诸王世表》，第2643—2658页；卷一百六十《列传第四·诸王》，第3579—3581页，北京：中华书局，1974年；李国祥等编：《明实录类纂》，武汉：武汉出版社，1993年，第927—962页。

悼庄	朱悦燫	献王嫡长子	洪武二十一年（1388）封世子，永乐七年（1409）薨
蜀靖王	朱友堉	悼庄嫡长子	永乐二十二年（1424）袭封，宣德六年（1431）薨。
蜀僖王	朱友壎	悼庄嫡三子	初封罗江王，宣德七年（1432）进封，九年（1434）薨，无子。
蜀和王	朱悦㷍	献王庶五子	初封保宁王，以僖王无嗣，宣德十年（1435）进封。天顺五年（1461）薨。
蜀定王	朱友垓	和王嫡长子	天顺七年（1463）袭封，本年薨。
蜀怀王	朱申鈘	定王嫡长子	天顺八年（1464）袭封，成化七年薨，子夭折。
蜀惠王	朱申凿	定王庶三子	初封通江王，成化八年（1472）进封，弘治六年（1493）薨。
蜀昭王	朱宾瀚	惠王嫡长子	弘治七年（1494）袭封，正德三年（1508）薨。
蜀成王	朱让栩	昭王嫡长子	正德五年（1510）袭封，嘉靖二十六年（1547）薨。
蜀康王	朱承爚	成王庶三子	嘉靖二十八年（1549）袭封，三十七年（1558）薨。
蜀端王	朱宣圻	康王庶长子	嘉靖四十年（1561）袭封，万历四十年（1612）薨。
蜀恭王	朱奉铨	端王嫡长子	万历四十三年（1615）袭封，本年薨。
	朱至澍	恭王嫡长子	万历四十四（1616）袭封，崇祯十七年（1644）薨。

蜀献王朱椿为朱元璋第一十子，洪武十一年被封为蜀王，洪武十五年八月始建蜀王府邸于四川成都，历时八年，二十三年落成，规模宏大。在朱椿就藩之前，即运送大量金钱到蜀府："以蜀王将之国，命户部运钞三十万锭赴蜀府，以备赏赉，并赐其从官军士一千八百四十人，钞几万二千七百余锭。"① 朱椿不仅深受太祖宠爱，而且在诸多藩王之中，也是与成祖保持了良好互动的一位。永乐间，朱椿多次入朝觐见，并获成祖嘉言和重赏。建文四年（1402），蜀王入朝，辞归时，称帝不久的成祖赐敕谕曰：

> 贤弟天性仁孝，聪明博学，声闻昭著，军民怀服。然蜀地险要，夷獠杂居，莫安绥抚，付托甚重，凡百自爱，以副兄怀②。

当时朱棣还赐朱椿钞二万锭，其从官亦赐钞，谆谆之言，兄弟厚情，可见一斑。永乐三年（1405）五月朱椿进荔枝等物，成祖赐书答曰：

> 阔别以来，怀思深积，此闻安适良增慰喜。送至荔枝、艾虎、聚扇、香囊、彩花诸物，具见亲厚之意。惟贤弟抱明达之资，敦忠孝之义，处善循理，秉心有诚，稽古博文，好学不倦，东平河间无以过也，引睇蜀国山川邈邈，贤贤亲亲，不忘朝夕。勉自爱重，用副所怀③。

---

① 李国祥等编：《明实录类纂·四川史料卷》，武汉：武汉出版社，1993年，第928页。
② 同上，第930页。
③ 同上，第933页。

　　永乐四年（1406），成祖又赐朱椿珍珠一百九十两，白金一千五百两，钞二万锭①。洪武初年的藩王们拥有较大的军事权力，同时也有节制布政使司的权力。这种情况在建文帝之后，发生了一定变化。建文帝登基之后即开始削藩政策，将诸王手中的权力削弱，这也给了燕王朱棣一个起兵的借口，从而引发了"靖难之役"。朱棣在获得皇位之后，为防止出现与自己上位相同的境况，继续推行削藩政策，这使得永乐之后皇帝与地方诸藩王的关系变得越发微妙起来。然而分封于四川的献王朱椿却与朱棣一直保持着良好关系，虽然在永乐之后朱棣对于多数藩王都较为警惕并疏远，但是他对于朱椿却优待有加，并多次当众对其加以夸赞，称其为"蜀秀才"。这与朱椿所秉承的"忠孝之德，亲亲之义"密不可分，这种理念也一直贯彻在蜀府对于子孙后代的教育之中，这也可以解释为什么在整个明代诸多藩王之中，蜀藩一系没有出现被朝廷削藩贬斥的情况，整个宗裔都能从一而终，得到保全，直至明朝灭亡。

　　（二）蜀王朱椿与云台观

　　1. 朱椿与道士交游考

　　蜀献王朱椿是一位既崇佛又尚道的藩王，正如他自己所说："平生好交方外人"②，"我生亦有烟霞癖"③。他在四川就藩期间广泛结交高僧高道，并写下了许多关于倾慕修行或结交方外人的

──────────

　　① 李国祥等编：《明实录类纂·四川史料卷》，武汉：武汉出版社，1993年，第933页。

　　② （明）朱椿：《闻蒲翁禅师遣徒定水古舟入蜀作此寄潜溪门人王绅》，《献园睿制集》，载胡开全编：《明蜀王文集五种》，成都：巴蜀书社，2018年，第395页。

　　③ （明）朱椿：《赠羽士蓬首二首》，《献园睿制集》，载胡开全编：《明蜀王文集五种》，成都：巴蜀书社，2018年，第466页。

诗词，这些诗词被记录在他所撰写的《献园睿制集》①之中。

洪武二十四年（1391），朱椿曾亲自撰写了《张三丰像赞》②，对著名的全真道士张三丰表达了仰慕之情。或许是被朱椿的诚心打动，洪武二十六年（1393），张三丰入四川求见朱椿："初，洪武壬申，献王招至，与语不契，遂辞入山。"③然而在与朱椿一番交流之后，张三丰感觉朱椿并非像他自己所说的那样真心向道，甚至"与语不契"，于是找了一个为朱椿寻找仙药的借口遁入山林之中。或许为了宽慰朱椿，他与朱椿约定了秋日再会之期，对此朱椿深信不疑："今年春季，谓予曰：天国之山，仙人所居止也，兹行必欲造玄真之境，求长生之药，持献左右，以报知己之遇，秋来方可会也。"④但到了秋天，张三丰并未如约而至，此后更不复出现。朱椿前后写了五封书信，屡次遣人入青城山寻找，但皆杳无踪迹，这让他感到十分惆怅。洪武二十七年（1394）七月他在《与全式老仙书》中写道：

　　老仙与予雅有夙昔之好，飘然长往，有道之士所不为

---

① 据相关文献记载，蜀王文集共有五本，国内仅留存《长春竞辰稿》，其余仅存目录。日本东京图书馆存有蜀王文集刻本数本，其中包括《献园睿制集》。2018年成都市龙泉驿区档案馆研究员胡开全前往日本将包括《献园睿制集》在内的数本珍贵的蜀王文集刻本复印回国，是研究明蜀王不可多得的重要文献资料，木书所引蜀王文集内容均出自该处。

② （明）朱椿：《张三丰像赞》，载龙显昭、黄海德主编：《巴蜀道教碑文集成》，成都：四川大学出版社，1997年，第187页。

③ （明）蒋夔：《张神仙祠堂记》，载龙显昭、黄海德主编：《巴蜀道教碑文集成》，成都：四川大学出版社，1997年，第190页。

④ （明）朱椿：《与全式老仙书》，载胡开全编：《明蜀王文集五种》之《献园睿制集》，成都：巴蜀书社，2018年，第147页—156页。《明史》列传第一百八十七《方伎》载张三丰名通，又名全一，字君实，号玄玄子，其他相关传记或文献中他的称号还有：全式、玄玄、三仹、三峰、三丰遁老、通、玄一、君实、居宝、昆阳、保和容忍三丰子、喇闼、邋遢张仙人、蹋仙等，此处全式老仙即指张三丰。

也。吾意其入天国，会群仙，从容乎道德之场，超出乎喧嚣之俗，其乐可知矣。然乐则乐矣，其如秋来之约何此？予心之所以悬悬而不置也，用是谨遣成都左护卫千户姜福偕释道弟子原杰、吴潜中等，奉书虔请以达衷情，惟望速驾云辀，早班鹤驭，复予以前言①。

此信提到与张三丰的秋来之约，并派遣成都左护卫千户姜福偕释道弟子原杰、吴潜中等，奉书虔请，对于期盼张三丰归来的殷切之情跃然纸上。后世对于二人相见多有猜测，清李西月也认为当时张三丰曾劝说朱椿入道，然而"王不听"，张三丰遂退去。但朱椿作为藩王在蜀能够长期安居无恙，与张三丰的教导不无关系，"皆祖师教之云"②。

除了张三丰，朱椿也频繁结交其他高道，他说：

况今吾第封此土，传国千秋保荆楚。

虚心每接方外交，论道常闻趋紫府③。

他的诗作中有许多描写他与道士结交的情景，并表达出对道士飘逸出尘的气质与道行高洁的赞叹与向往。如《谕张蓬道》中他赞扬张蓬道：

人望乎尔者，知有道之高士，口诵五千余言，阅世九十

① （明）朱椿：《与全式老仙书》，载胡开全编：《明蜀王文集五种》之《献园睿制集》，成都：巴蜀书社，2018年，第147页—156页。
② （清）李西月：《张三丰全集》，北京：华夏出版社，2017年，第32页。
③ （明）朱椿：《寄青城山玉壶子太微句炼师》，载胡开全编：《明蜀王文集五种》之《献园睿制集》，成都：巴蜀书社，2018年，第399页。

四岁。好夫上天之乐，常思下土之游①。

他曾经延请在京城任天坛奉祀的高道郭本忠到王府开坛建醮，并举行黄箓斋仪，在其诗《赠高士郭本忠》写道：

> 暂尔辞京师，翩然到西蜀。
> 为我启瑶坛，修斋建黄箓。
> 皈依道德尊，普作天人福②。

此诗中"皈依道德尊，普作天人福"二句提到此次开坛建醮还举行了皈依仪式，朱椿本人是否参加皈依成为道教俗家弟子，则不得而知。洪武二十五年（1392），朱椿请求湘献王朱柏派遣当时居住于湘王府之中的南岳高道玉壶子太微句炼师到蜀王府做客，并为其启坛演法。在其诗《赠玉壶山人》里说：

> 轺车我再遣，请为申白宾。
> 幡然起应聘，万里来锦城。
> 坐语屡移晷，一见如平生③。

后句炼师移居青城山，朱椿《寄青城山玉壶子太微句炼师》云："予亦今冬过此地，与翁同返青城游。"④ 可见，朱椿对高道玉壶子太微句炼师甚为倾慕，时常邀请其至府交谈，甚至忘记了

---

① （明）朱椿：《谕张蓬道》，载胡开全编：《明蜀王文集五种》之《献园睿制集》，成都：巴蜀书社，2018年，第62页。

② （明）朱椿：《赠高士郭本忠》，载胡开全编：《明蜀王文集五种》之《献园睿制集》，成都：巴蜀书社，2018年，第384页

③ （明）朱椿：《献园睿制集》，载胡开全编：《明蜀王文集五种》，成都：巴蜀书社，2018年，第388页。

④ （明）朱椿：《寄青城山玉壶子太微句炼师》，载胡开全编：《明蜀王文集五种》之《献园睿制集》，成都：巴蜀书社，2018年，第399页。

时间的流逝。此外，朱椿在四川众多道观之中举行过祭祀仪式，包括梓潼七曲山文昌宫与成都青羊宫等地，还分别为文昌帝君和元帅赵元朗撰写祈祷文①。

2. 蜀王与云台观之渊源

蜀献王朱椿如此热衷结交方外之人，对于玄帝道场的云台观更是予以了高度重视。他自到四川就藩，即对云台观大加赏赐和修缮。据《蜀王重修拱宸楼记》云："至我国朝洪武初年，厥祖献王分茅治蜀，凡诸祈祷，靡不灵异。乃捐金命工，焕然一新。"②显然，云台观的灵应是让朱椿青睐有加的重要原因。此外，有一段关于玄帝灵应护佑朱椿的传说，更是渲染了朱椿与云台观以及玄帝特殊的神奇渊源。《云台胜纪》卷四《灵奕显应》云：

> 国朝洪武初年，献王分茅治蜀。初驾入境时，自见空中有神披发杖剑，常行拥护。王因异询之曰："此何神灵？"左右曰："蜀省比去三百余里许梓州治，有山名云台，乃玄武帝先年蝉蜕于此。其神极灵，想今驾护者，必上帝也。"王识之，至蜀，即遣官诣观，建醮谢恩，后凡祈祷，靡不灵异。永乐六年九月九日，差承奉长史司同本州官吏至山，审问守观道人等，除纳粮，周围空闲田地十三段，永充常住，而焚献于神，颛为保国宁家计。比计捐金，命匠翻盖正殿，整饬楼台③。

---

① 王岗著，秦国帅译：《明代藩王与道教》，上海：上海古籍出版社，2019年，第91页。

② （明）《蜀王重修拱宸楼记》，载于（明）郭元翰：《云台胜纪》卷五《天府留题》。

③ （明）郭元翰：《云台胜纪》卷四《灵奕显应》。

传说发生在洪武二十三年（1390）。当年朱椿奉命就藩四川成都府，初入巴蜀境内时，便看见空中有神祇披发仗剑、随行拥护。献王询问左右这是哪位神祇，手下告诉朱椿位于蜀东梓州（今三台县）的云台山佑圣观中，供奉有玄天上帝八十三化身的遗蜕，该观极其灵验，这位神灵应是玄帝无疑。朱椿深以为然，在他正式就藩之后，立即派遣府官到佑圣观里建醮谢恩，并将佑圣观作为焚献祭祀的重要场所，此后各代蜀王延续了这一传统："其祠始创于蜀之先王，世修祀事而加之以诚敬。"①

蜀献王朱椿除了多次捐钱修缮道观以外，还划拨了道观周边土地作为道观永业。永乐九年（1411）九月九日为玄帝得道纪念日，朱椿遣长史司同本州官吏到山，免掉了云台观的税粮，并赐予道观十三段田地作为常住的永久性财产。永乐十一年（1413）九月九日，献王又捐金并差官前往，命工匠翻盖正殿，整饬楼台。"而焚献于神，颙为保国宁家，历代相传。"②自此之后，历代蜀王基本上保持了对云台观的护持，王府在每年的三月初三玄帝圣诞、九月初九玄帝成道日均遣官致祭修醮，除了各种金钱财物的赏赐以外，还广植松柏，对云台观田产林木的保护更是代代延续。

（三）蜀献王之后代诸王与云台观

蜀献王朱椿在位期间，致力于四川地方社会文化教育的建设与发展，对佛教道教大力扶持，特别是对云台观更是护持有加。

---

① （明）乔璧星：《重修云台记》，明陈时宜修，张世雍等纂：万历《潼川州志》，明万历四十七年刻本，载于李勇先、高志刚主编：《日本藏巴蜀珍稀文献汇刊》（第一辑），成都：巴蜀书社，2017年，第193—198页。

② （明）《蜀王重修拱宸楼记》，载于（明）郭元翰：《云台胜纪》卷五《天府留题》。

此后十余位蜀王也与云台观保持着密切的联系，包括重建宫殿、减免税赋、划拨土地、种植林木、遣官致醮、铸造神像、赏赐财产等等。可以说，云台观在明代的发展实赖于蜀府诸王的恩泽护持，"以故云台香火之盛，蜀府之香火居多"①。

蜀和王朱悦𤉎为献王朱椿第五子，初封保宁王。后因为蜀僖王无子嗣，僖王薨之后他于宣德十年（1435）进封为蜀王。就位之后，对于自己父亲献王的文化教育和宗教举措都予以了沿袭。景泰年间，马都御史起科征粮，朱悦𤉎特别诏谕："云台福田，国家香火也。常住田地，乃先父王所充，斯时粮虽不可不征，若能谅减之，则神人胥庆矣。"② 马都承命，仅仅向云台观征收税粮一硕八斗四升。正因为如此，云台观才得"丁粮之轻，而观得谷以裕"③。

天顺八年（1464），蜀怀王朱申铉袭封蜀王。成化二年（1466 年）仲夏，朱申铉下诏为云台观造琉璃结盖。这是蜀府首次为云台观诸建筑加盖琉璃瓦，这种封建时代最高规格的建筑制式，因其造价昂贵，在古代唯有皇家园林和知名寺庙才被允许使用。在云台观诸建筑上使用琉璃瓦盖，建筑制式的改变，充分表明云台观的性质发生的根本意义上的转变，也是云台观作为皇家道观的具体表现。成化六年（1470），朱申铉下令重修云台观，云台观规模不断扩大。

正德十一年（1516）春，蜀成王朱让栩遣官重新修治拱宸楼，该工程历时五年，直到正德十六年（1521）七月方完全落

① （明）郭元翰：《云台胜纪》卷四《灵奕显应》。
② 同上。
③ 同上。

成。又据《蜀王重修拱宸楼记》，正德年间，还有一次对拱宸楼的重修，当时蜀王发内帑，院、藩、臬等官员捐资助修，不到一年时间即竣工。

嘉靖三十年（1551），蜀康王朱承爝下令在云台观种植十万株柏树。笔者在田野考察时，在云台观附近圣母山上圣母山庙旁觅得一残破铁钟，铁钟局部已经破损，据当地老人所述，该铁钟在"文革"时作为公社食堂集体吃饭钟之用，又因为极其笨重，所以没有被拉去炼铁。其钟面所铸内容正是记载植树之事，文字现著录如下：

> 潼川州云台观钦度养
>
> 玄道士杜昇仙，奉蜀王令旨，差官诣山，盛植柏株十万有余。旨令昇仙，奉守成林。简州御史王完启□出资，建立屼岬山正殿，祝延圣寿，铸钟崇奉香火。本山给度道士王云登，俗居士：金顶、金轸、杜仲、杜勋、村粉、杜质、胡□寅、王宗甫、胡文显、文仁、文义、王伯斛、伯杳、□守智、安仁，各施资财铁炭，祈宗□绵远。
>
> 潼川进士方正□、白贤、王民元、欧晋、欧价、欧习，市民杜洪、恩荣、恩承、恩周、时用、李佐、陈恩、彭莫。遂宁翰林院编修杨名、杨台、宋文美、杜国宾、杜国六、杜国受。
>
> 冲然铸写造钟完，永镇山峰亿万年。
>
> 栽树数千留壮观，名标不朽续相传。
>
> 木石匠：甘正祥、李江、张俸田、甘正元、王彦贤、李山、甘正甫、甘文贤。
>
> 嘉靖三十年辛亥正月吉旦造
>
> 本州匠人：王山南、王坤南、王宗□造

种植十万株柏树的规模巨大，花费不菲。因此在铁钟铭文中可以看到，除了蜀府主导此事之外，其余出资人还有官员简州御史王完启以及信众王宗甫等人。

明万历十六年（1588），蜀端王朱宣圻派承奉正杨旭赐金到观造琉璃盖顶，将殿堂修葺一新，用砖石砌合门三重，修甬道直抵殿门。蜀府还铸铜香炉五副，其中三副由蜀王赏赐，另两副为承奉正宋景、阮亨敬造，此外，承奉赵昌捐植柏树千株。

隆庆元年（1567），朱宣圻又下令为云台观加盖琉璃瓦盖。万历三十二年（1604）云台观遭遇大火，在蜀王朱宣圻以及当朝皇太后的共同出资下，对云台观进行了明代规模最大的一次重修。该工程令承奉司冯应宗总理钱粮，门正司有礼督理，历时三年，即到万历三十五年（1607）完工。重建之后的云台观规模宏大，殿宇华丽，充分彰显出皇家道观的风采。云台观重建完成之后，蜀府铸铁钟以记，该钟现存云台观钟楼之上（如图5-2-1）。

图5-2-1 万历三十六年铁钟（笔者摄）

其铭文如下：

> 法轮常转，皇图巩固，帝道遐昌，神日增辉。
>
> 蜀府令承奉司冯应宗总理钱粮，门正司有礼督理重建。
> 董工官：余尚宽、杨庆寿。皇明万历三十六年八月十一日
> 造。本省塑铸通堂匠人陈岷峨、杜如得。

二 明代肃藩王府对云台观的封赏

除了蜀藩王府的诸王对于云台观的发展做出的贡献，分封于甘肃兰州的肃王一系与云台观关系也非常密切。洪武十一年（1378），朱元璋第十四子朱楧被封为汉王，二十五年（1392）改封肃王，次年就藩陕西，建文元年移国甘肃兰州，肃王一系共传十二代。肃藩诸王自朱楧始都有着崇奉和扶持道教的传统，其中朱楧熟悉清微雷法，淳化康穆王朱弼果曾亲自施行祈雨仪式。其他诸王或是迷恋道教符箓，或是参与刊刻道经，或是结交知名道士，还有的直接拥有道号①。据民国《三台县志》记载，民国云台观留存有诸多明代的神像和香炉，从这些古物的铭文上可以看到捐赠人的信息，其中就包括肃王府王妃、宫眷和府吏。"观内铜铸神像与香炉，肃昭宪王妃郭氏敬造，肃府延安王妃宫眷叶氏等敬造、肃府职宫玉堂刘伦、肃府承奉正何保、肃府承奉副郭朝，神像均高一尺八寸。"②

---

① ［美］王岗著，秦国帅译：《明代藩王与道教》，上海：上海古籍出版社，2019年，第227—249页。

② （民国）林志茂等修，谢勤等纂：《三台县志》卷四《舆地志·寺观》，民国二十年（1931）铅印本。

特别要提到的是正德年间，肃王府一系的淳化王专门派人到云台观安放金玉神像并创修了天乙阁。淳化王属于肃王一系的郡王，明代历史上淳化王共有五位，其中两位——淳化端惠王朱真泓和淳化康穆王朱弼果，均为崇道郡王，二人各有道号"元一道人"和"惟一道人"①。朱真泓在位时间为弘治十三年（1500）到嘉靖三十一年（1552）。朱弼果于嘉靖三十五年（1556）袭封淳化王。云台观天乙阁修建于正德十一年（1516），因此出资创修云台观天乙阁的王应该是端惠王朱真泓。朱真泓（1479—1552），肃恭王朱贡錝庶二子。嘉靖十二年（1533），他出资修缮兰州东岳庙并撰《重修东岳天齐庙记》②，嘉靖二十六年（1547），他又为重修的兰州城隍庙并撰写碑文③。

明嘉靖四十三年（1564），肃王铸渗金帝像、灵童、玉女以及温、关、马、赵灵官十尊塑像，遣官送到云台观安位，以表达对玄帝的崇敬之情，并祈愿国泰民安，永保圣寿无疆。对此事件，肃王自撰《肃王进圣像记》予以记，兹录其文如下：

肃王进圣像记

余藩年久，钦仰上帝遗迹。英灵煊赫，感应昭明。冥冥之中能福善而祸淫，祛邪以归正。四海九州，罔敢有弗敬畏焉者。兹余精白一心，敬铸渗金帝像一尊，执旗捧剑。灵童、玉女，温、关、马、赵灵官，共十像成。原筮嘉靖甲子岁二月二十四日，遣官送观安位。伏愿尊神照察，以赫阙灵，阴

① 参见周雷杰、路旻：《明朝肃王系道号考辩》，《中国道教》2015年第6期。
② 《中国地方志集成·光绪重修皋兰县志》（二），南京：凤凰出版社，2008年，第585页。
③ （清）张国常纂修：《光绪重修皋兰县志》卷十八。

佑有加，默相益着，永保圣寿无疆，天与长而地与久；皇储
有继，日之升而月之恒；国泰民安，率土赖清平之庆，川流
岳峙，普天荷宁静之休。本观道士犹当体心，洞洞属属，朝
夕焚献，毋得视为泛常，致四方信善，闻风竭悃而诣奉焉。
是又余心之所深思而远望者也，因勒石以垂不朽云①。

嘉靖四十三年（1564）为肃怀王朱绅堵与肃懿王朱缙𤊥交
接之年。肃怀王朱绅堵于嘉靖四十三年（1564）六月二十七日
薨，《肃王进圣像记》提到"嘉靖甲子岁二月二十四日遣官送观
安位"，嘉靖甲子岁就是四十三年（1564），二月份的时候朱绅
堵仍然在位，其六月薨逝之后肃懿王朱缙𤊥才继王位。因此可以
确定的是，铸造神像并遣官送至云台观安放的肃王是肃怀王朱
绅堵。

随着时间的流逝，历代藩王赏赐云台观的大量财物和祭祀器
物在历史的流转之中，多有毁坏和遗失。民国十六年（1927），
三台县知事张政②游览云台观，看到了云台观保留下来的建筑物
与部分明古代文物，遂感叹云：

如画壁，如塑像，如梁间悬剑，如阶下残碑，如真武茅
庵、文昌诸殿，如正德、万历、崇祯诸榜，以暨钟磬、鼎
炉、香烛、砖瓦之属，精巧崇闳，各臻其妙③。

其中还包括数十尊造于明万历年间的金像，张政赋诗《金

---

① （明）《肃王进圣像记》，（明）郭元翰：《云台胜纪》卷五《天府留题》。
② 张政（？—1928），字梓忠，四川江油县人，清光绪举人。民国五年
（1916）官三台县知事，政声卓异。著有《悔斋诗文集》。
③ （民国）林志茂等修，谢勤等纂：《三台县志·艺文志四·文征下》，民国二
十年（1931）铅印本。

像》云：

> 太岳骑箕后，中原息鼓年。
>
> 官庭多暇逸，铜铁铸神仙。
>
> 无复明宫在，犹余宝相传。
>
> 当时诸贵御，争舍紫金钿。

该诗下注"大小数十尊，皆明内府造，万历末年送观中安奉祈福"，反映了明代王宫权贵们对云台观的大量赏赐的情景。云台观有一对铁质龙纹花瓶，从龙纹遒劲有力，龙爪四足来看，应为明时皇室铸造。（如图 5 - 2 - 2）

图 5 - 2 - 2　明龙纹铁花瓶（三台县博物馆藏并供图）

另外，张政《象笏》诗云：

> 可书思对命，曾阅去来今。
>
> 方士礼真斗，达官留道林。
>
> 兹山为故实，异代费推寻。

外患频年急，飞扬画地心。

该诗末原注有"亦明时故物"。笏也被称为朝板、奏板，原为宫廷之内大臣觐见皇帝之时，为避免遗忘而用来记录发言稿的物品。在道教中，该物为谒见最高神三清和玉皇上帝等举行庄严仪式时使用，穿上正式服装的道士，手持部分用红布裹着的笏，两手相合，把它恭敬地持于胸前，仪容端庄①。普通的笏通常为竹木所制，用玉和象牙所制则规制较高，非普通道士可用。至今三台县博物馆藏云台观所留的两柄笏均为象牙所制，象笏长约55厘米，上窄下宽，有一定弯度，规格甚高，应为万历年间皇帝赏赐于云台观高道进行斋醮法事所用之物。（如图5－2－3）

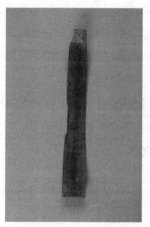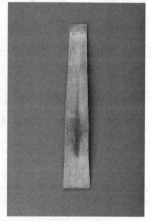

图5－2－3　明象牙笏（三台县博物馆藏并供图）

---

① ［日］福井康顺等监修，朱越利等译：《道教》第三卷，上海：上海古籍出版社，第1页。

第三节　明代云台观的增修与重建

一　成化年间的重修

　　成化六年（1470），蜀怀王朱申铉遣承奉正杨旭至云台观炷香建醮，乞恩启坛，夜宿云台观。此次杨旭到云台观建醮的目的是为王府求子。当天晚上，他看见了云台观旁圣母峰上出现了七星闪耀的祥瑞画面："宿夜七星现于屼（母）峰岩，高低恍惚，众官瞻拜惊异……应感王宫，孕诞世子。"万安在《重修云台观碑记》也有记："蜀藩承奉正杨旭，尝赍香诣殿……是夕圣灯现于圣母山，大如车轮，光耀迥异。"① 在杨旭受命到云台观启坛建醮，并目睹圣母峰的祥瑞之后，蜀府喜诞世子，这让整个王府为之惊喜震撼不已，纷纷感慨是玄帝显灵，朱申铉当即下令重修云台观。重修完成之后，杨旭到帝都请当朝内阁大学士万安撰写了《重修云台观碑记》，现将碑文著录如下：

　　　　上真济世之心，不一而足。必若一元之发育万物，无处不有，无时不然而后已。其灵征瑞应，班班可考者，《启圣录》备之矣。至于潜扶阴翊于冥冥中者，又岂笔舌之可殚

----

　　① （明）万安：《重修云台观记》，龙显昭、黄海德主编：《巴蜀道教碑文集成》，成都：四川大学出版社，1997 年，第 202—203 页；（清）阿麟修，王龙勋等纂：《新修潼川府志》，清光绪二十三年（1897）刻本，卷六《舆地志·寺观》；（民国）林志茂等修，谢勷等纂：《三台县志·艺文志四·文征下》，民国二十年（1931）铅印本；（明）郭元翰：《云台胜纪》卷五《天府留题》。

记哉？

当赵宋时，自武当飞神降精于蜀之玄武县，托迹赵岩者，首结茅屋于武曲峰，寻建殿讫，即尸解于中，至今遗蜕如生，伏谒者毛发尽竖，罔敢怠而弗虔。绍熙间，屡应祈祷，有司请于朝，封以妙济真人之号。自时厥后，威灵益著，香火益隆。上自王公大人，下至闾阎小子，莫不争先快睹，奔走恐后。论者以为蜀之太和云。

第年岁浸久，不无倾圮之弊。蜀藩承奉正杨旭，尝赍香诣殿，睹兹废坠，有感于中。是夕圣灯现于圣母山，大如车轮，光耀迥异。还以备闻，睿情欣可，赐以白金，俾葺理之。于是鸠工聚材，克日始事，或持其所欲仆，或足其所未完。殿瓦则易以琉璃，楹栋则文以金碧，下及旁堂便宇、枋牌碑亭，莫不以次成就。复陶甓创石，合门三重，砻石甃甬道直抵殿廉。视诸畴昔，大不侔矣。且山径修阻，不通舟车，较诸平易，力殆数倍。香炉凡五付，三付出于睿恩，二付则承奉正宋景、阮亨之所施也。柏凡数千株，则承奉赵昌之所植也。

工甫毕，具始末来帝都，以碑记为属。予蜀产者，于蜀之名胜，素喜谈而乐道之，况重以杨侯之请，不记可乎？

谨按，北方七宿成玄武之形，其神乃武当所奉佑圣真君。此之妙济真人，又自彼一体之分化，其神应不合而同，宜矣。吾儒所谓两在，故不测者，于此为益信。原其所以然之故，亦在乎尊主庇民，弭灾捍患而已。今杨侯奉敕新此，以为祝釐之所，是亦以上真之心为心也。非忠爱诚敬之至者，畴克尔耶？姑述此以纪岁月。复系之以诗曰：

惟此有神曰元武，赫赫威灵遍寰宇。粤从飞驾至飞乌，载振元风福西土。四民莫畴若云屯，欲旸则旸，雨则雨。理庙特降真人封，烜赫徽称冠今古。巍峨大殿倚云开，上去青苍才尺五。迩来三百有余年，粉藻无文嗟木腐。杨侯自是列仙俦，充拓君心真内辅。自今百废一朝兴，功在兹山非小补。仰祈圣寿算乾元，上衍遐龄归睿主①。

万安，字循吉，眉州人。正统十三年（1448）进士，历任礼部左侍郎、翰林学士、礼部尚书、太子太师、文渊阁大学士等，深受明宪宗宠信，被称为"万岁阁老"。从万安所撰碑记来看，早在成化年间，关于云台观玄帝的传说就已经非常完备了。世人认为玄帝于赵宋之时，从武当山分神化气至中江县玄武县，托生于赵岩的家中。万历《潼川州志》所记亦同："赵法应，别号肖庵，蜀梓州飞乌县人，父赵岩，感异征而生真人。"②

此次重修所需资财全赖王府之力，蜀怀王朱申钺赏赐白金，让杨旭总理重修事宜，把未完工的和颓圮的建筑物都进行修缮，同时把正殿的瓦均改为琉璃瓦，楹栋加以金碧纹饰。其他如旁堂、便宇、枋牌、碑亭，全部进行修缮，并用砖石砌三合门，修建甬道直达正殿。此外，还赏赐有五鼎铜铸香炉，其中三鼎为蜀

---

① （明）万安：《重修云台观记》，龙显昭、黄海德主编：《巴蜀道教碑文集成》，成都：四川大学出版社，1997年，第202—203页；（清）阿麟修，王龙勋等纂：《新修潼川府志》卷六《舆地志·寺观》，清光绪二十三年（1897）刻本；（民国）林志茂等修，谢勷等纂：《三台县志》卷四《舆地志·寺观》，民国二十年（1931）铅印本；（明）郭元翰：《云台胜纪》卷五《天府留题》。

② （明）陈时宜修，张世雍等纂：万历《潼川州志》，明万历四十七年（1619）刻本，载于李勇先、高志刚主编：《日本藏巴蜀珍稀文献汇刊》（第一辑），成都：巴蜀书社，2017年，第136页。

王所赐，另两鼎为承奉正宋景、阮亨所施。而当时还命承奉赵昌在道观周围植柏树千株，现在云台观周边还有数株百年柏树，应是当时所植。

二　正德年间重修拱宸楼与增修天乙阁

云台观拱宸楼始建于南宋，为赵法应募资修建。钱金诗《拱宸琼楼》："璃楼高拱拂晴空，玄帝真容寄此中。金壁煌煌焕星斗，万年环抱自英雄。"[1] 正德十一年（1516）春，蜀府又遣官重新修治拱宸楼。该工程历时五年，于正德十六年（1521年）七月落成，《云台胜纪》载《蜀王重修拱宸楼记》对这次重修记载颇详，兹录于下：

蜀王重修拱宸楼记

潼川州去百里许，有山曰"云台"，观曰"佑圣"，乃玄天上帝八十三化，古迹坛场也。宋元来屹然，庙貌载废载兴。至我国朝洪武初年，厥祖献王分茅治蜀，凡诸祈祷，靡不灵异。乃捐金命工，焕然一新。敬赐田十三沟，永充常住。而焚献于神，颛为保国宁家，历代相传。所祈辄应，如在目前。正德岁在适拱宸琼楼，有侵颓之状。奉慈命，慨然出内帑金，金匠抡材而鼎新之。当其时，即院、藩、臬诸公，本府官僚，皆施赀财，无悭吝心，同勤善缘，有争先意。暨干运人夫，勤勤恳恳，不负重托。主持李云春率道众，咸得尽其乃心。是皆神威默感也，故不一载而楼成焉。

---

①　（明）郭元翰：《云台胜纪》卷二《云台十景》。

楼前望住层门、肃堂、仙馆、枋牌、仓廪，都修饬就
绪。信哉，琼楼碧瓦，直冲乎九霄；彩壁朱楹，光骇乎众
目。足以妥神明于不朽，足以壮庙貌之维新。如翚斯飞，光
应七星之旋绕；如跂斯翼，水朝万里之潆洄。曰圣曰神，演
教演法。尊居北方正位，徽号"佑圣真"。降水火，有已然
之迹。济生民，运大造之仁。金阙化身，九转还丹思再炼，
玉虚师相、三元总管，荡群魔，福善祸淫，镇天助顺；巡游
日遍，遐方纠察，身临凡世，圣德神威，昭回云汉。殆见蹑
险歃危者，希悯希恩；跋山涉水者，了心了愿。大有裨于邦
家，甚加福于社稷。国本蕃昌，宗祀得人，皆圣惠。臣民衍
庆，雨旸时序，赖神庥。神可格而不可度，故忘其陋而刻之
石，欲得诸不朽云①。

正德五年（1510）朱让栩袭封蜀藩王。此次云台观拱宸楼
的重修，正是奉了朱让栩的命令，主要维修费用来自王府所发内
帑，另外还有院、藩、臬等各级官员的慨然捐赠。院即都察院，
藩即承宣布政司，臬即提刑按察司，皆是明代地方的最高行政机
构。这些行政部门的官员参与到云台观的募资修建之中来，足以
说明云台观在地方社会精英中具有一定影响力。从碑记来看，虽
然云台观被誉为"玄帝八十三化"古迹道场，且"凡诸祈祷，
靡不灵异"。然而我们要知道，历代藩王们更看重的是宗教信仰
对于教化百姓、保护国家安宁的作用，也就是碑文所云："而焚
献于神，颛为保国宁家……大有裨于邦家，甚加福于社稷。"②

---

① 《蜀王重修拱宸楼记》，（明）郭元翰：《云台胜纪》卷五《天府留题》。
② 同上。

而国泰民安最终的功劳还要归于皇恩浩荡，是当朝皇帝的厚德恩惠，所以云台观才能够受到历代蜀王的重视而"载废载兴"。

正如前文提到，肃王府一系的郡王淳化端惠王朱真泓生平颇为好道，自封道号"元一道人"。明正德十年（1515），他遣内宦朝谒云台观，并赏赐金玉帝像、帐幕纹炉、府花爵盏等物。此后，他又动用内帑白金，在云台观原名"玉玺"的地台上修建了一座八角楼，名"天乙阁"。"天乙阁"之名源于《太玄经》"天一生水"，以水之寓意暗合玄帝为"天一之神"，即具有主水的神格。中国传统信仰活动中，信众到寺庙道观中祭拜仪式中常常会焚香燃纸，寺庙道观自身也是常年供奉香油烛火，所以许多寺庙道观毁损的主要原因之一就是火灾。玄帝主镇北方为水，创修"天乙阁"一方面是淳化王崇信玄帝的表现，另一方面也是以"天一生水"的寓意来镇云台观的火灾。

该工程从正德十年九月开工，正德十一年十一月十七日完工。淳化王朱真泓亲自撰写碑记，称天乙阁"俨然一新胜境也"。该碑记仅存于郭元翰《云台胜纪》之中，兹录如下：

淳化王新建天乙阁记

予览《太玄经》，云：天一生水，地二生火。水火升降，龟蛇合形，品物是生，玄帝为其主宰。是帝乃天一之神也。帝以宋代分炁，诞于西蜀。既长，炼身修真，降伏水火，分判人鬼。又太上八十三化之身也。其变虽殊，其名则一。且迄今数百载间，阴翊皇度、福国裕民之功多矣。正德乙亥岁，予遣内宦，赴斋造完金玉帝像、帐幕纹炉、府花爵盏，恭诣云台朝谒。睹其名山福地，龙盘虎踞，水带山簪。询其历代修劫之功，前建拱宸之楼，中砌碧瑶之阶。阶下有一台，名曰"玉玺"。以原给内帑白金，抡梓材、陶瓴甓，命工就于玺上鼎建八阁楼一座，题其额曰"天乙楼"，安奉香火于内。上壁绘玄帝修道事迹，下壁图雷神诸将。但见其金壁辉煌，彩饰焕烂。及画栋雕甍，丹楹朱户。制度森严，规模气象。登之者高明爽恺，眺之者壮丽峥嵘，俨然一新胜境也！是楼经始于正德十年九月吉日，落成十一年十一月十七日。予乃刻斯记于坚珉，以识其岁月云①。

从碑记来看，天乙阁位于拱宸楼之前的石台之上。赵法应初修拱宸楼时，楼前有碧瑶之阶，阶下一台曰"玉玺"。淳化王命工匠在玉玺之上建"天乙阁"，并安奉香火，阁内绘有玄帝修道事迹以及玄帝所领雷神诸将。王府资金雄厚，自然将天乙阁修建的金碧辉煌、美轮美奂，"但见其金壁辉煌，彩饰焕烂。及画栋雕甍，丹楹朱户。制度森严，规模气象"②。虽然天乙阁取"天一生水"的寓意，然而遗憾的是天乙阁自身也无法避免火灾，在光绪十二年（1886）因一场大火被烧毁后，未再重建。

正德年间除了蜀府和肃府对云台观的增修之外，朝廷也派钦差太监到云台观修醮，并多有赏赐。正德八年，钦差太监锦兴、锦衣卫千户龚清诣观修醮。正德十五年，钦赐绿幡二首，上书"大明皇帝喜舍宝幡"，可见明代云台观作为皇家道观经常举行斋醮仪式。

---

① （明）郭元翰：《云台胜纪》卷五《天府留题》。
② 《淳化王新建天乙阁记》，载于(明)郭元翰：《云台胜纪》卷五《天府留题》。

三　万历年间云台观的大规模重修

万历三十二年（1604）二月，云台观遭遇了一场严重的火灾。此次火灾不仅烧毁了大量主体建筑，更令人惋惜的是，保存在云台观百余年的赵法应的遗体——"仙蜕"也在火灾中被烧毁，这不啻是云台观历史上的重大灾难。

肉身不腐的现象在佛教历史上时有见之，被称为"肉身舍利"，这也被看作是修行到至高境界的一种现象，如禅宗六祖慧能大师即留不腐肉身在世。但是在道教历史上，这种情况则非常罕见，因为道教修行历来重视对身体的修炼和转化，修炼成功的标志是飞升、羽化等，均不舍肉身而成仙，因此传说中得道成仙之人均不会留有肉身在世。所以云台观创始人赵法应逝后肉身不腐，既是玄帝降世以显其神圣效应的直接显现，也是云台观实现其祈祷灵应的重要保证，更是历代蜀府予以重视的重要原因之一。

正因为如此，万历三十二年云台观发生的火灾自然惊动了朝廷与蜀藩王府，而后续的重修工作也得到了统治者的高度重视。蜀端王朱宣圻命令承奉冯应宗授书于门正司、有礼等部门着手对云台观进行全面的修复和扩建。重修工程持续了三年，即从万历三十二年开始，到万历三十五年全部完成。重修云台观工程完成之后，四川巡抚乔璧星为此撰写了《重修云台记》①。其碑文被

---

① （明）乔璧星：《重修云台记》，明陈时宜修，张世雍等纂：万历《潼川州志》，明万历四十七年刻本，载于李勇先、高志刚主编：《日本藏巴蜀珍稀文献汇刊》（第一辑），成都：巴蜀书社，2017年，第193—198页。

辑录于《日本藏巴蜀珍稀文献汇刊》之中，现将该文著录于下：

重修云台记

　　我国家尊太岳帝玄君，于是天下名山离宫遍置，盖极一时之崇事矣。其崔嵬壮丽与太和鼎足者，莫如西岳云台。太和肇封于成祖，西岳嗣典于世宗，两山神宇，皆申命司空领之。太和云台最号地灵，尚阙以待明德。祠家言：玄君降于太岳而尸解于云台，夫神无形而谓有形有异，轩辕有家而云不死，其语迂怪，君子不道焉。然而阳亢雨淫，有祈辄应，境内父安，实赖神庥。其祠始创于蜀之先王，世修祀事而加之以诚敬。

　　岁壬寅不戒于火而延爇仙脱。王乃命承奉冯应宗，授书于门正司、有礼等，鸠工程材，扫其余烬，更与经始，越三载而告成，隆如森如，峻嶒倍昔间。诸经费则无藉民间，无预有司，乃圣母发大内之钱，王分土田之入，而郡中荐绅长老亦稍佐之，以余职守土，请纪成事。余起而颂曰："尚矣哉！明王先成民而后致力于神，则圣母作之，贤王替之矣。治民事神并国之大事。"然当损之时二簋可享，此以知国不听于神而听于民也。

　　蜀处西僻而地非饶沃，间者岁比不登，重以榷关采木，十室九空，民不堪命。藉曰："我其无嫚于神，而疲民以后，作事不时，怨讟并起，民之多违神，亦弗福矣。"乃赐出上方，申以王命，民不罢劳，神有所归，盖上方以孝治天下，而且予民以逸。故圣母欲成上之大德，而宣之以慈，王欲效忠于维城，而且无坠先王之命，故能上下说乎。鬼神而无有怨恫，于国四方之祝釐者，仰而瞻，俯而思，益动仁孝之念矣。夫祝岂徼福以为礼也，礼莫大于尊尊而亲亲，所以经国家，定社稷，歆神人，利后嗣也，一举而众善备矣！余又考星家，北方七宿，如牛而缺一足，有龟蛇盘结之状，时俗传会且偏主武，语既不经。又《天官书》：斗鬼戴匡六星，主文昌宫：一曰上将，二曰次将，三曰贵相，四曰司命，五曰司中，六曰司禄。俗偏言，文亦属未妥。余以为，诸神皆列星斗，并司文武爵禄，义既同。而词家又谓：文昌降于蜀，故梓橦有专祠，与云台埒王者修祀，穆有深思。昔成祖当干戈甫定之余，故首事太和以表武功，世宗际累代声名之盛，故再祝此岳以昭文德。今天子嗣服不愆，文教益修，武功丕振，故遍礼群望以彰极盛。从古封泰山禅，梁父者七十二家，顾无其德而用是，徒取壮观，贻讥后世。何如今日，则天象协地纪，上下皆有嘉德，而无违心者，赖上威灵。鄙夷皆与于俎豆，而蠢贼闻发乎不虞。余承之西疆，谨戒香帛告于二祠，一祈仗神武以彰国讨，一祈光太乙以炽昌晖，则祠非虚建，祭非淫渎，民和而益降之福矣！①

乔璧星（1550—1613），字文见，号聚垣，临城县人。自幼聪颖，27 岁中举人，31 岁参加殿试高中前三甲，后任河南开封府中牟县知县。万历三十三年（1605）以都察院官右佥都御史巡抚四川。

在传统的玄帝信仰之中，皆将玄天上帝看作是降魔除妖的战神，其形象也被塑造为披发跣足，手握利剑，脚踏龟蛇，威风凛

① （明）乔璧星：《重修云台记》，明陈时宜修，张世雍等纂：万历《潼川州志》，明万历四十七年刻本，载于李勇先、高志刚主编：《日本藏巴蜀珍稀文献汇刊》（第一辑），成都：巴蜀书社，2017 年，第 193—198 页。

凛的武将的形象，因此历来对于玄天上帝的崇奉均彰显其"武功"。然而乔璧星在其碑文《重修云台记》中提出了一个与传统观念迥异的观点，认为西岳云台的主神"玄帝"有着"主文"的神格。乔璧星批评了星象家认为北方七宿主武、斗魁戴匡六星主文的观点。其中，碑文中"斗魁戴匡六星曰文昌宫"是司马迁在《史记·天官书》中提出来的①，中国传统的文昌信仰来源于对此六星的星宿信仰。后来人们把文昌星与蜀中梓潼神张亚子合二为一，塑造了文昌帝君的忠君孝亲及获取功名利禄的神格，所以文昌帝君深受中国文人的崇奉。文昌帝君信仰在巴蜀地区尤为兴盛，"文昌之祀遍寰区，其着灵尤在西蜀"②。文昌帝君专祠在七曲山文昌宫，宋元皇帝屡次加封圣号与赐予庙额③，宋景定五年（1260）封"神文圣武孝德忠仁王"，元延祐三年（1316）封"辅元开化文昌司禄宏仁帝君"，并赐庙额"佑文成化"。

　　乔璧星认为星象家不应该有意将各个星宿分置文武的属性，因为"余以为诸神皆列星斗，并司文武爵禄"。也就是说，北方七宿或者文昌六星，都是兼有文武神格的。所以，他批评词家没有深刻地去考虑诸王于云台观修祀的内在意义："义既同，而词家又谓，文昌降于蜀，故梓橦有专祠，与云台垺王者修祀，穆有深思。"乔璧星之所以要提出以上与传统迥然不同的观点，是为了引出云台观玄帝信仰之中"文德"的属性。作为护国神的玄天上帝兼具了"文德"与"武功"，才可以在不同的朝代背景之

<hr>

① （西汉）司马迁：《史记》卷二十七《天官书》，北京：中华书局，1982年，第1293页。
② 徐辅忠：《创修文昌宫碑记》，载龙显昭、黄海德主编：《巴蜀道教碑文集成》，成都：四川大学出版社，1997年，第450页。
③ （明）《清河内传》，《道藏》第3册，第288页。

中，按照帝王统御天下的需要而适时进行转换。在他看来，云台观的玄帝信仰有着与武当山玄帝信仰有着重要区别，即"文"与"武"的区别。他说："昔成祖当干戈甫定之余，故首事太和以表武功，世宗际累代声名之盛故，再祝此岳以昭文德。"太和武当山玄帝信仰的兴盛来自明成祖朱棣表"武功"，而云台观纳入国家祀典始于明世宗朱厚熜，是时边疆稳定，国力强盛，专祀云台则出于昭"文德"的需要。

到了万历年间，明神宗朱翊钧继承了先祖的统治理念："今天子嗣服不惹，文教益修，武功丕振，故遍礼群望以彰极盛。"对于玄帝的崇奉价值和意义则进一步发生了变化，其目的在于彰显国家处于"极盛"的繁荣状态。当然，乔璧星之言有明显吹捧赞誉神宗的意味。众所周知，朱翊钧在万历十七年（1589）之后便不再上朝直至去世，创造了历代皇帝不上朝的最高纪录，同时对于重要官员的缺额不再替补，此后数十年的国家行政机关与社会运转逐渐趋于僵化，与洪武、永乐诸朝所创立的规范有序的行政体制与文官制度渐行渐远，为明朝帝国大厦最终倾覆埋下了伏笔。

但乔璧星并不是一个一味阿谀奉承、庸碌无为的官员。相反，他一生清廉正直，廉洁奉公，在出任地方官员期间，大兴惠民举措，打击豪强势力，深受百姓爱戴。在《重修云台记》行文之中，乔璧星深切表达了对百姓疾苦的关怀，"蜀处西辟而地非饶沃，间者岁比不登，重以榷关采木，十室九空，民不堪命。"湖广、四川的高山之中自古出产重要的建筑材料——巨大的楠木，自永乐年间，因为大建皇宫的需要，成祖便遣官到四川、湖广采木运回北京。此种工程浩大，从入山采伐、储存到运输，均需要巨大的人力，每次入山采伐都会有人员伤亡，使得当地百姓苦不堪言。此后虽于弘治年间停止采木，但正德以及嘉靖年间又复此工程。

在四川巡抚期间，乔璧星看到四川的百姓为了朝廷伐采修建宫殿的楠木，深受采木之役的苦，数次上奏朝廷请求停止此项劳民伤财的举措。在此碑文中他更指出其害，强调祀神与保民之间的重要关系。他认为国家崇奉神灵必须与体谅百姓疾苦结合起来："籍曰我其无嫚于神而疲民，以后作事不时怨讟并起，民之多违神，亦弗福矣。"因为百姓祭拜神灵仍然要承受深深的苦难，那么祭祀也就变得没有意义，百姓也就不再相信神灵的护佑了，进而对于国家政权的信心也会动摇。乔璧星正是看到了这一点，才指出："明王先成民而后致力于神，则圣母作之，贤王替之矣。治民事神并国之大事。然当损之时二簋可享，此以知国不听于神而听于民也。"实际上也是借此对当权者进行"成民""听于民"的劝谏。

此次重修云台观的主要经费并不来源于信众捐赠，"诸经费则无籍民间，无预有司，乃圣母发大内之钱，王分土田之入，而郡中荐绅长老亦稍佐之。""圣母"是万历朝皇太后孝定李太后。李太后（1546—1614），隆庆皇帝妃子，1567成为皇后，明神宗之生母，神宗即位之后封"慈圣皇太后"，万历四十二年（1614）二月崩，谥号："孝定贞纯钦仁端肃弼天祚圣皇太后。"李太后生平好佛，对于京城内外的许多佛寺都进行捐资修建，"顾好佛，京师内外多置梵刹，动费巨万，帝亦助施无算。"① 据

---

① （清）张廷玉等撰：《明史》卷一百十四《列传第二·后妃二》。北京：中华书局，1974年，第3535—3536页。

有关学者统计，李太后捐资新建与重建的寺庙至少有二十余座①，至于为寺庙买田置地、赏赐金银更是不可计数。仅就北京地区她就作为主要捐赠者重建了观音庙、慈寿寺、万寿寺、拈花寺等十余座寺庙②。在她当太后的那些年头里，超过半数赐给寺院的皇家捐赠是她的赏赐③。

李太后信佛的同时也崇道，对于京城内外的道观也多有捐资修建。万历三年（1575）李太后与皇帝共同出资修建京师东岳庙④，万历三十四年（1606），李太后与其他妃嫔一起捐内帑。铸造渗金东岳圣像⑤。而云台观在万历年间的重修，主要资金来源就是李太后大发内钱，剩余资金则来源于蜀王在四川的田土税金和地方乡绅的捐助。正因为朝廷和藩王的干预，使得此次重修资金雄厚、规模宏大，成为云台观明代历史上最具影响力的重修工程。对于太后与蜀王的捐资功德，乔璧星并不吝惜赞颂之词："故圣母欲成上之大德而宣之以慈，王欲效忠于维城而且无坠先王之命，故能上下说乎。"既赞扬了圣母皇太后的慈悲之心与蜀王的忠孝之义，又凸显了皇帝普泽生民的厚德，因此重修工程上下一心，众力并举："所以经国家，定社稷，歆神人，利后嗣也，一举而众善备矣！"经过三年的建修，万历三十五年（1607），云台观终于重建完工。明神宗朱翊钧亲自为佑圣观书一匾额"第一名山"，该牌匾至今仍今悬挂于今青龙白虎殿，云

① 何孝荣：《明朝宗教》，南京：南京出版社，2013年，第38页。
② ［美］韩书瑞：《北京：公共空间和城市生活（1400—1900）》上册，北京：中国人民大学出版社，2019年，第180—184页。
③ 同上，第179页。
④ （清）于敏中：《日下旧闻考》卷八十八《郊坰·东一》，第1491页。
⑤ 《钦造岱岳灵应玄妙金像碑》，东岳庭北京民俗博物馆编：《北京东岳庙与北京泰山信仰碑刻辑录》，北京：中国书店，2004年，第38—39页。

台观所获荣宠盛极一时。

第四节　云台观两部御赐《道藏》考证

《道藏》是道教重要的经书总集，明以前历代统治者曾对道
教经书进行编集，但大多数已散佚。现在一般所称《道藏》是
对明代《正统道藏》和《万历续道藏》统称。明代从永乐年间
开始，官方便对《道藏》进行了数次整理和刊刻。此后，朝廷
将《道藏》广泛颁赐天下重要的宫观，一方面体现了统治者对
于道教的重视，另一方面也促进了道教在地方社会的蓬勃兴盛。
云台观分别于万历二十七年和万历四十四年两次获朝廷颁赐
《道藏》，经过笔者考察发现，这两部《道藏》分别存于四川省
图书馆与四川大学图书馆，除部分经卷有毁损亡佚之外，仍有大
量经卷保存完好。本节主要对两部《道藏》的历史与保存现状
进行考证，并对两部《道藏》的装帧版式、字体图画以及内容
进行对比，探析二者之间的差异以及重要的文物与文献价值。

一　《道藏》的编纂与颁赐

《道藏》是道教典籍汇集的总称，历史上经过多次编纂。据
陈国符先生考证，最早对道书编目和收录始于《汉书·艺文
志》，他在《道藏源流考》中指出："《汉书·艺文志》著录道
三十七家，九百九十三篇；房中八家，百八十六卷；神仙十家，

二百五卷。"① 汉末三国新出道书于晋代收入《抱朴子·遐览》之中，约六百七十卷，符五百多卷，包括服饵、炼养、符图、算律等，不载斋仪之书。南朝刘宋道士陆修静著录各类道经编成《三洞经书目录》共 1228 卷，北周武帝时又编有《玄都经》和《三洞珠囊》，此后历代均有新出道书书目的编制，均属于私人所为。

唐代之后道经开始被纳入国家编纂和刊刻的范围，因唐玄宗崇信道教，遂以国家之力搜寻道经，编纂成《琼纲经目》，亦称《开元道藏》。宋元官方持续修纂，北宋真宗时编纂了《宝文统录》，此后张君房主持编修《大宋天宫宝藏》，并撮其精要，写成《云笈七籤》。宋徽宗崇宁中又将《天宫宝藏》扩编并刻板印刷，称为《万寿道藏》。金章宗时编刻《大金玄都宝藏》。元初宋德方在《政和万寿道藏》基础之上有所增补，刊印《玄都宝藏》。

由于历史原因，以上时期所编纂的《道藏》均已亡佚。当前我们所见之《道藏》为明版《道藏》。明永乐中，成祖敕命四十三代天师张宇初纂校《道藏》，英宗正统九年（1444），诏通妙真人邵以正督校订正，以《千字文》为函目。第二年校勘完成，是为《正统道藏》，凡五千三百零五卷，四百八十函。明神宗万历三十五年（1607），五十代天师张国祥奉旨校梓，刊续《道藏》，自杜字至缨字，凡一百八十卷，三十二函，是为《万历续道藏》②。《正统道藏》与《万历续道藏》合为明《道藏》，共收录各类道经一千四百七十六种，五千四百八十五卷，五百一

---

①　陈国符：《道藏源流考》，北京：中华书局，2014 年，第 88 页。
②　朱越利：《〈道藏〉的编纂、研究和整理》，《中国道教》1990 年第 2 期。

十二函。

　　明《正统道藏》于英宗正统十年（1445）完竣，正统十二年（1447）刊造道藏经毕，皇帝下命颁赐天下道观，包括龙虎山大上清宫、北京白云观①、三茅山元符宫、南京狮子山卢龙观、长寿山朝真观等处。宪宗成化十二年（1476）颁赐金陵玄观和方山洞玄观。万历二十七年（1599），颁赐《道藏》至天下众多名山宫观，并遣太监护送。包括恒山九天宫，龙虎山大上清宫，华山西岳庙，恒山北岳庙，茅山九霄万福宫，三茅山元符万寿宫，永济通元观等。以上颁赐藏经的敕文内容除了遣送经使不同，其余均无异。到了清代，也有朝廷继续颁赐《道藏》到重要道观。

　　据陈国符先生详细考证，明清时期，朝廷颁赐《道藏》至各处名山宫观甚多②。除了上述宫观以外，还有顺天府通州元灵观，明永乐年间赐敕道经；保定府清虚宫万历二十四年建，有道藏阁；定州曲阳县总元观贮有《道藏》；宣化府金阁山灵真观有《道藏》；延庆州藏经阁为万历二十三年所建，以收藏太监罗本赍捧至州的《道藏》；崂山太清宫藏有明道经五千余册；山东兖州府白云宫有藏经阁并万历三十一年《颁大藏经敕谕》；登州府宁海州昆嵛山有万历三十九年《道藏经》敕。另据学者于文涛考证，明清两代获赐道藏的道观还有上海白云观、青岛崂山太清宫、泰安岱庙、南阳玄妙观等③。赵卫东考证茅山诸道观中，除

　　① 《赐经之碑》，陈垣：《道家金石略》，北京：文物出版社，1988年，第1257—1258页。
　　② 陈国符：《道藏源流考》，北京：中华书局，1963年，第191—200页。
　　③ 于文涛：《国内外现存明版〈道藏〉》，《中国道教》2017年第1期。

了陈国符提到的元符宫、九霄万福宫以外，茅山乾元观也于万历年间获赐《道藏》，以此证明了茅山在明代朝廷受到的重视①。当然，国内外还有现存部分《道藏》残卷来历不明，但总共也不超过数处。综上，可以大致推断出明清时期获赐《道藏》的宫观至少有三十余处。

二　云台观两部御赐《道藏》考证

如前所述，自明英宗正统十年完成《正统道藏》的编纂之后，朝廷便印制了《道藏》颁赐天下知名宫观。到了明神宗时期，更是大量刻印正续道藏颁赐天下知名宫观。这其中包括道教名山茅山、龙虎山、华山、恒山之上诸多道观，以及金陵、北京等地的知名道观。至于西南地区的道观，就当前的文史资料来看，唯有云台观获得此种殊荣。万历二十七年（1599）及万历四十四年（1616），朝廷分别颁赐两部《道藏》到云台观中供奉，朝廷对云台观的重视可见一斑，说明云台观在明代的影响力之大，足以与国内其他地方的知名宫观媲美。自两次获赐《道藏》殊荣之后，云台观也达到了发展的鼎盛期。

为了能够了解到两部《道藏》的存世情况，笔者通过四川大学道教与宗教文化研究所盖建民教授与四川大学古籍整理研究所所长舒大刚教授，联系并征得四川大学图书馆党跃武馆长的同意，于2019年10月17日，到四川大学图书馆古籍特藏部了解馆藏明代《道藏》的藏本情况。在特藏部丁伟主任的陪同下，

① 赵卫东：《茅山乾元观〈道藏〉抄本流传山东考》，《宗教学研究》2013年第1期。

笔者对部分道经进行了调阅和拍摄。当日下午，在丁伟主任的推荐下，笔者又联系到了四川省图书馆杜桂英副馆长，并经过特许对四川省图书馆馆藏明代《道藏》的部分道经进行了调阅和拍摄。通过笔者考察对比，可以确定的是，两部明代御赐到云台观的《道藏》如今仍保存于世，分别藏于四川大学图书馆与四川省图书馆，现对两处《道藏》版本及基本情况分述如下。

（一）四川大学馆藏《道藏》

万历二十七年（1599）八月二十七日，明神宗朱翊钧遣道经厂付掌坛、御马监左少监白忠，携《敕谕》护送经书到云台观供奉，并赐象牙笏等器物，但是这批经书经明末兵燹之后大部分散失。清嘉庆《三台县志》之中载有万历二十七年《敕谕》全文，民国《三台县志》从嘉庆县志中誊录。此外，陈国符先生在《道藏源流考》之中亦有提及和著录本敕文，现将《敕谕》著录如下：

> 敕谕云台山佑圣观住持及道众人等：
>
> 朕发诚心，印造《道藏经》，颁施在京及天下名山宫观供奉。经首护敕已谕其由。尔住持及道众人等务要虔洁供安，朝夕礼诵，保安眇躬康泰，宫壸清肃，忏已往愆尤，祈无疆寿福，民安国泰，天下太平。俾四海八方同归清静善教，朕成恭己无为之治道焉。今特差道经厂副掌坛、御马监左少监白忠斋请前去彼处供安，合宜仰体知悉。钦哉，故

谕。万历二十七年八月二十七日①

清嘉庆《三台县志》卷八《艺文》除了记录了万历二十七年《敕谕》，还将所赐道经目录著出：

> 又赐存经典甚多，兵燹之后大半失散，其现存者三十四种。《老子道德真经》三百二十卷；《道德会元经》三百四十九卷；《南华经》二百五十卷；《太平经》十九卷；《云笈七籤》九十九卷；《无上秘经》五十四卷；《墨子》十五卷，《原始无量上品妙经》十四卷；《文始真经》六卷；《鹖冠子》十九篇；《子华子》二十四篇；《华阳陶隐居传》三卷；《公孙龙子》三卷；《尹文子》三卷；《谭先生水云集》六卷；《武当纪圣集》三卷；《武当福地总真集》四卷；《金锁硫朱引经》十二卷；《易筮通变经》四卷；《西升经》六卷；《岱史》五卷；《太清金液神丹经》三卷；《天机经》一卷；《启圣录》一卷；《混俗颐生录》一卷；《太上八素真经》《上清修身要事经》《太上说元天经》《许真君仙传》《清微斋法经》《太原经》《净明经》《历世真仙经》。《太上八素真经》以下八种皆有目无卷②。

从嘉庆《三台县志》来看，当时《道藏》共存三十四种，一千二百零六卷。民国《三台县志》依据清嘉庆《三台县志·艺文志》，提到了该道经留存情况"惟邑南云台观，明代赐有经

① （清）沈昭兴纂修：《三台县志》卷之八《艺文志》，嘉庆二十年（1815）刻本；（民国）林志茂等修，谢勤等纂：《三台县志》卷二十五《礼俗志二·宗教》，民国二十年（1931）铅印本；陈国符：《道藏源流考》，北京：中华书局2014年，第144页。

② （清）沈昭兴纂修：《三台县志》卷之八《艺文志》，嘉庆二十年（1815）刻本。

典，虽历经兵燹，存者尚千有余卷，为羽流所矜式云"①，又记："至清嘉庆时存者止三十四种，今更少矣。"② 当时所存经书千余卷，共三十四种。可见，随着时间推移，由于保存不善等原因，道经受到的破坏非常严重。民国三台县知事张政游历云台观，看到了万历年间朝廷赏赐的《道藏》与《敕谕》，其诗《御敕》与《藏经》即是对亲眼所见之物的描写。《御敕》诗云：

> 道人捧敕出，先以妙香熏。
> 龙画金泥色，虫书玉玺文。
> 可能希舜帝，相对忆明君。
> 阉竖诚忠否，鸣驹有杜勋③。

该诗下注："凡两轴，内监叶忠、白忠送观。"由此可见，在民国时期两份敕谕都还存留于道观之中。其诗《藏经》云：

> 内钱修观后，中使送经来。
> 黄虎焉能噬，红羊不敢灾。
> 真灵呵护力，道士守藏才。
> 欲乞丹台住，千函手自开④。

该诗下注有"万历敕赐，献忠之乱数次火灾俱无损毁"。"内钱修观后，中使送经来"则指当时朝廷数发内帑培修和扩建佑圣观，此后更是着内监两次护送道大藏经到观供奉的情况，

---

① （民国）林志茂等修，谢勤等纂：《三台县志》卷二十二《礼俗志二·宗教》，民国二十年（1931）铅印本。
② 同上。
③ （民国）林志茂等修，谢勤等纂：《三台县志》卷二十二《艺文志三·文征上》，民国二十年（1931）铅印本。
④ 同上。

"黄虎"实指张献忠之乱，"红羊"则是发生在万历三十二年的那次大火。

　　四川大学馆藏为万历二十七年颁赐《道藏》。该部《道藏》在1930年前后，被成都梓潼宫请去，后梓潼宫在民国毁掉，道经被国学院（存古学堂）取去。1931年国立四川大学成立，原任国学院院长的向楚在出任四川大学文学院院长之时，将该批《道藏》整理并归于四川大学收藏。四川大学所藏明代《道藏》为正统十年（1445）刻本，共计2669册，二千九百二十九卷。该套《道藏》装帧形制为梵夹本，纸质较厚，为双层高丽纸，匡高27.7厘米，广12.9厘米。半页五行，行十七字，上下双边，现存经书有少量木质夹板。（如图5-4-1）

图5-4-1　万历二十七年《道藏》经文（四川大学藏，笔者摄）

　　大多数经卷被报纸包裹，从报纸的年代来看，是20世纪80年代的报纸。同时，报纸上标注有经卷编号和数量，可以推测在20世纪80年代曾经进行过整理。笔者到四川大学图书馆看到了该部《道藏》中的《历世真仙体道通鉴》一卷。其卷首有御制龙牌，（如图 5 - 4 - 2）三清像以及朝元图，（如图 5 - 4 - 4）卷尾有护法神形象。（如图 5 - 4 - 12）

龙牌上书：

> 天地定位，阴阳协和，星辰协和，星辰顺度，日月昭明，寒暑应候，雨阳以时，山岳靖谧，河海澄清，草木蕃庑，鱼鳖咸若，家和户宁，衣食充足，礼让兴行，教化修明，风俗敦厚，刑罚不用，华夏归仁，四夷宾服，邦国巩固，宗社尊安，景运隆长，本支万世。正统十年十一月十一日

笔者将四川大学所藏明代《道藏》之中的《历世真仙体道通鉴》卷一御制龙牌以及朝元图与北京白云观所藏《道德真经集义》卷首龙牌相比较，发现两幅龙牌中的文字内容完全一致，基本布局安排也相同，标注时间也完全一样，都是正统十年（1445）所刻。但通过仔细对比，两图却存在一定差别。首先，两图中字体不同。云台观龙牌字体清秀，略显瘦长；白云观龙牌字体圆润厚重。其次，云台观龙牌中所绘两条龙纹路清晰，龙爪龙须均历历可见；而白云观龙牌则稍显模糊。最后，二者下部所绘基座纹路也不尽相同：云台观龙牌所绘下部基座正中有一个卷云纹；而白云观龙牌所绘下部基座正中则是两个卷云纹。由此可见，虽然两部《道藏》均为正统十年所刻，但经板不止一副。

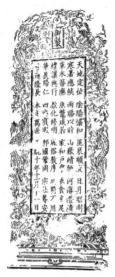 

图5-4-2　万历二十七年
《道藏》卷首龙牌（笔者摄）

图5-4-3　北京白云观藏
《道德真经集义》御制龙牌①

图5-4-4　万历二十七年《道藏》经书龙牌及朝元图
（四川大学藏，笔者摄）

　　与御制龙牌连接的是《朝元图》（如图5-4-4）。该图展示的是道教各神仙朝拜三清的情形，这些神仙包括东王公、西王

---

①　该图来自于文涛：《国内外现存明版〈道藏〉》，《中国道教》2017年第1期。

母、三官、五帝、四御等，加上金童、玉女、二十八宿，三十二
帝君等，整个图画场面开阔、气势磅礴，完整表现了道教主要神
仙体系的内容。按照一般《朝元图》的安排，"三清"应被置于
正中，其余神仙分列左右朝觐"三清"。但笔者发现在四川大学
图书馆馆藏的《历世真仙体道通鉴》中，卷一的龙牌被置于诸
神仙之间，并且诸神仙并不是朝向同一个方向，三清被置于了经
书正文之前。显然这并不是《朝元图》本来的样子。因为该卷
曾经过专门的修复，笔者猜测由于修复之时的经文断为几部分，
修复者并不了解原有《道藏》中朝元图像的具体排列，因此就
出现了这种错误的排列方式。所以正确的图像制式应为白云观
《道德真经集义》一般，龙牌位于经首，诸神分列南北两个方向
朝觐三清神像，最后为经文的正文部分。（如图 5 - 4 - 5）

图 5 - 4 - 5　北京白云观藏《道德真经集义》卷首龙牌与《朝元图》①

---

① 该图来自于文涛：《国内外现存明版〈道藏〉》，《中国道教》2017 年第 1 期。

（二）四川省图书馆馆藏《道藏》

　　万历三十二年（1604）云台观发生大火，烧毁了绝大部分建筑，道观中所存万历二十七年颁赐的《道藏》部分被焚毁。而由于云台观所具有的声名与影响力，在蜀藩王府和皇帝生母李太后共同主导出资下，云台观迎来了明代规模最大的一次重修。在重修云台观竣工之后，万历四十四年（1616）八月，明神宗朱翊钧遣内监传圣旨颁赐经书到云台观，此次颁赐除了《正统道藏》以外，还包括新修的《万历续道藏》。由太监叶忠亲自护送至道观内安放供奉，同时赏赐的大量金钱财物。随同《道藏》护送到云台观的还有万历皇帝《敕谕》，该原件仍留存于今三台县博物馆，为国家二级文物。（如图5-4-6）

图5-4-6　万历四十四年《敕谕》（三台县博物馆藏并供图）

　　万历四十四年《敕谕》文字内容与万历二十七年大致相同，但在称呼上略有差异。万历二十七年称"云台山佑圣观"，万历四十四年则称"四川成都府玄天佑圣观"，因为在明代三台县属于成都府辖区，故有"四川成都府"云。从以上两次称呼可以看出，在明代官方均称云台观为"佑圣观"或"玄天佑圣观"，同时也以山为名称"云台观",这个名字在清朝以后官方和民间沿袭使用至今。除了称呼以外,两篇敕谕派遣护送者和落款日期不同。前者为"今特差道经厂副掌坛、御马监左少监白忠……万历二十七年八月二十七日",而后者为"今特差御马监太监叶忠……大明万历四十四年八月□日",现将万历四十四年敕谕著录如下:

> 敕谕四川成都府玄天佑圣观住持及道众人等:

> 朕发诚心,印造《道大藏经》,颁施在京及天下名山宫观供奉。经首护敕已谕其由。尔住持及道众人等务要虔洁供安,朝夕礼诵,保安眇躬康泰,宫壶清肃,忏已往愆尤,祈无疆寿福,民安国泰,天下太平。俾四海八方同归清静善教,朕成恭己无为之治道焉。今特差御马监太监叶忠斋请前去彼处供安,各宜仰体知悉。钦哉,故谕。大明万历四十四年八月 日

万历四十四年颁赐《道藏》现收藏于四川省图书馆。该批《道藏》中华人民共和国成立之初仍存于云台观中。1953年,三台县人民政府将该部《道藏》、象笏、圣诏作为重要文物统一交政府文物部门保存并进行展览[①]。后由于书籍保存状况不佳,三台县博物馆将该部《道藏》交由四川省图书馆予以修复保存,仅存象笏、圣诏于三台县博物馆。现存四川省图书馆《道藏》共计三千三百五十三卷,与易心莹所检视卷数大致相同。该套《道藏》装帧形制亦为梵夹本,经书用宣纸,匡高27.7厘米,广12.9厘米。半页五行,行十七字,上下双边,经书封面为黄

---

① 《为通知妥为保护你区文物古迹由》,三台县档案馆,档号:028 - 09 - 0064 - 025。

绸，书名处蓝底黑框，字竖排，下方以圆圈标注该经书千字文序号。(如图 5－4－7)

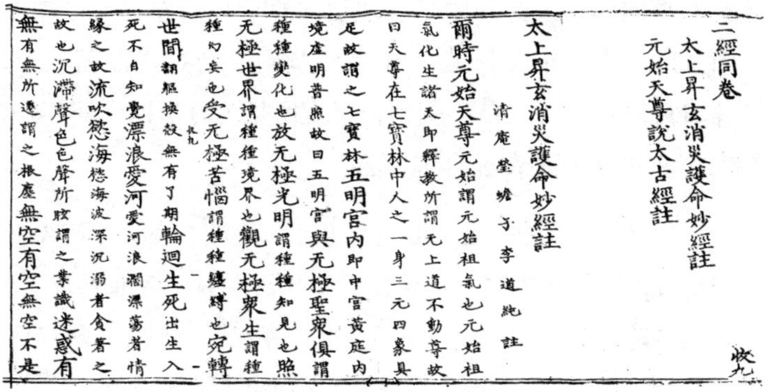
二經同卷
太上昇玄消災護命妙經註
元始天尊說太古經註
太上昇玄消災護命妙經註
清庵瑩蟾子李道純註
爾時元始天尊 元始謂元始祖氣也元始祖氣化生諸天即釋教所謂无上道不動尊故曰天尊在七寶林中人之一身三元四象具足故謂之七寶林 五明宮內 即中宮黃庭內境虛明普照故曰五明宮 與无極聖衆俱 謂種種變化也 放无極光明 謂種種知見也 照无極世界 謂種種境界也 觀无極衆生 謂種種幻妄也 受无極苦惱 謂種種纏縛也 宛轉世間 翻騰換殼無有了期 輪迴生死 出生入死不自知覺 漂浪愛河 愛河浪濶漂蕩者情緣之故 流吹慾海 慾海波深沉溺者貪著之故也 沉滯聲色 色聲所眩謂之業識 迷惑有無 有無所遷謂之根塵 無空有空無空不是

图 5－4－7　万历四十四年《道藏》经文（四川省图书馆藏，笔者摄）

中华人民共和国成立前，陈国符先生考证这两批藏经的存留情况，因疑云台观所存道经之中的《太平经》与《无上秘要》有涵芬楼影印北京白云观《正统道藏》存本所无之经卷，遂委青城山道士易心莹前往检视，转托云台观道士抄录涵芬楼影印本所缺之《太平经》。易心莹至云台观发现其中所存《太平经》与《无上秘要》亡佚更多，并无涵芬楼影印本所缺经卷，并且当时道观中残存道经三千三百余卷，远远超过了地方志所录卷数，说明地方志著录并不完全正确。

1948 年 10 月易心莹道长受托第二次前去详检全藏，得出以下更为详细的结论：“云台观《道藏》系两次颁赐，圣旨原文俱存。首在万历二十七年，次四十四年。前者用高丽纸印，纸质厚重。后者用连史纸印，纸质单薄，板高约八九寸，宽约四五寸。每页十行，行十七字。函末护法神像则署万历戊戌年十月吉日奉旨印造施行。系梵夹本……此藏书套败坏已久，各函道书，以散麻束之。"① 根据易心莹的详细检视，该套道经总计三千二百余卷，其中《洞真部》五百二十卷，《洞玄部》六百四十卷，《洞神部》八百四十卷，此外还有《四辅部》未详录卷数②。

因万历二十七年《道藏》在易心莹到云台观之前就已经被成都梓潼宫请走，所以易心莹到云台观所见为万历四十四年颁赐《道藏》。正如易心莹在云台观所云：

> 后者存于观中，已三百三十余年。此藏书套败坏已久。各函道书，以散麻束之。经详检，计《洞真部》存五百二十卷，《洞玄部》存六百四十卷，《洞神部》存八百四十卷，及《四辅部》，共存三千二百余卷。《续藏》则凌乱不堪清理矣③。

此套《道藏》亦为正统十年（1445）内府刻，万历二十六年（1598）官印本，万历二十七年（1599）内府写本，笔者到四川省图书馆所查卷数共计三千二百零九卷，与前文易心莹所云"共存三千二百余卷"基本相符，因此可以完全确定四川省图书馆所藏《道藏》为万历四十四年颁赐至云台观的刻本。

通过对比，云台观所获御赐万历二十七年《道藏》与万历四十四年《道藏》有如下区别。

首先，装帧形式的区别。两部《道藏》均为梵夹本，但二十七年《道藏》之中的经书用纸质较厚，为双层高丽纸，经夹为木板，覆黄纸。（如图 5－4－8）而四十四年《道藏》之中的经书用纸较薄，为生宣纸，经夹材质厚纸板，覆黄绸。（如图 5－4－9）

---

① 陈国符：《道藏源流考》，北京：中华书局 2014 年，第 163 页。
② 同上。
③ 同上。

图5-4-8 万历二十七年
《道藏》木制经夹（笔者摄）

图5-4-9 万历四十四年
《道藏》覆绸经夹（笔者摄）

其次，字体的区别。二十七年《道藏》为楷体书写，字体端正，笔画遒劲有力，大小均等，字体之间空间较小。（如图5-4-10）四十四年《道藏》亦为楷体书写，笔画清秀俊逸，但字体并不是大小均等，其中有一部分字形刻意增大以作强调。（如图5-4-11）

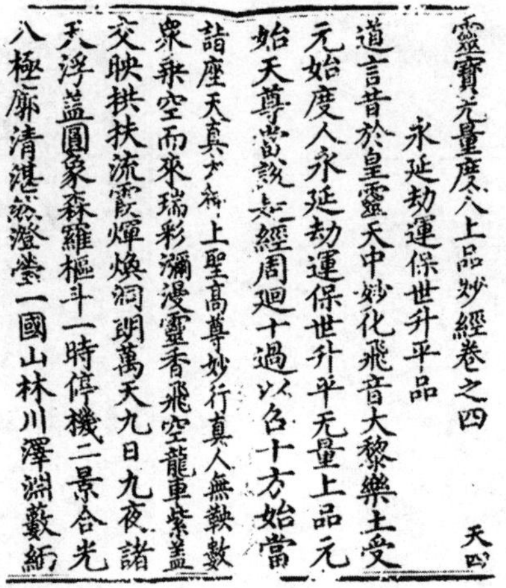

靈寶元量度人上品妙經卷之四　天四

道言昔於皇靈天中妙化飛音大黎樂土受
元始度人永延劫運保世升平无量上品元
始天尊當說此經周迴十過以召十方始當
詰座天真方神上聖高尊妙行真人無穢數
泉乘空而來瑞彩瀰漫靈香飛空龍重紫蓋
交映拱扶流霞煇煥洞朗萬天九日九夜諸
天浮蓋圓象森羅樞斗一時停機二景合光
八極廓清湛然澄瑩一國山林川澤淵藪結

图5-4-10　万历二十七年《道藏》字体（笔者摄）

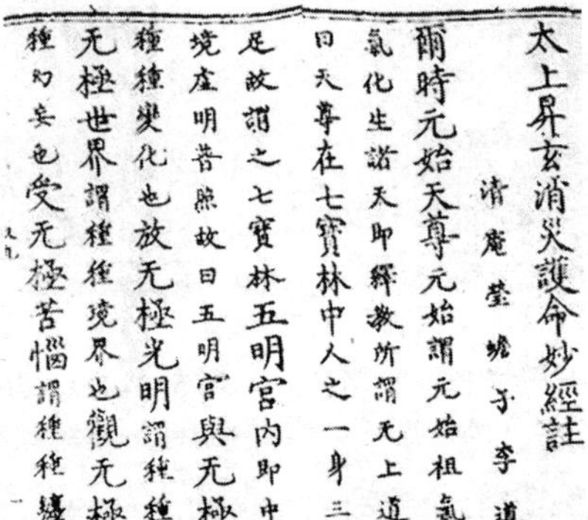

太上昇玄消災護命妙經註

清庵瑩蟾子李道純註

爾時元始天尊元始謂元始祖氣也元始祖
氣化生諸天即釋教所謂无上道不勤尊故
曰天尊在七寶林中人之一身三元四象具
足故謂之七寶林五明宮內即中宮黃庭內
境庭明苦照故曰五明宮與无極聖眾俱謂
无種變化也放无極光明謂純種知見也照
无極世界謂謂境界也觀无極聖眾生謂謂
種幻矣也受无極苦惱謂種種變綿也宛轉

图5-4-11　万历四十四年《道藏》字体（笔者摄）

　　最后，两部《道藏》经书之中的护法神有一定区别。万历
二十七年《道藏》绘画线条飘逸灵动，护法神形象圆润饱满。

（如图5-4-12）万历四十四年《道藏》之中的图画线条凝滞粗重，护法神形象偏瘦，面部线条有所缺憾。（如图5-4-13）

图5-4-12　万历二十七年
《道藏》护法神（笔者摄）

图5-4-13　万历四十四年
《道藏》护法神（笔者摄）

　　总的来看，两部《道藏》因为在不同时间刊刻，整体风格呈现一定差异。万历二十七年的《道藏》刊刻技术更为纯熟，文字和图案更为精致，且用纸也较为厚重，但经板较为简陋。万历四十四年的《道藏》刊刻技术稍逊一筹，文字与图案稍显粗糙，且用纸较薄，较易损坏，但经板较精致。如今两部《道藏》虽然被分别收藏，但由于历史原因和现实条件问题，两部《道藏》的保存情况并不乐观，需要投入更多的人力与经费进行抢救性修补。而对于两部《道藏》之中经卷具体内容的清理和研究，则需要继续深入挖掘，以发挥其更大的文献价值。

　　总之，在整个明代中后期，随着朝廷、蜀王府以及肃王府的特别护持与恩宠，云台观走上了鼎盛时期。道观屡废屡兴，整体建筑群规模不断扩大，到万历年间，全观已有玄天宫、拱宸楼、天乙阁、钟楼、鼓楼、青龙白虎殿、券拱门、三合门、华表广场、云台胜景枋等十余重建筑，整个建筑格局采用宫式建筑风格，坐北朝南，沿着中轴线由三重四合院组成，中轴线左右建筑物对称，成为川北地区最大的古建筑群和道教圣地。观内保存着大量朝廷与王府赏赐的财物与法器、神像，成为王府定期举行斋醮科仪的重要场所。而云台观在四川民间的影响力也不断扩大，在每年玄帝诞辰日的农历三月初三以及得道日的农历九月初九，远近而来的信众纷纷前来朝拜。因为皇家道观的威严禁止普通民众进观祭拜，当地信众逐渐在距离云台观十余公里的地方，形成了四个地方信众们遥拜佑圣观的专门地点。这四个地点各有两棵巨大的黄桷树为标志，被称为"拜佛垭"。至今三台县安居镇仍留有一个拜佛垭，经笔者实地考察与访谈，在云台观的东南方向约十里远有一颗巨大的黄桷树，当地百姓证实此处即是明清时期的拜佛垭之一。

第六章　清代民国云台观：社会变迁 过程中的生存与发展

明朝末年，李自成、张献忠之乱造成了四川地区荒无人烟的凄凉景象。各处道观庙宇同样因为兵乱而荒弃，相应的宗教活动则完全停止。直到康熙八年（1669）陈清觉及其师兄弟自武当山入蜀，开创了全真龙门派丹台碧洞宗，四川的道教才慢慢恢复并发展起来。清代云台观在陈清觉的师弟张清云与徒弟龙一泉的住持之下①，逐渐恢复了生机。民国社会剧烈动荡之际，云台观一方面积极寻求政府的保护，另一方面在组织体系上不断进行调适。本章首先介绍清末云台观募资重修事件，并对云台观在清末的发展概况与社会关系进行探究；其次对民国时期云台观寻求自身发展的情况进行阐述，以期进一步加深对云台观乃至四川道教在民国社会剧烈变迁过程中发展情况的了解。

---

① 卿希泰先生研究指出："张清云住三台云台观……陈清觉传有弟子多人，多为各地宫观的主持人……龙一泉，开建住持三台云台观"，参见《中国道教史》第四卷，成都：四川人民出版社，1996年，第137页。

第一节 碑文所见光绪年间的官民募资重修

清光绪十二年（1886）正月初九，云台观举行传统的"九皇会"，以庆祝北斗九皇星君诞辰。但不幸的是这次庆祝活动中突发了火灾，前殿、拱宸楼和天乙阁等宋明重要建筑物在火灾中尽数毁去，仅仅留下了玄天宫和九间房等处。见此楼阁倾颓，满目疮痍，地方官员、文人、道观道士以及周边信众，共同发起了一场规模宏大的捐资活动，此次参与捐赠的人数众多，募得大量资金，使得云台观获得了一次全面的重建。云台观现存有两通碑刻《重修云台观报销碑》和《三台县城南云台山佑圣观碑》，碑文详细记录了光绪十三年至光绪十七年云台观募资进行重修事件之始末。对此次募捐重修事件的研究，有助于认识和了解清代四川道教的发展状况，对于深入了解清代地方社会宗教信仰发展特点也有着特殊的价值，以下将对两通碑进行逐一介绍。

一 《重修云台观报销碑》与《三台县城南云台山佑圣观碑》

（一）《重修云台观报销碑》

该碑立于云台观降魔殿内左侧。碑高 200 厘米，宽 95 厘米，厚 15 厘米，截角。碑额横排，1 行，篆书，阴刻"重修云台观报销碑" 8 字，字高 9 厘米，宽 6 厘米。碑面阴刻，碑文竖排楷书，共 17 行，满行 42 字，字径 3.5 厘米。（如图 6 - 1 - 1）

图6-1-1 《重修云台观报销碑》（笔者摄）

《重修云台观报销碑》将光绪十二年募资重修云台观的缘由、过程以及重要人物、具体金额和用途均做了详细介绍。光绪十二年九月初九，云台观发生重大火灾，除了玄天宫、山门和九间房以外，其他重要建筑物均被烧毁。地方士绅"目击心悲"，然而"志余力歉"，要凭数人之力显然无法修复规模如此宏大的皇家道观，于是以罗世仪、梁巳山等十余士绅为首，"禀请邑侯，给予示谕、印簿，募化十方"，通过官方告示募集资金共计五千五百六十贯，加上道观常业租金和伐卖本山林木所得，共计七千八百三十贯。利用这些资金，对云台观进行了重建，将被烧毁的前殿和拱宸楼基址改修为降魔殿，整个道观自香亭至山门，基本上都进行了翻建。"是役也，肇工于光绪丁亥，越五年始竣。"修成后的云台观与原来规模相比，虽然建制有所变化，但是相比与之前的规模却毫不逊色："虽规模稍异，而局度弥闲"，

"其制虽未复，而雄壮华丽则大有可观。"

　　碑文还详细记载了募捐款的具体用处，包括石工、木工、土工、金工、画工，以及灰、炭、竹、木酒、食、刊碑、刻字等各个方面的花费，均巨细无遗地一一列出。碑文还列出了此次募捐重修事务的主要发起者，其中包括罗世仪、梁巳山、任开来等十二人。结合《三台县城南云台山佑圣观碑》中所记，此十二人均为三台地方士绅精英和官员，其中罗世仪为太常博士，梁巳山为同知衔，其余有文生、监生和贡生等。重修道观的主要承担者包括龚登甲以及道观当家住持龚至湖、冷理怀、杨明正等十七人。最后落款为"光绪十九年，岁在癸巳嘉平下浣，首事暨众绅粮并住持等公立"。

（二）《三台县城南云台山佑圣观碑》

　　该碑镶嵌于降魔殿至玉皇殿之间的楼梯两侧，木制，左右各四块共计八块。碑高240厘米，宽432厘米，碑面阴刻，碑文楷书，竖排，碑主体文字径4厘米，捐赠者名字径3厘米。数块碑刻字体及大小不尽相同，表面风化虫蚀、油漆大量脱落，许多文字已经难以辨认。（如图6-1-2）

图6-1-2　三台县城南云台山佑圣观碑（笔者摄）

　　碑文内容分为三部分，第一部分与载于民国《三台县志》中的《云台山佑圣观碑》①相同，其内容详细介绍了云台观基本情况和重修始末。其文引经据典，文风精雕细琢，辞藻华美，修辞丰富，充分展示了撰者罗意辰不俗的道学造诣和高超的文字驾驭能力。如在谈到云台观绝佳的地域优势时，因其地久有杜甫和董仲的事迹流传，碑文赞扬云台山"右睨少陵怀忠之地，山表望君；左俯董仲读书之台，峰标圣母。苞诸灵迹，是谓祥峰。诚巴蜀之奥区，宜群仙所高会也"。在谈到云台观创始人赵法应修道事迹之时，碑文回顾了四川道教史上众多道教传说中的人物如广成子和旌阳（许真君），又有历史上的道家高人稚川（葛洪）、李白等人，其中涉及了"芝餐鼻观""道悟琴心"以及"烧丹""炼汞""阳炉阴鼎""尸解""羽士"等众多道教术语，以此论证传说中的神仙实有、赵法应为玄帝化身的观点，并强调说："则羽俗有肖庵真人为玄帝八十三化身，非臆说也。夫玉源道君之出世，再做刘沅；金粟如来之后身，便为李白。"②

　　碑文第二部分详细记载了每一位捐赠者或组织的姓名（名称）、职务、身份以及捐赠金额。从人员组成来看，既有政府官员，也有士绅文人，还有寺、庙、宫、观、祠等各类宗教机构以

----

　　①　（清）罗意辰：《云台山佑圣观碑》，载林志茂等修，谢勤等纂：民国《三台县志》卷四《舆地志·寺观》，民国二十年（1931）铅印本，此碑文为《三台县城南云台山佑圣观碑》的部分辑录，完整碑文存于云台观内。

　　②　此句来自典故"金粟如来，玉源道君"："湖州伽叶司马问李白是何人，白以诗答曰：'青莲居士谪仙人，酒肆藏名三十春。湖州司马如相问，金粟如来是后身。'按青莲居士太白自号也。青琐云：'刘沅赴举，有老人赠一联云："今年且跨穷驴去，异日当乘宝马归。"'公曰：'何以知之？'叟曰：'公是罗浮山玉源道君。'公愧谢而去。"载于《御定渊鉴类函》卷三百二十，文渊阁《四库全书》，上海：上海古籍出版社，1993 年，第 982—993 册。

及香会组织，下文将单独进行详细探析。

　　碑文第三部分将此次募捐首倡人、主事人和具体从事修建的工人名单详细列出，与《重修云台观报销碑》相关内容一致，此处不再赘述。虽然《三台县城南云台山佑圣观碑》为木刻碑文，因年代久远剥蚀严重，其中许多名字已经模糊，但是从名字排列规律可以统计出此次捐赠人数及组织有 1926 人次，捐赠金钱共计 7837 串。其中，有一些香会和宫庙的名字不止出现一次，有的甚至出现三四次之多，又从数块碑文刻字大小及字体的差异，可以推断该募捐活动应是经历了至少两次以上。此外，云台观还变卖了一部分庙中林木和收得道观常业的租金，最后募集到足够的重修钱款："加本山常业僦户押租，共计钱一千八百四十贯零，就本山伐木庀材，又以其根株为薪，及零瓦料等，鬻得钱三百卅贯零，共成钱七千八百卅贯零。"①

　　虽则两个碑刻记载了同一件事情，然而却出于不同目的，发挥着不同的功能。《三台县城南云台山佑圣观碑》重点记载了所有捐款善信的名单与金额，是一种功德的如实记录。在传统观念中，基于善恶报应的基本道德预设而积累功德是信众们修桥铺路、捐资修庙最主要的内驱力，功德碑是这种行为的如实记载，所以他们必须确定自己的名字留在了功德碑之上。这种捐赠功德碑往往镌刻于坚硬的石料之上，代表着此种功德将会流芳于后世。同时，在传统"举头三尺有神明"的观念之下，它也是向神灵表达虔诚的载体。所以，募捐功德碑既是给人看的，也是给冥冥之中无处不在的神看的。

───────────

　　①　（清）罗意辰：《云台山佑圣观碑》，载林志茂等修，谢勤等纂：民国《三台县志》卷四《舆地志·寺观》，民国二十年（1931）铅印本。

《重修云台观报销碑》的功能更为特殊，"报销"意谓将所领钱款开销账目列出清单，报请拨款之人进行核销，这是一种现代经济社会通行的规范工作流程，可以避免使用钱款之人借机贪污渎职，《重修云台观报销碑》之中的报销亦有此意义。该碑的撰写目的就是对所有募捐资金的流向和用途向参加捐助之人进行如实汇报，这既表达了主事之众人尽力筹建之无私，也让诸善信看到自己所捐善款如实使用而得到宽慰。当然，在很多时候，并不需要分别将功德碑与报销碑进行刊刻，例如在历史上多数寺庙的捐资修建所刊功德碑都是将二者功能合二为一，这种碑文中既有捐款者姓名，也有款项的支出明细。

由于光绪年间的募捐重修既涉及大量地方官员、士绅与普通信众，同时亦涉及众多宗教机构和香会组织，且款项数额巨大，对于主事者来说，为避免陷入中饱私囊之口舌，单独刊刻报销碑是一种较为明智的做法。如果不这样做，就很有可能陷入非议。如在民国年间发生于三台县的一次庙产纠纷即与募捐立碑报销有关。1941 年 10 月，三台县佛教分会会长及士绅任邦俊等联名向政府状告一名为任通才的"会首"。状纸中指出，在众人捐资培修璧水乡观音堂完竣之后，任通才"人面狼心，功果告竣，一不竖碑，二不报销"等劣迹，要求政府据以查办，以"除污秽而维释教"①。虽然此事为募资修建佛教寺庙而生的纠纷，但不难看出，如果募资建修寺庙的主者在处理公共募集资金方面无法做到自证其清白，是很容易遭人诟病的。道教宫观的募资修建也面临同样的问题，因此，在重修云台观之后，《重修云台观报

---

① 《为据县佛教分会常务理事释梯航等呈财乡民任邦俊等以瓜分庙业等词呈诉任通才一案令仰该区长查办由》，三台县档案馆，档号：10－3－2177，第 019－022 号。

销碑》的单独刊刻是非常必要的。其文亦非常明确指出立碑之根本目的：“为胜地壮色，为明圣栖神，毫厘丝忽，不敢滥入私囊，持筹计之，若合符节。”①

《重修云台观报销碑》由罗意辰撰文，文生任骏生书丹，《三台县城南云台山佑圣观碑》由罗意辰撰文并书丹。任骏生生平不详，此次云台观重修募捐他也是捐赠人之一，碑文显示他捐赠了六千文。罗意辰，三台县人，清光绪十四年戊子（1888）举人，增选知县，己丑明通进士、国史馆滕录内阁中书。此外，两通碑刻除了文字优美、书写刚健以外，刊刻技艺也非常精湛，是光绪年间潼川知名金石艺人左茂荣的作品。

总的来看，两通碑刻的信息量丰富，既全面回溯了云台观的创建始末，也详细介绍了云台观由宋元至明清的发展历史，同时叙述了光绪年间募资重修的详细经过，碑文更为细致地列出了捐赠者的具体姓名、职务和捐赠金额，从中可以详细看到在当时参与捐赠的各类信众的身份和地位，从而对清末云台观与地方社会的交往网络有着一定了解。更为珍贵的是提供给研究者更多关于民间信仰多样化和复杂性的探研资料，具有非常重要的文献价值。

二　光绪年间募捐功德主考析

云台观两通募捐功德碑如实记录了光绪十三年至十七年募资修建云台观事件的始末，其中《三台县城南云台山佑圣观碑》

① （清）罗意辰：《云台山佑圣观碑》，载林志茂等修，谢勋等纂：民国《三台县志》卷四《舆地志·寺观》，民国二十年（1931）铅印本。

更是详细记录了所有参与募捐的功德主的名字。通过碑文，可以看到参加募捐的功德主既包括潼川府和三台县的政府要员，也包括地方上有知名度的士绅，还有三台县众多的宗教机构，以及各类香会组织。以下将对这些善信及组织进行考析。

（一）地方官吏与士绅

封建社会中，主政一方的官员统管和驾驭着整个行政机构体系，以充分行使行政、司法、经济与文化教育等职能，保证作为农业国家存在和发展根基的乡村社会长治久安。当然，官员尽心履职的重要动力还来自实现自身为官政绩的光辉履历，以求光耀门楣。在地方文化教育中，是否运用宗教的力量进行管理，体现在不同主政官员的宗教态度上。当然，这种宗教态度既取决于府县主政者的个人信仰与治理策略，也取决于宗教在当地社会的影响大小。显然，潼川府和三台县的主政官员对于道教的发展是积极扶持的，并对云台观倾注了较多的关注，以实际行动支持了光绪年间的募捐重修工作，这其中既包括潼川府知府魏邦翰，也包括三台县知县李发荣和奎荣。

值得注意的是，潼川府知府魏邦翰与三台县知县李发荣的名字并未出现在光绪十七年所立两通募捐碑的捐赠名单中，但二人却实际主导并参与了云台观的重修。光绪十三年（1887），在前殿和拱宸楼的基址上修建起来的云台观降魔殿落成。按照传统惯例，修建房屋要择吉日举行升梁仪式，届时在主梁上会写下房屋建造人和时间等重要信息。云台观降魔殿主梁之上用墨笔写下了如下文字："特授潼川府魏邦翰，知三台县事李发荣暨绅民重修；皇清光绪十三年一月十一日八邑众善住持吉立。"也就是说，光绪年间云台观的募捐重修是在潼川府与三台县的主政官员的领导之下进行的。

　　魏邦翰于光绪十一年（1885）二月到任潼川府知府，据《新修潼川府志》，"魏邦翰，字季纯，江苏邳州举人。由郎曹出知潼川府，莅官八年。光绪抗灾御患，有功德于民，民到于今，尚啧啧称奇救水一事云。"①其后注提到在光绪十五年（1889）六月，潼川发大水，魏邦翰积极带领人民抗洪救灾，后因积劳成疾，去世后百姓感激其抗灾之功，写挽联以纪念，有"苍茫风雨立中流"之句。显然，在当地百姓眼里，魏邦翰是一名勤政务实的好父母官。对于云台观他也给予了充分的重视，并亲自带领绅民与道众进行重新建修的募捐事宜。

　　李发荣，查县志仅知其为山西平遥县监生，光绪十三年至十五年任三台县知县，其余不详。在李发荣卸任之后，奎荣继任，并继续支持云台观的重修工程。奎荣的名字处于《三台县城南云台山佑圣观碑》捐赠人名字之首，并以较大的字体进行书写。其碑文如下：

　　　　钦加同知衔署理潼川府三台县正堂奎荣捐银十六两，同知衔直隶州署理三台县监厘旷经钟捐钱十千文，特授潼川府经历张炘捐银四两，特授三台县典史许懋忠捐钱八千文，特授潼川营分防河嘴汛部厅苏永盛捐钱八百，钦赐蓝翎署理潼川营分防河嘴汛刘应松，罚来钱一百钏，刑部主事前任贵州省黄平州正堂罗锦成捐银十两，前任新津县教谕邱辉祖捐钱一百钏②。

----

　　① 何向东等：《新修潼川府志校注》，成都：巴蜀书社，2007 年，第 718 页。
　　② （清）罗意辰：《云台山佑圣观碑》，载林志茂等修，谢勤等纂：民国《三台县志》卷四《舆地志·寺观》，民国二十年（1931）铅印本。

奎荣，字聚五，满洲正红旗人，成都驻防。同治十三年翻译进士，好程朱学说，注重推广儒学，性格温和敦厚，历任峨眉、犍为、彭水、庆符等县令，后于保路运动时殉节饿死，为蜀中人士所敬重①。他饱读圣贤之书，深受儒家仁义忠孝观念的影响，不仅大力推广儒家学说，也以自己身体力行对圣贤所推崇的至善道德进行着践履，以至最后以"殉节饿死"这种激烈的方式诠释了自己的人生理念。所以他不仅在其他历任的各地都受到民众爱戴，在其主政三台县期间，也受到了较高评价，其卸任之后乡民还为其立碑："恺悌精明，刑不滥用，凡讯断，恒以情理反复开谕之，人均折服。及代去，邑人立碑以志去思。"② 奎荣于光绪十五年（1889）四月任三台县知县，其前任为李发荣和邱祖培，李发荣从光绪十三年（1887）四月到十五年（1889）三月任三台县县令，此后邱祖培短期代理了一个月县令，直到奎荣到职。奎荣到职之时云台观募捐重修工作已经开始了一年多时间，他到任之后即捐赠了纹银十六两，捐赠金额位居榜首，显然他是非常支持此次募资重修活动的。

　　紧接在奎荣之后的十余人显然同样是在当地有着重要影响的人，从碑文上可以看到部分人的职位，既包括三台县县令、监厘与典史等官吏，也包括潼川府经历、潼川营分防河嘴汛部厅官吏，还有卸职的前任贵州省黄平州知州与前任新津县教谕。部分官员未有详细生平信息，民国《三台县志》中可查到个别人员

　　① （清）赵尔巽等撰：《清史稿》卷四百九十六，北京：中华书局，1997年，第13706—13707页。
　　② （民国）林志茂等修，谢勷等纂：《三台县志》卷十六《职官志·宦绩》，民国二十年（1931）铅印本。

信息。张炘，江苏吴县人，光绪八年七月任潼川府经历，此后光绪九年、十四年、十八年、二十二年数次回任，并于光绪十九年代理三台县知县。许懋忠，甘肃皋兰县监生，光绪八年任典史，光绪十四年、十八年、二十年数次回任，并于光绪十四年和二十年两次代理三台县县丞。刘应松，成都郫县人，光绪十四年二月任潼川营分防河嘴泛右司外委。苏永盛，阆中县人，光绪十七年七月任职潼川营分防河嘴泛右司外委。

除主要官员以外，还有行政机关的小吏也进行了捐赠，如："典礼李寿康等六人，典史何□□。"此外，还有一些捐赠者名称如"东班、南班、西班、北班"以及"刑科九千文、（文）科十六串"等，它们应属于政府部门的下属机构。也就是说，本次募捐除了政府部门个人进行了捐款以外，也有以部门的形式进行的捐款。

这次募捐重修是一次由地方社会精英发起并主导，获得了地方政府支持的大型工程。他们"禀请邑侯，给予示谕、印簿，募化十方"，《重修云台观报销碑》记载如下：

> 经理首士：太常博士罗世仪捐钱二百钏，同知衔梁巳山捐钱四十钏，职员任登第捐钱二百钏，理文生程国藩捐钱四十钏，文生邱汝南捐钱十千文，贡生武泰兴捐钱三十钏，贡生杨大兴捐钱十千文，监生程三才捐钱三十钏，贡生李华南捐钱十千文，戊子举人罗意辰捐钱十千文，文生任骏声捐钱六千文，李步蟾捐钱四千文①。

从碑文可以看到，此次募捐重修事务的总理募修首士是太常

---

① （清）罗意辰：《重修云台观报销碑》，现存云台观内。

博士罗世仪，同知衔梁巳山。募捐碑上罗姓与梁姓两族人员较多，并且多为士人或者官员，说明此两族在地方上具有较高的声望与实力。其他主要的人员还有：文生任开来、程国藩、邱汝南，职员任树滋，贡生李化南、武含章、李蟠根，监生程国霖、杨馥圆、程国桢等。这些人的名字也出现在了降魔殿大门之上的匾额"北极元尊"之上："重修云台观落成经理首事等敬献——任开来、任开基、程国藩、李步瀛、邱汝南，光绪十七年岁在辛卯季夏月穀旦。"总的看来，参加募捐的包括监生、贡生、文生、廪生、武生等地方文化精英，共30人左右，捐款从数串到数千文不等。（见表6-1-1与表6-1-2）

当然，道观中的住持与诸道众的主要角色是具体协助办理此事，他们包括：本山住持龚至湖，管事冷理怀，住持杨明正、赵明亮、任理权、赵至霖、王理金、张理顺、宋宗清、戴宗科、侯宗德、李宗荣、彭宗扬、杨宗恩、万诚章、苏性端等人，住持与道众个人也捐出了数量不等的金钱，如龚至湖捐钱十千文，冷理怀捐钱四千文等。

表 6 – 1 – 1　政府官员（共计 **16** 人）①

姓　名	官　职	金　额
奎　荣	钦加同知衔署理潼川府三台县正堂	十六两
旷经钟	同知衔直隶州署理三台县监厘	十千文
张　炘	特授潼川府经历	四两
许懋忠	特授三台县典史	八千文
苏永盛	特授潼川营分防河嘴汛部厅	八百
刘应松	钦赐蓝翎署理潼川营分防河嘴汛部厅	一百钏
罗锦成	刑部主事前任贵州省黄平州正堂	十两
邱辉祖	前任新津县教谕	一百钏
梁景辰	州判	二十钏
罗世仪	太常博士	二百钏
梁巳山	同知衔	四十钏
任登第	职员	二百钏
李春林	职员	二千文
欧阳鸿	职员	二千文
赵　湘	职员	二千文
郑必端	职员	二千文

---

　　① 本节所录表格仅涉及官员、部分文人、宗教机构和香会组织，其他个人信众约有数百位，因人数众多未录。另外，货币单位按照碑文实录，所以会出现"两、文、钏、串"等不同的计量单位。

表 6－1－2　士绅文人（共计 28 人）

姓　名	身　份	金　额
程国藩	文生	四十钏
邱汝南	文生	十千文
武泰兴	贡生	三十钏
杨大兴	贡生	十千文
程三才	监生	三十钏
李化南	贡生	四千文
罗意辰	举人	十千文
任骏声	文生	六千文
李步蟾	文生	四千文
罗树声	文生	二十钏
梁怀江	监生	四十钏
梁栋材	监生	二十钏
梁崇翮	监生	三十钏
戴良臣	监生	二十钏
谭锡三	廪生	三人共捐二十七串六百六十文
伍聘之	文生	
张世隆	监生	
孙昌后	文生	二串
梁茂臣	监生	二串
李辉斗	文生	二串

吴正有	监生	十串
黄国福	监生	四串
于寿亭	监生	四串
何新辉	监生	十串
林梦莼	文生	二串
李永升	文生	二串
周敬亭	文生	二串
李联芳	武生	二千文

　　对于活跃于地方社会的文人和乡绅来说，因为在民间所拥有的声望，他们成为政府官员管理地方社会的重要中坚力量，也是社会下层人民舆情上达的一个重要通道，更是乡村生活矛盾纠纷调解的非官方力量。需要注意的是，他们积极参与到地方宗教机构的建设和宗教事业的发展中，不完全是因为虔诚的宗教信仰。因为中国传统社会中的读书人具有较高的社会地位和更多上升空间，文人们从小饱读儒家圣贤之书，学而优则仕，儒家思想中的仁德忠孝理念深入骨髓，修齐治平与功成名就是毕生追求。因此，地方大部分文人乡绅积极参与到修建道观寺庙的事务中来，更多的是为了展现自身参与地方文化建设和社会治理的能力和决心，从而扩大自己在地方社会中的影响力，为自己未来可能上升的仕途增加更多的筹码。

　　事实上，自清咸丰之后连续出现的白莲教起义、太平天国起义，已经使得清王朝的统治基础逐渐松动，国家对地方社会控制力逐渐衰微、民心趋于浮躁。地方官员的工作重点并不在于促进经济与社会发展以及增加国库收入，而是获得民众的心理认同，保证地方社会的长久稳定，以达到巩固国家权力在地方社会的统治基础。官员与乡绅文人在这一社会危机延续过程中，共同面对着稳定民心，让百姓不致因为旱涝灾害和税赋徭役而揭竿而起，从而实现维持和重构地方社会秩序的任务。曾为明代皇家道观的云台观在四川地区有着广泛的信众群体和重要影响力，光绪十二年火灾之后的重建，实则为地方官员获得政治资本，得到民众认同的绝好机会，也是地方乡绅和文人展现自身实力和威望的好时机。所以，他们带头募捐，地方各级官员发布谕令大力支持，并且带头积极捐款和主持建修，展现出地方社会精英支持道教文化事业发展的积极态度。

（二）宗教机构与信众组织

光绪十三年重修云台观募捐功德碑中，捐赠者的名字中还出现了许多地方上的寺庙宫观与宗祠等宗教机构和宗教组织。（见表6-1-3）

宗教机构中属于佛教寺庙的有回龙寺、圣寿寺、南□寺、镇江寺、大佛寺、东山寺、观音堂等。其中，大佛寺位于三台县西南龙顶山，原名回銮寺，建于元大德年间，乾隆五十二年重建，更名大佛寺①。圣寿寺位于三台县南，创建于宋，原名黄冈寺。明成化年间蜀藩王为其母妃祝寿进行重建，更名圣寿寺，乾隆四

---

① （清）沈昭兴纂：嘉庆《三台县志》卷四《寺观》，清嘉庆二十年（1815）刻本。

十四年补修①，其余则不详。属于道教宫观的有文昌宫、南华宫
与三元宫，分别供奉道教神祇文昌帝君，南华真人和天、地、水
三官大帝。

　　其他的宫庙祠堂基本上属于民间信仰的宗教机构，如禹王
宫、黔阳宫、武圣宫、上天宫、万寿宫、靖天宫、紫云宫、帝主
宫、天君宫、火神庙、关帝庙、药王庙、龙王庙、武庙、华光
庙、东岳庙、川主庙等。此外，还有供奉地方忠烈的祠堂，如柯
氏祠、刘氏祠、都管祠、天德堂等。由于部分碑文字迹剥蚀难以
辨认，有可能还有其他宫庙未能尽录。值得注意的是，其中的帝
主宫、华光庙、天君宫和靖天宫带有典型的客家移民特色，其信
仰的帝主、华光大帝、天君和靖天大帝均为广东、福建一带被广
泛信奉的神灵。由于丰富的盐、铜储藏和出产量，明清之际的三
台县客商云集，贸易兴盛，特别是云台观所处的安居镇与郪江
镇，更是成为客家人聚居的中心，所以兴盛于东南沿海的民间信
仰神祇出现在四川内陆也就不足为奇了。

表 6 - 1 - 3　寺、观、祠、庙（共计 36 个）

名　称	次　数	金　　额
回龙寺	1	一串
圣寿寺	1	二串
大佛寺	1	四串
马祖寺	1	十六串

　　① （清）沈清任：《圣寿寺培修碑记》，载（民国）林志茂等修，谢勤等纂：
《三台县志》卷四《舆地志·寺观》，民国二十年（1931）铅印本。

观音堂	1	四串
东山寺	1	二串
南□寺	1	二千文
镇江寺	1	一千文
文昌宫	1	三十钏
三元宫	3	六串、二千文、四串
禹王宫	4	二十钏、三十钏、二千文、二串
黔阳宫	3	二十钏、三十钏、六串
武圣宫	2	十二串、两千文
上天宫	1	二千文
天后宫	1	四串
万寿宫	4	三十钏、六串、六串、一千文
靖天宫	1	一千文
川主庙	1	四串
紫云宫	1	十二串
帝主宫	1	十二串
天君宫	1	十二串
火神庙	1	三十钏

关帝庙	1	三十钏
药王庙	1	二串
龙王庙	1	二串
武　庙	1	一千文
华光庙	2	十串、一千文
东岳庙	1	一千文
川主庙	1	四串
柯氏祠	1	三十钏
刘氏祠	1	三十钏
谭氏祠	1	四串
都管祠	2	四串、十二串
天德堂	1	六串
清凉寺	1	三十钏
南华宫	3	三十钏、十串、二千文

　　在此次捐赠活动中的民间宗教组织包括各类香会和行业组织，根据云台观募捐功德碑可以统计出参加此次募捐的香会和行业组织至少有 35 个，这些组织捐款金额不定，从一串到七千文不等。（见表 6-1-4）

表 6 - 1 - 4　香会组织及行业组织（共计 **35** 个）

名　　称	金　　　额	次　数
火神会	十串、二千文	2
牛王会	二串、二千文	2
观音会	二串、二千文	1
雷神会	二千文	1
龙王会	六串	1
灵官会	二千文	1
禹王会	二千文	1
桓侯会	二千文	1
文武会	二千文	1
文昌会	一千六百文、四串、五千文	3
东岳会	十串	1
梅葛会	一串	1
机仙会	一串	1
城隍会	一串、十二串	2
百子会	一串	1
罗祖会	一串	1
詹王会	一串	1
中元会	二串	1
九皇会	二串	1
财神会	二串、三串	2

老君会	十串	1
聚善会	四串	1
雷祖会	四串、四串	2
王爷会	四串	1
三皇会	十串	1
药王会	十串、四串	2
桓侯会	四串、二千文	2
灶王会	四串	1
瘟祖会	一串、一串	2
帝立会	一千文	1
张王会	十千文	1
兴隆会	十串	1
食店行	一串、二串	2
仓神会	二千文	1
丝棉会	二千文	1

　　所谓香会，又称香火会、香社，是民众由于信仰志趣相同而自发结成的民间信仰组织①，也是民间宗教信仰的重要形式。当然，在四川民间的香会组织，主要参与的仍然是佛教和道教的各种庆祝与祭祀活动，在四川各地重要的宗教活动中，无论是佛是

---

① 梅莉、晏昌贵：《明清时期武当山香会研究》，《历史研究》2008年第3期。

道抑或其他神灵的庆祝活动，往往都可以见到它们活跃的身影。它们数量庞大，成为推动地方社会宗教信仰发展和兴盛的重要力量。云台观每年三月初三的"祖师会"，九月初九的"九皇会"均会吸引数万人前来参加，其中信众最主要的参与形式就是通过各种香会组织进行的。经笔者统计，光绪年间云台观募捐信众中包括数十个香会：火神会、牛王会、观音会、雷神会、仓神会、灵官会、禹王会、桓侯会、文武会、文昌会、东岳会、梅葛会、机仙会、城隍会、百子会、罗祖会、詹王会、中元会、九皇会、财神会、老君会、聚善会、雷祖会、王爷会、三皇会、药王会、桓侯会、灶王会、瘟祖会、帝立会、药神会、张王会等。从以上香会的名称可以看出，它们或以某一位地方神灵为名，如火神会、药王会；或以某一重要宗教活动为名，如中元会、九皇会。但这些名字并不是他们特定信仰身份的标签，他们对于殿堂上供奉的所有神祇一律称为"菩萨"，只关心寺庙与菩萨"灵"还是"不灵"，不在意祭拜的神祇属于什么信仰系统，这也是中国民间信仰传统的一个典型特征。

在募捐功德碑上还有部分行业组织的名字。行业组织是由从事共同行业的人们组成的相对稳定的民间商业组织。参与此次募捐的行业组织包括兴隆会、食店行、仓神会、丝棉会等。从名字即可看出，它们分属于商贸、餐饮、仓储和纺织类行业组织。在传统社会商业并不发达的情况下，各个行业通过建立组织可以互利互助、规范行业行为，从而实现经营活动的正常有序进行。

从捐赠碑所见宗教机构和香会的名字，让我们可以一窥在清末四川民间信仰的多样性与复杂性。捐赠机构中除了个别佛教寺庙和道观以外，大多是遍布三台县各处以祭祀地方神灵为主的民间信仰机构和宗族祠堂。从香会的名字也可以看出，除了有一部分是以道教信仰中的神祇命名以外，更多还是长期存在于民间信仰体系之中的神灵。这些神灵与人们的生活息息相关，从职能上来看，更贴近于乡民日常生活的诉求。如护佑健康、财富、生育财神、药王、百子神，保卫家宅平安的神如灶王，更有护佑一方平安的城隍、龙王、火神、雷神等。当然，除了对带来护佑和吉祥的善神需要祭祀以外，对于一些恶神也要有敬畏之心，所以也就有了对瘟祖的祭祀。

　　清光绪年间的云台观募捐碑出现的各类宗教机构与组织，一方面呈现出四川地方社会中民间宗教信仰多样性与复杂性的鲜明特征，说明在乡村社会生活之中，除了受到政府认可和支持的佛教道教等正统宗教以外，还活跃着各种民间宗教信仰；另一方面则体现出制度化宗教与民间宗教之间存在着互融共通的和谐关系。从中我们可以看到，制度化宗教与民间宗教在保持着高度自我认同的同时，也存在着对其他宗教信仰适度的包容与认同，它们共同担负着满足民众多元信仰的要求，共同承续着地方社会的文化传统的发展。因此我们也可以说，四川地方社会的民间信仰，呈现出多种神祇共生共存的复合形态，作为信仰载体和神圣空间的寺观庙宇，互通互融，满足着民众多层次多方面的灵性需求，构成了地方社会以佛道为主体，多元宗教信仰和谐共存的宗教信仰系统。

第二节 民国寺庙登记背景下的云台观

民国时期，云台观是三台县道教会所在地。三台县道教会成立于 1913 年，由三台县城隍庙住持汪元法任会长，1930 年汪元法去世之后，由云台观住持李信敏继任会长，会址设在云台观。继清末民初兴起的"庙产兴学"运动对道教造成极大冲击之后，民国政府实施的一系列宗教政策更使得道教发展步履维艰。自 1928 年开始，民国政府陆续颁布了《寺庙登记条例》《监督寺庙条例》和《寺庙登记规则》等一系列严格管控佛道寺庙的措施，一些官绅以管理道观之名行强占和变卖庙产之实。此外，当地豪强恶棍也时常有强占庙产、破坏森林以及恶意拖欠佃租等行为。虽然民国时期四川省政府和三台县政府多次发布告禁止各种侵占庙产的行为，但云台观已无往日辉煌，逐渐走向了衰落。即便如此，民国的云台观仍然积极与地方政府合作，在努力顺应国民政府严苛的宗教政策的同时，寻求自身的保护与发展的道路。

一 民国寺庙登记概述

晚清之后到民国的两次庙产兴学运动以及破除封建迷信活动，使得作为中国传统宗教的佛教与道教在近代的发展受到了沉重的打击。即便如此，中国各地建造新寺庙和修缮旧寺庙的步伐仍然持续进行，在民国初期（1912 - 1925），中国寺庙建设甚至进入了一个空前的膨胀期，而到了 1925 年之后，二次革命和之后的反宗教运动又使寺院建设的步伐逐渐放缓①。1928 年，以邰爽秋为首的教育界人士发表"庙产兴学促进会宣言"，呼吁通过没收庙产充作教育事业经费，此举得到了时任内政部长薛笃弼的首肯，但因为受到佛教界领袖的强烈反对，议案被搁置。

即使宗教界强烈反对（按：因为当时的庙产兴学仅仅针对佛道两界，并不涉及基督教、天主教以及伊斯兰教，所以此处宗教界仅包括佛教和道教），国民政府内政部仍于 1928 年 10 月颁布了《寺庙登记条例》，1929 年 1 月又颁布了《寺庙管理条例》。但由于《寺庙管理条例》出台过于草率，遭到各界反对，推行过程中困难重重，于当年便废止。1929 年 12 月国民政府又颁布了《监督寺庙条例》，并开始在全国范围内推行对佛教和道教寺庙的全面登记，由此可见国民政府加强对庙观的监督和控制的决心并未就此停止。通过寺庙财产登记，进而对全国各地所有庙观之中的资产均进行价值估算，使得国民政府对于自己辖下的所有寺庙道观的价值也都有了清晰的了解。有学者认为庙产登记的目的在于控制寺庙财产，为掠夺寺庙财产提供翔实的依据②。也有学者认为，《寺庙登记条例》和《监督寺庙条例》的颁布使得登记与监督合为一体，是南京国民政府管理佛道事务、处理诸多寺庙纠纷问题的基本出发点，也是寺庙获得合法凭照并受到政府保护的必需强制措施③。

---

① 杨庆堃在对于 19 世纪后半期到 1949 年以前中国宗教发展趋势做了调查后发现，民国前期中国新修寺庙出现了较大规模的增长，参见《中国社会中的宗教》，成都：四川人民出版社，第 272 页。

② 参见王炜《民国时期北京庙产兴学风潮》，《北京社会科学》2006 年第 4 期。

③ 参见付海晏：《北京白云观与近代中国社会》，北京：中国社会科学出版社，2018 年，第 179 页。

事实上，《寺庙登记条例》以及其后的《监督寺庙条例》并未完全实现国民政府对全国寺庙道观的全面清查。由此内政部又于 1936 年 1 月 4 日公布了《寺庙登记规则》①，同时废除了《寺庙登记条例》。废除《寺庙登记条例》的原因有二：一方面是各地政府对该条例落实不力，另一方面是部分条例具有实施的现实困难。因此内政部根据各省市具体情况，重新制定了《寺庙登记规则》，要求各地政府，无论原来是否已经完成了寺庙登记，均须对辖区内所有寺庙重新进行统一登记造册，并在当年 6 月底以前完成第一次寺庙总登记②。

《寺庙登记规则》共计十四条，分总登记和变动登记两类。总登记每十年一次，变动登记每年一次，必须由寺庙住持或者管理人员进行。登记的内容包括人口登记、财产登记和法物登记。主管办理寺庙登记的行政机关在县市为县市政府，在直隶市为社会局，在特殊行政区（如威海卫管理公署、设治局等）为各该主管官署。此次庙产登记需要统计并填写的表格大致有七种，即寺庙概况登记表、寺庙人口登记表、寺庙财产登记表、寺庙法物登记表、寺庙登记证、寺庙变动登记表、寺庙变动登记执照。从寺庙概况来看，填写内容不仅包括寺庙名称、所处位置、建造年代，同时还要写清楚僧道人数、寺庙财产数（不动产与动产）估值与法物及其估值。（如图 6 - 2 - 1）

---

① 《寺庙登记规则》，三台县档案馆，档号：10 - 3 - 412（10、3、412 分别为全宗号、目录号、卷号，下同），第 012 - 015 号。
② 《四川省第十二区行政督察专员公署训令》，三台县档案馆，档号：10 - 3 - 412，第 010 - 011 号。

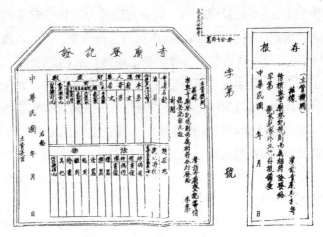

图 6 - 2 - 1　民国庙产登记证（笔者摄于三台县档案馆）

　　另外，如果寺庙各事项（如合并、住持更替等）在本年度发生了变动，还需要填写《寺庙变动登记表》，并且要对变动原因和是否合法进行详细说明。（如图 6 - 2 - 2）

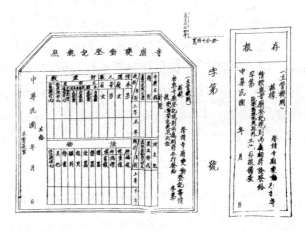

图 6 - 2 - 2　民国寺庙变动登记证（笔者摄于三台县档案馆）

也就是说，地方政府辖下的任何一个寺庙道观，都必须严格按照要求进行登记。如此一来，所有的寺庙和道观，从其所拥有的建筑物、神像、法器，到住持和僧（道）众，以及其他寄居其中的人员的基本情况，完全掌控在政府手里，并且其中发生的任何变动都需要向政府进行登记说明。登记规则第五条指出寺庙人口登记的对象仅限于僧道，同时也要对在寺庙中长住的人附带登记。结合第十三条，该规则并不适用天主教、基督教、伊斯兰教和藏传佛教的寺庙。我们可以进一步知道，国民政府1936年所发布的寺庙登记规则仅仅是针对全国的汉传佛教寺院和道观。

新的《寺庙登记规则》具有极大的强制性和严厉处罚性。如该登记规则第十一条，对于寺庙在通告后逾期不登记或者新成立寺庙不申请登记的，应强制执行登记。如果没有特殊原因进行解释，将会撤换住持或管理人。另外，如果在登记过程中存在不实或者故意蒙蔽的情况，除了要强制执行补登记以外，也要撤换住持或管理人。至于情节严重，触犯刑章的将直接送法院究办。《寺庙登记规则》中一系列针对寺观管理的问责制度，大大促进了住持和管理人员的登记积极性。但从各项登记表证的类别来看，需要进行登记的表格有七种、数十种类别，这些内容并不是由熟悉行政工作的人员进行统计填报，而是要求各寺庙住持与户籍登记员共同完成，对于许多从小出家，潜心修行的出家人来说，如此繁琐的统计填报工作存在极大难度，从而在推行过程中困难重重，最后不得不以失败而告终。

二　寺庙登记背景下的云台观与三台县道教会

应四川省第十二区行政督察专员公署①训令要求，从 1936 年 4 月 5 日开始，包括遂宁、安岳、中江、三台等在内的九个县按照内政部新发《寺庙登记规则》全面展开寺庙登记。三台县政府发文要求县内各寺庙道观必须要在一个月内完成庙产登记，并严格按照相关表证执照样式进行："并替饬所属联保主任、户籍员等，负责将该区内寺庙，一律重新总登记，限本年五月十五日以前办理完竣。将登记多项表征分别填送来府，以资核办，勿延为要。"②

在收到县政府关于寺庙登记的行政命令之后，1936 年 6 月 6 日，三台县道教会召开临时会议，拟改选保和观住持邹青松、文武宫住持王信悌分别为新一任会长和副会长，接手寺庙登记等一应事务。当然，按照程序要求道教会换届选举需要征得国民党县党部的同意，但三台县道教会会长李信敏以云台观距城区太远以及自身年老力衰为由，呈文请县政府同意道教会成立分会机关，以便专门从事寺庙登记等政府交办的行政事宜。其呈文如下：

> 呈为协恳另委，以专责成而勖登记进行事。窃职前以呈请鉴核道庙登记办法等情再案。沐令准于各教分别登记在

---

① 国民政府于 1935 年在四川设 18 个行政督察区，每个区设专员公署，为省政府的派出机构。其中的第十二行政督察区专员公署领遂宁、三台、射洪、中江、盐亭、蓬溪、潼南、安岳、乐至等九县。

② 《为饬令遵照登记各寺庙并抄荐规则及表征执照式样仰依限办理完竣核查一案》，三台县档案馆，档号：10 - 3 -412，第 005 -007 号。

卷，应遵曷渎。缘职奉令遵于五月二十八日，召集本教诸山住持，开临时会议，职因办理多载，年力俱衰。又值新政推行，百端待举，兼之本观事繁，距城窎远，公私不能兼顾。经众议决，本教分会机关成立潼城中心保和观，以便灵通各寺庙登记要公。凭会众公推保和观住持邹青松，任三台道教会会长，文武官住持王信悌任副会长。均年富力强，经忏谙练，取得同意，一致赞成。现二人热心公务，不遗余力，负责照章接办登记，是以谨将协恳另委缘由，据实协恳钧府俯赐察核，赏予速委邹青松任会长、王信悌任副会长，以专责成，免碍登记进行，实沾德便。谨呈三台县长潘钧鉴。三台县道教分会会长李信敏。诸山住持谭诚心、王诚之、王信善、龙信心、贺崇源①。

虽然道教会中诸山住持均画押认可了会长改选，然而国民党县党部却未予以认可。其理由是所有的人民团体都应该预先照章向县党部请求登记立案，但是道教会并未预先登记备案，手续是否完整也无据可查，因此"所请改委之处，着毋庸议"。虽然如此，1936年6月9日，李信敏仍然召集了三台县各道观住持在保和观成立三台县道教分会机关，以进行照章登记寺庙各事宜，并向三台县党部呈报②。7月16日三台县临时指导委员会委员张晋崇的批文为"仰将该会简单呈会再拟可也"，临时指导委员会在8月4日发布指令至道教会，要求"将组织沿革与简章呈报到

① 《呈为协恳另委以专责成而勘登记进行事》，三台县档案馆，档号：10-3-412，第082号。
② 《呈为奉令遵办呈报备查事》，三台县档案馆，档号：10-3-412，第0218—0220号。

会再行拟办"①。

在完成三台县党部要求道教会补交相关材料之后，三台县道教会会长人选发生了变化。1937 年 2 月 19 日三台县政府一份催办寺庙登记的公文要求佛道两教会会长到政府共同"备筹商办法"，其中的佛教会会长仍然是释梯航和圆恺，但是道教会正副会长变成了保和观住持邹青松和文武宫住持王信悌②。可见，直到 1937 年初，县政府才同意李信敏辞去三台县道教会会长之职。但有意思的是，1937 年 6 月 14 日，一份云台观住持李信敏请求政府出面刊碑"掩埋暴骨以杜后患"的呈文落款，却仍然是"三台县道教会会长"。一种可能是邹青松和王信悌在短期接任三台县道教会会长之后，李信敏又重新连任；而另一种可能是李信敏一直是三台县道教会会长，但是在政府要求完成的道教寺庙登记工作方面，正式作为道教会会长出面的是而邹青松与王信悌。

当然，李信敏并没有等待此事完全得到政府正式批文同意再进行寺庙登记。1936 年 6 月 10 日李信敏便开始着手对云台观进行登记造册，并于 6 月 30 日上呈县政府，在《为呈报云台观道庙登记俯请鉴核示遵由》中李信敏称：

> 窃职前以呈请各分各教分任登记，沐今准行在案后，请令委正负会长以专责成，旋奉钧府财字第四一七号指令，开呈悉查人民团体，照章应先向县党部立案，静候指令，以便办理。殊迟延至今，尚未奉到党部指令，未知可否，无所适

① 《为奉令遵办呈报备查一案》，三台县档案馆，档号：10 - 3 - 412，第 175 - 177 号。

② 三台县档案馆，档号：10 - 3 - 412，第 004 号。

从。现限期已逾，只得先由本庙着手以为目标。跟于六月十日敦请本乡联保主任及户籍员、保正等，在职庙协同登记完竣。至于各项价值，除地土外，其他房屋及法物等类，亦由当地联保人员概照明清时代所缴钱数折合现时银价，均详注于表上，分别附呈来登记表三份。其余各道庙仍侯县党部指令准予立案时始行，就地登记各庙，再行汇报否准时即恳钧府令饬各区户籍员就地登记各该地道庙负责呈报并恳赏予注销准职自行登记之案是否有当，理合具文呈请钧府鉴核指令，只遵谨呈县长潘钧鉴。附呈云台观道庙各种表册计三份。第四区云台观住持兼三台道教会会长李信敏、第四区安居场联保主任梁季常、户籍员龙太湖、二十四保保长周聘三①。

然而，三台县除了云台观以外，其他道观的登记迟迟未完成，而佛教会也没有如期完成登记。针对这种情况，三台县政府曾多次发文催办并要求两会会长作出回应。1936 年 9 月 8 日，三台县政府颁发训令至各区区长以及佛道教会会长处，催办他们尽快呈报寺庙登记表。其中提出当年 5 月 15 日之期已过数月，"乃除云台观外，余均尚未呈报，殊属不合"②。要求各区区长及两会会长按照原来的要求，督饬联保户籍员十日内填表完毕。虽然此则训令为新上任县长冉崇亮以非常严厉之势，要求十日内完成所有登记，然而结果也并不乐观。

1936 年 9 月 15 日，佛教会会长释梯航呈文县政府请求对于登记时间予以延展，其理由是：一则寺庙众多且分散于各处；二

---

① 《为呈报云台观道庙登记俯请鉴核示遵由》，三台县档案馆，档号：10 - 3 - 412，第 044 - 045 号。
② 《为令催呈报寺庙登记由》，三台县档案馆，档号：10 - 3 - 412，第 066 号。

则登记表格多，各户籍员对于每一寺庙等级表要填写多份；三则户籍员与寺庙之间存在有误解法令的地方。但是县政府也面临着上级部门的压力，因此在时间上并未有所宽延，仍然要求"事关上峰饬办之件，务速勿延"①。17 日，释梯航又呈文县政府，进一步解释办理寺庙登记迟缓的诸多原因，其理由仍然与 15 日大致相同：由于寺庙散处各方，虽然他与弟子分头行动，然而表格式样颇多，各联保户籍员也认为表式繁重，所以才导致了登记迂缓难行。甚至为了赶时间，释梯航自己还垫资印了数百份表格以分头进行登记②。

10 月 13 日，道教会会长李信敏也呈文，声称自己此前已向政府请求由各联保处户籍员代办登记，后经过向各道庙督催，均称已经由各户籍员列表填报，所以就不用再次填报。他称自己："任道会及本庙住持，公私繁冗，又加不谙公务登记表册，势有莫及之虑，况各户籍员业已受训，熟悉新政公文表式，既经照表填报，何劳愚昧强办，难符定章。"③ 基于以上理由，他请求政府仍然按照以前的请求，仍然由各联保处户籍员继续进行登记，"免误要公"。县府批准了他的请求，或许是考虑他年迈体弱，方有此特许。另外，也可能李信敏在当时情况下，具有一定威信和影响力，使得政府官员对他特别关照。

1937 年 2 月 15 日，四川省政府颁布训令至各公署，指出截

①　《为遵令督催并祈酌予展限由》，三台县档案馆，档号：10 - 3 - 412，第 070 - 071 号。

②　《为遵令赶办并垫资印制表式由》，三台县档案馆，档号：10 - 3 - 412，第 086 号。

③　《为遵令再覆恳予鉴原允照前令饬户籍员登记道庙填报一案》，三台县档案馆，档号：10 - 3 - 412，第 072 - 073 号。

止 1936 年 12 月底，仅有彭山、梁山、峨眉三县完成并呈报寺庙登记，"其余各市县，均未呈报，似此稽延，实属漠视要公，殊有未合"①。训令要求各公署即可遵照转持所属县，按照前有规则迅速将辖区内所有寺庙一律登记完竣。第十二行政专员督察公署将此训令转发各辖内各县，严令各县"依限办理完善，订册呈报，勿再玩延，致碍考成为要"②。

三台县政府随即将省政府及十二行政专员督察公署训令发至各区区长及佛道两教会长处，要求佛道两教会长限期填报寺庙登记表，勿再拖延③。此次各级政府的催办训令措辞严厉，自上到下层层施压，最后还是落在了佛教与道教会会长也就是释梯航和李信敏的头上。李信敏依然感到力不从心，3 月 2 日，他呈书称此前已向县政府申请由各处户籍员单独负责进行登记并得允准，且后期各道庙也称已经由各户籍员进行了登记。言外之意是前期登记不力的主要责任在于各地登记的户籍员。另外，当前政府要求道教会协同登记并在十日内汇报，对于三台县大小道观三十余处分布于各个地区的现实情况，一个人在十日的时间显然无法完成。李信敏仍然请求以各处户籍员继续进行登记填报，他说："职一人办理道会及本庙（云台观）事务、学校，公私纷纭，毫无暇日。加之幼年出家，目不识丁，不谙新政表式，何能负此重

①　《四川省第十二区行政督察专员公署训令》，三台县档案馆，档号：10 - 3 - 412，第 079 号。

②　《为奉省令催办报寺庙登记一案转饬该县迅速办完呈报由》，三台县档案馆，档号：10 - 3 - 412，第 078 号。

③　《为饬令迅速登记寺庙勿再延缓一案》，三台县档案馆，档号：10 - 3 - 412，第 076 号。

任？是以谨将各缘由，遵令据实申明。"①

　　虽然三台县政府对各寺庙登记酌情延长了期限，同时严厉催办，直到 1937 年 4 月 2 日，才基本登记完两教寺观共 62 座，这其中佛教寺庙登记了 59 座，而道教宫观仅仅登记了 3 座②。单从登记寺庙的数量来看，道教三个道观与佛教五十九个寺庙显得极为悬殊。查 1930 年民国《三台县志》所记载的三台县的寺观之中，佛教寺庵约有 90 座，而道教宫观仅有 13 座③。而在道教会会长李信敏的呈文中则可以知道，当时三台县全县大小道观有30 余座④。这足以说明民国时期佛教寺庙的规模远远大于道教。此次完成并上交的寺庙登记情况，显然并未完全包括所有寺庙宫观。为免究责，新县长冉崇亮向上级部门呈文辩称，自 1936 年7 月接任县长之职后，厉行催办，但是"各寺庙住持管理，有离山未归者，有到别庙研习经典者，或因出外受戒者，以至登记不齐，难于各别填报"⑤。以至于拖延至今，并且未完全登记所有辖区内寺庙。如此，寺庙登记实施确实存在诸多困难，实难完全达到预期结果。

　　另外，寺庙登记过程中还存在经费收缴的困难。按照国民政府颁布的《寺庙登记规则》规定，寺庙登记表证上缴省政府之

---

　　① 《为遵令呈覆恳赐鉴核准照前案仍饬户籍员登记道庙由》，三台县档案馆，档号：10 - 3 - 412，第 095 - 096 号。

　　② 《为令发寺庙登记证仰照缴证费一案》，三台县档案馆，档号：10 - 3 - 412，第 106 号。

　　③ （民国）林志茂等修，谢勋等纂：《三台县志》卷四·舆地志四，民国二十年（1930）铅印本。

　　④ 《为遵令呈覆恳赐鉴核准照前案仍饬户籍员登记道庙由》，三台县档案馆，档号：10 - 3 - 412，第 095 - 096 号。

　　⑤ 《为呈报寺庙登记表恳予存验备查一案》，三台县档案馆，档号：10 - 3 - 412：093 - 094。

后，由省政府据数发放登记证，各寺庙需要缴纳不超过一元的登记费。1937 年 6 月 19 日，三台县政府发布训令要求佛教与道教会各应将省政府下发的登记证领回并收缴登记证工本费八角每份①。该规定落实到三台县之后，则将登记工本费减免至八角。虽然相对于中央政府的规定而言已经有所减免，但对于各寺庙道观而言，这仍然是一笔额外支出，所以在登记过程中迟迟无法收齐登记证工本费的情况就不足为奇了。

6 月 30 日，道教会会长李信敏即将所登记三个道观缴纳的工本费共计贰元四角上缴②。8 月 10 日，三台县政府签文提到寺庙登记证已下发，道教会已经缴纳完毕，但是佛教会共欠四十七元贰角，"该佛教会逾限已久，尚未缴来，殊属不合，兹派政警，前往催收，仰即照交该警携回，以资逼垫，不得宕延干究，火速须签。"③ 9 月 26 日，佛教会呈文称："本会奉敕之余遵照钧府已经层报之完整五十九庙，逐将各庙登记办齐待领。殊各庙至今遵令具领者尚属寥寥。"④ 所以他请政府出面让各区联保主任敦促区内寺庙领证缴费，政府同意了这一申请。9 月 29 日，县政府发训令至各联保主任："即信转饬所辖境内已经登记之各寺庙，迅到佛教会领取登记证，并照章缴费，勿得违误干究。"⑤

①《为检发各寺庙登记证暨训令仰即分别转发汇收证费一案》，三台县档案馆.档号：10 - 3 - 412：103 - 104。
②《为遵令呈缴寺庙登记证费由》，三台县档案馆，档号：10 - 3 - 412：102。
③《为饬佛教会照交寺庙登记证工本费由》，三台县档案馆，档号：10 - 3 - 412：096。
④《呈为请予分令各区联保转饬保内寺僧遵章缴费领取登记证事》，三台县档案馆，档号：10 - 3 - 412：097 - 098。
⑤《为令转饬各寺庙速到佛教分会领取登记证一案》，三台县档案馆，档号：10 - 3 - 412：099。

　　如前所述，中央政府在颁布一系列管理和监督寺庙的政策之时，并未完全考虑周全，也未预见到具体实施的各方面困难。这使得在《寺庙登记规则》政策的颁布之后的推行过程之中，地方政府工作遭遇多重阻力，最后不得不草草结束。究其原因，大致有如下方面。其一，寺庙登记表格式样繁多，类目复杂。对任何一个中等规模的寺庙来说，要对本庙中每一个人、每一件物、每一处建筑进行登记，仅仅是详细数据的归类汇总都需要不少时日。如果是云台观这样历史悠久的大道观，就需要更多时间，甚至需要反复进行核对。其二，各寺庙道观分散在三台县各处，许多寺观处于人烟稀少的山野之中。在当时交通不便的情况下，要在数月内步行到各处进行登记，其困难程度可想而知。其三，佛教和道教出家人都有出山游历参学的传统，所以住持未必就会一直待在寺庙道观之中，所以户籍员前去登记扑空也是有可能的。其四，从此次寺庙登记来看，两教协会对于其下各个寺庙道观的管理客观上较为松散，甚至并无多大的约束力，所以如果遇到不合作的住持，还需要反复做工作。此外，国民政府要求各寺观缴纳寺庙登记表证工本费，增加了寺观的经济负担，所以我们也可以认为收取登记证费也是阻碍登记进程和效果的重要原因之一。

三　寺庙登记过程中的佛道关系

　　在三台县道教与佛教会实施寺庙登记政策的过程中，一些事件暴露出了道教与佛教之间的矛盾与冲突。

　　首先，关于寺庙登记负责人的问题。在遵照《寺庙登记规则》进行登记之初，三台县佛教会会长释梯航同户籍员至云台观，并协助户籍员对道观进行统一登记。此种行为遭到三台县道教会的激烈反对。1936 年 5 月 18 日，道教会会长李信敏呈书三台县第四区区长李润生，认为"佛道攸分系统，各别该教，焉能连并？"① 他强烈要求："若教会与民众应分别登记，亦应由各教登记各教，以专责而免纠纷……即请制止该释梯航非理行动，同由户籍员登记，免滋混淆用，特具呈恳请钧府俯赐察核令示，属教由户籍员登记或自行登记，而免纷歧。"② 李润生通过查阅《寺庙登记规则》第七条"寺庙登记……在县为县市政府"，认定由佛教会协助办理登记并无依据。为平息纷争，他认为确应由各会登记各会寺庙，并由各会会长负责，他将自己的意见并李信敏的申请一并转呈县政府。三台县政府对于李润生的呈书，首先回应解释佛教会协助登记寺庙系上级规定。同时对于李润生为平复纷争的请求认为尚属可行，于是在 5 月 27 日发布训令，分别送达一、二、三区区长及佛道教会会长处。训令要求："该区区长即信遵照，并特饬各联保主任、户籍员等一律遵照为要；该会会长即信遵照，协同办理，各会登记各会寺庙，务期迅速确实为要。"③ 这个事件反映出民国时期三台县的道教与佛教之间的关系并不融洽，当然这其中既有宗教层面上不同教义之间的差异性，也有在现实经济利益之前的纷争。因寺庙登记涉及对寺庙财富的记录，一旦所有财产如实登记，相当于完全处于政府的管控之下。在这样的背景之下，道观自己进行登记显然更加利于对庙

---

① 《呈为呈请鉴核示遵以维道宗而免纷争事》，三台县档案馆，档号：10 - 3 - 412，第 037 号。

② 同上。

③ 《三台县县府训令》，三台县档案馆，档号：10 - 3 - 412，第 040 - 043 号。

产的自我保护。

其次是关于民间所称"火居教"的归属与登记问题。一般而言,民间所谓"火居教"就是指火居道士,其道派属于正一派。众所周知,四川是天师道发源地,东汉末年张道陵创建的正一盟威道是天师道的前身。汉末曹操招安正一盟威道,张鲁率徒众前往汉中建立了政教合一的政权。部分未跟随迁徙正一道士留在川内继续从事着宗教活动,他们大多的道派传承以家族的方式进行,有自己独有的法脉字派和经典科仪,呈现出独特的发展特点。出于自身生存和发展的需要,他们与四川民间地方信仰需求紧密联系,其宗教活动活跃于社会下层,为普通民众提供相地、择日、取名、超度、禳灾等宗教服务。在长期的发展过程当中,一些火居道士又部分吸收了佛教的经忏仪式,体现出佛道融合的趋势。

在 1936 年开始进行的寺庙登记过程中,三台县佛教会会长释梯航认为这些火居教应该由佛教会进行登记,他提出的理由是有火居佛教僧人行持经忏为事主诵经做法事,其所颂"火居教之艺术,皆由僧众传授"①,他在 1940 年 1 月 8 日呈文县政府称,三台县的火居教一直存在"道教询问伊即是佛,佛教询问即是道,历来混淆,尚未澄清"②的情况,为了改变这种混乱的情况,他认为只要是"有行释迦如来教艺经忏者",均应该由佛教会进行登记和管理③。

----

① 《为各教弟子有行释迦如来教艺经忏者准由属会登记以清教规而符秩序》,三台县档案馆,档号:10-3-412,第 030-031 号。
② 同上。
③ 同上。

　　由于清末民国的四川民间社会存在着儒释道三教合一的发展趋势，一些火居道士部分吸收了儒家和佛教的思想和修行方式。火居道士在进行科仪过程中出现行持佛教经文和仪轨的情况是比较正常的，但这并不足以说明他们就是佛教弟子的身份。另外，由于汉传佛教有着严格的僧团制度，其中特别强调门中弟子行持佛法的正统性以及对于戒律的严格持守，这些火居道士的行为显然并不符合佛门弟子的基本要求，佛教也不会将他们认作本教弟子。那么为什么此次寺庙登记过程中，三台县佛教协会要力争获得对火居道士的登记资格呢？从释梯航的呈书中可以得知其主要原因还是出于现实经济利益的考虑。这些活跃于民间的火居道士进行的法事活动，都是要定期向政府进行"捐税"的，但是在此之前的税钱都被道教会收用。佛教会应是久有不满，此次正好利用推行《寺庙登记规则》的机会，将登记火居道士的资格争取过来。如果能够获得这一资格，也就顺理成章的获得整个县的火居道士上缴的税费的收纳权，显然这其中是有私利可图的。

　　所以也就可以清楚地知道，释梯航以改变归属不明，混淆不清的现状作为借口，来获取登记火居道士的资格，事实上是出于经济利益的考虑。当然，佛教会的这个理由是非常牵强的，既然之前火居道士的税费已由道教会收用，那么这些火居道士应该是承认自己的道士身份，并愿意置于道教会的管辖之下，而道教会也并不愿意将这一既得利益拱手让给佛教会，所以这一请求最后也就没有得到上级部门的认可。

第三节　民国时期云台观寻求生存与发展的努力

一　云台观与三台县道教分会改组

　　1912 年，全国道教总会在北京白云观正式成立，成为在国家政治体制变革过程中，道教界与政府有关部门协调行动与自我管理的统一组织。1913 年 5 月，四川省道教总分会成立，除了遵照全国道教总会的制度和章程以外，结合四川道教发展特点，进一步制定了分会的制度、规范与戒律。1923 年 2 月四川省道教总分会改为四川省道教会支部，青羊宫住持赵永安为会长，二仙庵住持申宗筠为副会长。1946 年 5 月，应四川省政府社会处要求，四川省道教会支部进行了全面改组，将四川省道教会支部改为四川省道教会，会址设于成都市青羊宫。制定了《四川省道教会章程》，对协会宗旨、组织机构、工作方式、经费、教义教理、主要职责等方面均进行了规定①。

　　四川省道教总分会于 1913 年成立之后，川内各市县道教分会纷纷成立。根据《四川省志·宗教志》统计，四川省道教会各市县分会成立时间从 1912 年到 1949 年均有，此后有的分会进行了改组，改组时间也不尽相同②。此组统计数据充分体现出民国时期四川道教管理的混乱与松散，同时该数据也未统计完全，

---

① 《四川省志·宗教志》，成都：四川人民出版社，1998 年，第 49—50 页。
② 同上，第 50—51 页。

如三台县道教分会的最初成立以及在 1947 年进行的改组就没有体现出来。据《绵阳市民族宗教志》记载："民国二年三台县成立道教会，县城城隍庙住持汪元法为会长……民国十九年汪死，由云台观老道李信敏继任（会址云台观）。"① 也就是说，三台县道教会成立时间较早，于 1913 年四川省道教总分会成立之后就随之成立。会长最初由三台县城隍庙住持汪元法担任，1930 年由云台观住持李信敏继任。自此之后，云台观完全是作为统管三台县道教事务角色而存在，包括前文所述寺庙登记事务之中对整个县域道观的登记工作也是由云台观主导完成的。当然，1940 年之后的三台县道教分会的改组也是在云台观的主导之下进行的。

　　1940 年前后，为应对战时需要，国民政府颁布了《非常时期人民团体组织纲领》和《非常时期人民团体组织法》等非常时期的人民团体管理法规，并要求各人民团体必须依法进行改组与登记。1945 年 9 月，四川省政府社会处发文要求四川省道教会进行改组，此后四川各县道教界按照四川省政府和四川省道教会的要求相继进行改组②。1947 年 5 月 20 日，四川省道教会三台县分会进行了改组，改组后的三台县道教分会会址从云台观迁到了保和观，筹备会主任为保和观住持李崇岳。11 月 14 日，三台县道教分会在三台县保和观举行了成立大会，筹备会特发公函邀请三台县政府和国民党三台县党部派员到会进行指导。三台县道教会在民国三十六年（1947）的邀请函中写道："本会奉令改组，业将筹备工作办理完竣，兹订于十一月十四日在县城保和观

---

① 《绵阳市民族宗教志》，成都：四川人民出版社，1998 年，第 365—366 页。
② 四川省档案馆，档号：186 - 01 - 1839。

举行成立大会，除呈请县府派员监示外，相应函请贵部莅临指导为荷。"①后三台县党部派出洪姓委员出席参加该成立大会。此次成立大会到会道士、居士300余人，在册道教徒450人，最后会员大会选举决定由李崇岳任理事长②。更重要的是，大会拟定了《四川省道教会三台县分会改组草案》③。草案共五章十八条，包括总则、任务、会员、组织、职权等主要内容。

总则第一至三条主要任务是确定协会的名字、会址所在地以及协会的基本宗旨。第一条规定协会名字为"四川省道教会三台县分会"。第二条规定协会以阐扬道教学术、奉行三民主义、整饬教规、排除邪异、提倡文化建国为宗旨。第三条指出会址设于三台县城保和观，保和观今名东岳庙，民国至今均为云台观下院。所以三台县道教分会虽然在改组后将会址迁到了保和观，但实际上三台县道教分会仍然是云台观主持。

《草案》的第二章第四条阐述了道教分会的任务，分为六条。首条指出贯彻的基本宗旨即关于三民主义之奉行事项，其余内容主要涉及教义、教徒、庙产以及公益事业相关内容。如关于教规之遵守教理学术文化研究事项、教徒清规之会员之厘定及会员进修训练事项、道教寺庙财产法器依法保护事项、举办道德学校及公益慈善事项和道教徒之生产福利事项等等。

第三章五至八条的内容为对会员的管理规定。第五条为会员组成相关内容。其中规定道教分会会员包括基本会员、普通会

---

① 《四川省道教会三台县分会筹备会公函》，三台县档案馆，档号：2 - 1 - 213，第109号。

② 《绵阳市民族宗教志》，成都：四川人民出版社，1998年，第365—366页。

③ 《四川省道教会三台县分会改组草案》，三台县档案馆，档号：2 - 1 - 213，第16 - 21号。

员、信教会员以及赞同性民众。基本会员是指在道观出家的乾道与坤道；普通会员是指在家行艺奉行道教者；信教会员是指在家之男性与女性奉行道教义务及皈依者；而赞同道教的民众就是赞同道教分会宗旨并经会员二人以上介绍经理事会审查合格加入者。第六条指出，违反本会章程以及违反三民主义、政府法令、吸食鸦片或者其他代替品等一经查实将予以除名。第七条为会员权利，包括五个方面：一是发言权及表决权；二是选举权及被选举权；三是本会所举办各种事业上之利益；四是寺庙财产、法器或会员有被侵害者得请本会转呈政府合法保障；五是其他公共应享之权利。第八条为会员义务，包括三个方面：一是遵守本会会章及决议案；二是担任本会所指派之职务；三是缴纳会费。

第四章九至十三条为对道教分会的组织机构进行的规定。第九条规定以会员大会为本会最高权力机关，在会员大会闭会期间理事会代行其职务。第十条规定本会设理事四人，候补理事四人，监事二人，候补监事一人，由会员大会投票选出组织理事会、监事会。理事会推选常务理事二人组织常务理事会，推选一人为理事长；监事会推选一人为常务监事，置文书股、庶务股各一人。第十一条规定本会理监事均为义务职。第十二条规定理事会与监事会任期均为两年，可连选连任。第十三条规定理监事如果有以下情形应予以解任：第一，不得已事故经大会议决准其辞职者；第二，旷废职务经大会议决令其退职者；第三，职务上违反法令或有不正当行为或官署令其退职者。

第五章十四至十八条为关于职权的规定。第十四条指出本会会员大会之职权包括五个方面：第一，审议理监事会之会务报告；第二，通过本会章程；第三，选举理事监事；第四，决定经费预算；第五，其他重要事项之决议。第十五条指出本会理事会之职权包括五个方面：第一，对外代表本会；第二，对内处理一切会务；第三，召集会议；第四，执行会员大会决议；第五，核准会员大会；第六，办理监事会核付执行案件。第十六条指出本会常务理事会之职权包括三个方面：一是执行理事会决议；二是办理日常事务；三是召集理事会议。第十七条指出本会监事会之职权包括三方面：一是监察会员履行义务事项；二是经费之审核；三是办理其他监察事项。第十八条指出常务监事会之职权包括：一是执行监事会决议；二是召集监事会议；三是办理日常事务。

值得注意的是，总则第二条指出三台道教分会的基本宗旨是"阐扬道教学术，奉行三民主义，整饬教规，排除邪异，提倡文化建国"。而在第二章"任务"之中，第一条便是"关于三民主义之奉行事项"。正如晋代高僧释道安所言："不依国主，则法事难立"，宗教组织要保证其持续稳定的发展，必然要保证一种与当时的政权相一致的政治"正确性"。国民党主政之时的民国以"三民主义"立国，道教要保证自身的生存与发展，自然也要旗帜鲜明地遵从三民主义的基本价值导向，顺应政府提倡的"三民主义"的政治主张，并体现在自己的组织章程里。《四川省道教会三台县分会改组草案》的内容非常翔实完备，从组织架构、人员构成、权利义务等方面均有着详细的规定。可以看出，当时道教分会的行政管理职能逐渐完善，在约束规范成员行为，积极参与社会公益事业方面也有明确规定，这显然与当时民国政府加强对宗教管理的政治背景有关。

二　云台观文化事业与公私救济

在民国时期"庙产兴学"大背景之下，以政府为主导的基础教育发展呈现新的特点，其中一个表现就是在寺庙道观之内进行办学。虽然从资金来源来看，寺庙道观并未有足够的经济实力出资，但大多数小学校均将校址选在了寺庙宫观之内。从民国《三台县志》卷十八记录的"各区乡初级小学校表"记载可以看出，民国时期三台县大多数寺庙道观都曾办有学校。根据经费来源各不相同，主要分为县立、公立与私立三种。县立小学是由县级政府出资开办，如云台观下院保和观、圣母宫、云顶寺、灵峰寺等24个县立小学。公立小学由公众捐资共同开办，其中包括观音寺、白云观、弥勒寺等84个寺庙宫观。私立小学则由单个家族和行会开办，如李氏祠、慈善会、儒教会等104所小学，其中未发现有寺庙或者道观自行开办的学校①。

在整个社会利用寺庙道观产业开办学校的大背景下，云台观也无法避开这一社会现实压力。据民国《三台县志》记载，云台观也开办有一所小学，称为"云台小学"，主要招收云台村附近适龄儿童入学，为云台村附近乡绅共同出资开办，属于公立性质。

1937年7月，三台县连下十四天的大雨，涪江上游溪水暴涨，乡民损失惨重："本场上面先年所修堰堤非常坚固都被冲崩。漂浸各住户谷子、玉麦、杂粮等项不可枚数。并将沿河田地低者陷成泽国，否则冲为石窖。稍高亦垫为沙淤。眼见将熟之米

---

① 以上数据参见（民国）林志茂等修，谢勤等纂：《三台县志》卷十八《学校志二》，民国二十年（1931）铅印本。

谷转瞬消于无何有之乡。田地又成不可耕食之食窖。"① 县政府
要求各受灾地区核查并上报灾情，以便进行赈灾抚恤。

在这次洪灾中，云台观及其佃户亦遭受重创。据云台观住持
李信敏（时为三台县道教会会长兼任云台观住持）呈文，将云
台观及其佃户所受损失悉以列出：

> 呈为同受水灾损失甚巨列表备查并请转详以维生计事。
> 窃职世守祖业，农耕自食，每岁纳粮税两次，自办小学堂费
> 用、诸神焚献香灯、道士生活、来往游客，一切支应用度全
> 赖所种田土出产及收佃户佃银以作挹注，尚有乏绌不敷之虞。
> 胡料今废历六月初六夜霹雳震地、大雨倾盆，澈宵不止。次
> 晨洪水暴涨，淫雨终日。本观田谷地势低洼，沿溪下流一带，
> 水势汹涌，将田淹没，遂成泽国，一望汪洋。自辰至酉，水
> 始消平，而田谷扫洗者半泥沙埋者半，道路倾圮，田土崩
> 裂丛林垣址，倒塌甚多。庙业近溪一带所种粮食被水冲坏，
> 同受此重大灾损，将来秋收失望，生计窘迫，不惟粮税等项
> 无出，而淘沙修路补砌工作更难设法绸缪，是以谨将本观及
> 庙业佃户受灾情形损失估值列表粘呈，除报请区署转详外理
> 合备文呈请钧府俯赐备查，恳予转详垂怜体恤公益古刹，或
> 减轻税粮以维生计而济灾黎，神人均感。谨呈县长冉钧鉴②。

云台观在延寿桥至拱桥区域的自种地有 100 挑，佃户种田有
九处共 370 挑，此次水灾共遭受损失 207 挑，按照每挑谷子 6 银

---

① 《呈为呈请鉴核恳予悯恤事》，三台县档案馆，档号：2-1-213，第 095 号。
② 《呈为同受水灾损失甚巨列表备查并请转详以维生计由》，三台县档案馆，
档号：10-3-2233，第 097 号。

元计算，合计受损元1242银元。此外倒塌房屋两座，道路崩裂、宫观垣址等共需要培修费用200余银元。（如图6－3－1）

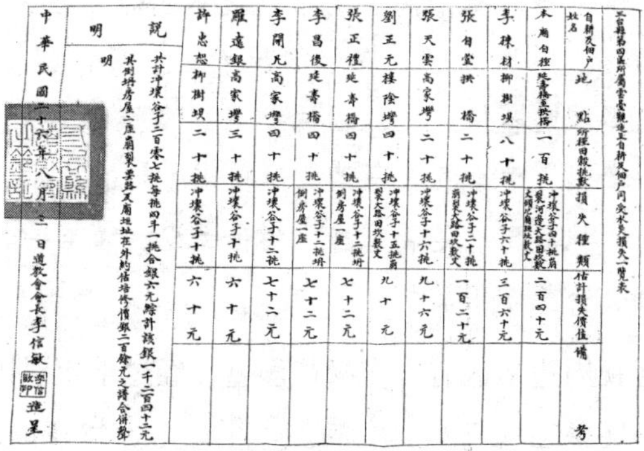

三台縣第四區所屬雲台觀造呈自耕及佃户同受水災損失一覽表

自耕及佃户姓名	地點	所種田穀挑數	損失種類	估計損失價值	備考
本廟自種	延壽橋至拱橋	一百挑	冲壞谷子四十挑崩裂河邊大路田坎數丈[illegible]	二百四十元	
李[illegible]材	柳樹壩	八十挑	冲壞谷子六十挑	三百六十元	
張自堂	拱橋	二十挑	冲壞谷子二十挑崩裂大路田坎數丈	一百二十元	
張天雲	高家灣	二十挑	冲壞谷子十六挑	九十六元	
劉玉元	樓陰灣	四十挑	冲壞谷子十五挑崩裂大路田坎數丈	九十元	
張正禮	延壽橋	四十挑	冲壞谷子十二挑坍倒房屋一座	七十二元	
李昌俊	延壽橋	四十挑	冲壞谷子十二挑坍倒房屋一座	七十二元	
李開凡	高家灣	四十挑	冲壞谷子十二挑	七十二元	
羅遠銀	高家灣	三十挑	冲壞谷子十挑	六十元	
許忠[illegible]	柳樹壩	二十挑	冲壞谷子十挑	六十元	

說明：共計冲壞谷子二百零七挑每挑四斗一挑合銀六元總計該銀一千二百四十二元；共倒坍房屋二座崩裂要路又廟址垣外約估培修價銀二百餘元之譜合併聲明

中華民國二十六年八月二日道教會會長李信敏 造呈

图6－3－1　民国云台观受灾呈报表（笔者摄于三台县档案馆）①

此次水灾统计可以看出，在1937年的云台观除了自己耕种的田地以外，至少有9处出租给佃农耕种。也就是说，云台观每年靠田地收入至少就有2820银元，可见即使是在发展相对萧条的民国时期，云台观的经济实力也是非常强的。虽然如此，云台观也能够从政府那里获得因为自然灾害而进行的救济，说明当的云台观有着良好经济条件。

1937年6月14日，云台观住持李信敏呈书县政府，请求政府出面刊碑“掩埋暴骨以杜后患”：

> 窃职云台观，沿山数里，路当孔道，古洞亦多，往来行人，络绎不绝。乞丐流民，窃宿于洞，间有委弃旷野之尸，路毙道旁之人。虽经知保甲随即掩埋，而肉白骨。庶期死者

① 《三台县第四区所属云台观造呈自耕及佃户同受水灾损失一览表》，三台县档案馆，档号：2－1－213，第097号。

有入土之安，生者无染疫之患。虽属善举，曷敢烦渎。惟以世风大变、人心不古，图财谋毙，移尸诈害等情，时有所闻，恐遭无赖之徒，挟怨之家，遇有此等之事，妄生谣诼，擅造黑白，后患匪轻。幸于国历六月二日，蒙仁天恩临弊观，职当陈明各情，已沐面谕饬具文备案存查，免遭后累，等因。奉此，理合备文呈请钧府俯赐鉴核，恳示刊碑，以便掩埋，而杜后患。是否有当，指令祗遵，谨呈县长冉。三台县道教会会长李信敏①。

在云台观周边地区有许多汉代崖墓，经过千年风雨和盗墓者的洗劫，一些崖墓仅剩石室空洞。每年往来云台观的人员众多，其中有部分乞丐流民居住在山洞，去世后便留尸山洞之中。这些被弃之荒野来历不明的尸体，以及处于大道旁边的尸骨均被当地保甲掩埋，令死者入土为安，也算是功德一件。但李信敏呈文中提到，有一些为了图财害命的人，将尸体移来诈为被害，或者死者家属寻来要挟敲诈道观，致使谣言妄生，后患无穷。显然，无名尸骨暴露在外，一则与传统社会讲究"死者为大，入土为安"的理念相悖；二则在炎热天气之下，容易导致瘟疫等大型疾病的流行；三则也容易被别有用心的人利用而横生事端。因此，刊碑掩埋尸骨并禁止借故滋事，实有利于地方社会民心稳定，县政府自然愿意大力予以支持并监督实行。所以，在收到呈启文之后第三天，即6月16日，三台县长当即批准，并发布告要求相关部门按照李信敏之请出示刊碑并印发布告，令"全县人民一体知

<hr>

① 《为恳示刊碑掩埋暴骨以杜后患事》，三台县档案馆，档号：10-3-393，第104-105号。

照"①。在这个事件上，云台观的行动一方面既是道教"悲悯众生"教义的具体体现，另一方面也是云台观在地方公益事业发展上所承担的责任展示，这对于树立道观在公众面前积极正面形象，避免心怀叵测之人前来无端侵扰也有着一定作用。

三　云台观寻求官方保护的努力

国民政府颁布《寺庙登记条例》，目的是对全国范围内的寺院和道观的情况进行全面掌控。但在庙产登记过程中，却出现了借政府登记庙产的命令而私吞庙产的情况。如1941年，四川省佛教会常务委员会昌圆呈书给四川省临时参议会，提出在实行《监督寺庙条例》之后，各地举办学校的过程中，有一些地方乡绅以办学为名贱卖寺庙古物，实际却中饱私囊：

> 近查各县举办中心小学及保国民学校，各乡镇暨地方土劣，每每藉办学无款为名，任意打毁各寺庙钟磬鼎炉，贱价出售半，归中饱送。据南充、双流等县佛教会报请救济，前来本会。查各寺庙炉鼎磬钟原属法器，中多古物，实有保存价值。早经令饬登记有案，今被各县不肖首人，任意捣毁贱售，实为大违监督寺庙条例。致使钟磬不闻，僧伽修持无具，与摧毁佛教何殊？②

有鉴于此，四川省佛教会希望四川省参议会能够发布训令，

①《为处云台观住持李信敏呈请出示刊碑掩埋暴骨以杜后患一案布告通知由》，三台县档案馆，档号：10-3-393，第106号。

②《四川省政府训令——准四川省临时参议会函请通令保护各县寺庙法物一案令仰遵照保护由》，三台县档案馆，档号：10-3-412，第069号。

严禁此类事情的发生。"特具理由恳请大会建议省府通饬严令保护，不得再有捣毁拍卖情事，以重法纪。"① 四川省临时参议会在第四次大会之后通过此项决议，并将此决议通令发往四川各县政府，要求"该府遵照保护为要"。

国民政府在 1931 年 8 月发布了《为本令饬保护寺庙一案令仰遵照由》② 训令，提出关于"国民政府交办国民政参会第二次大会，建议推行佛教"的决议，要求包括首都在内，以及各省市县最少应保全一座规模完整、戒律严明、庄严清洁的佛寺，禁绝任何军政学社等侵入占用。1933 年 8 月行政院再次重申要求相应涉及案件应予以遵行。四川省政府在 1939 年 7 月 24 日将此训令又进行了重新发布，其缘由是针对当时在登记庙产过程中出现的一些侵占庙产的行为。1940 年 4 月四川省政府发布训令至各县，要求按照四川省临时参议会议长唐宗尧提议"维护新津忠孝堂及全省宗旨正大之庙宇案，经决议通过函请查照保护等由附抄原提案一件，准此查寺庙及其财产历年以来迭经本府通饬保护在案，兹准前由除函复……新津县政府暨各区行政督察专员公署各县市政府……务予认真保护并将遵办情形报查"③。训令要求各县政府必须认真遵办并将办理情况进行汇报，对于三台县来说，最大的道观云台观自然是此项工作的落脚点。

民国时期的云台观中仍然收藏了许多珍贵的文物，道观还拥

---

① 《四川省政府训令——准四川省临时参议会函请通令保护各县寺庙法物一案令仰遵照保护由》，三台县档案馆，档号：10 - 3 - 412，第 069 号。
② 《为本令饬保护寺庙一案令仰遵照由》，三台县档案馆，档号：10 - 3 - 825，第 006 - 009 号。
③ 《四川省政府训令二十九年民三字第 08021 号》，三台县档案馆，档号：10 - 3 - 412，第 037 号。

有大量的田地、山林。所以在时局混乱的近代，自然吸引了一些心怀不轨的人觊觎。云台观现存一通碑石，正是当时地方政权为防止有人蓄意破坏和侵占云台观庙产而发布的保护云台观的训令。1926 年，国民革命军第二十九军军长田颂尧刚到三台县履任川西北屯垦使，应道观住持所请，书写并颁布了四字押韵禁令，要求人们戒颂。石碑碑额横书"总司令田示"，阴刻，其中"令"字雕以方框围之，一字双义：既指田颂尧为国民革命军第二十九军军长，也指田颂尧所发布保护云台观庙产的"命令"。（如图 6 - 3 - 2）

图 6 - 3 - 2　田颂尧禁令碑（笔者摄）

该碑碑文竖排，楷体，内容云：

> 云台道观，肇建于宋。古刹巍然，森林郁茂。前代名迹，保护为重。严禁驻军，滋扰喧闹。觊觎庙产，奸民播弄。均干例禁，有犯诉控。饬县查惩，不予宽纵。简明晓谕，其各戒颂。

石碑落款："中华民国十五年岁次丙寅仲夏月朔八日实刊三台县属南路云台观。"1930年，田颂尧将云台观建设为"云台公园"，培修从玉带桥上山的"登云路"。此外，他还手书匾额一幅"道不外求"，现悬挂于云台观内，可见他与云台观的道士有着较为频繁的交往与互动。

虽然田颂尧专门发布了保护云台观庙产的命令，但是1935年田颂尧被撤职之后，碑文威慑力已然无力。有鉴于此，1939年9月，时任三台县道教会会长的李信敏，偕云台观住持邹诚宽及其他道众，又联名上书四川省政府，请求具体落实政府保护寺庙的政策。李信敏在申请中提道：

> 窃三台南四区古刹云台观，权舆大宋绍熙间真人赵肖庵结茅兹峰，采金铸玄帝像，因而作玄天宫及拱宸楼为崇拜之所。乡人祷雨祈晴、消灾免劫，果彰灵应，香火弗斩。自宋历元明清以迄于今，经历数百年雨蚀兵燹、红羊浩劫。稽其奉敕大发内帑，两遣内监培修数次，又颁古本道经科仪各数百卷，所有诏旨象笏，一切古迹宫殿，如鲁灵光，矗立岿然无恙，飞神之灵爽，赑屃曷克臻，此诚三台一名胜灵山也。但时局每变，人心叵测，道等前已遵奉上峰示禁保护古迹庙产森林，禁令在案，恐年湮代远，日久弊生。且近年来，时

有藉故派捐伐树，或意图侵占产业房舍，致使数百载古观丛林一旦摧毁，岂不大负前人敕建守成之盛举？况本观常业无多，粮缺甚巨，每年培修及道士衣单，自办慈善学校并接待淄流挂单、游览过客，早已入不敷出。现道等万分节省，勉维生活，惟念信道自由，载在约法。而三教同源，以补政治之不逮，国府亦早有明令，凡僧道庙产森林禁止侵伐，一律保护。是以谨收保蓄示禁各缘由，拟实陈明，吁邀钧府俯赐察核，准予令禁刊碑以资保障，而垂久远，造福无量，顶祝不忘矣！谨呈四川省主席王钧鉴。三台县道教会会长李信敏，云台观住持邹诚宽，袁诚学、王诚之、詹崇云①。

李信敏等人认为，唯有将政府保护寺庙森林的禁令通过刊刻碑石，立于道观之旁，才能更好地警示觊觎庙产、砍伐古树林木之人。他的这个申请被呈送至四川省民政厅，并很快得到了肯定答复，省政府主席王缵绪批示"令该县政府即便遵照查核处理"。三台县政府当即批复"案查前据该会呈文出于保护道庙产业森林一案，业由本府准予出示保护"②。所以，1940年四川省临时参议会的保护决议又进一步确定了对地方重要庙观的保护，这对于云台观来说，也确实是一个非常好的消息。

然而好景不长，云台观偌大庙产在地方恶棍眼中实属一块肥肉，1943年前后，寻衅滋事，侵占庙产，拒不缴佃租等事屡有发生。或许是因为恶棍势力太大，云台观住持也无可奈何，周边

① 《呈为保存庙产护蓄森林恳示刊碑以兹保障由》，三台县档案馆，档号：10-3-412，第011-013号。

② 《为案查解知请保护庙产森林，业经出示保护仰即知悉一案由》，三台县档案馆，档号：10-3-412，第010号。

乡绅打抱不平，1943 年 7 月，士绅十余人具名请求政府出面保护庙产：

> 窃维邑南云台观，山水环匝，殿宇巍峨，古木森森，诚全县唯一之丛林也。宋元明清至今，非历代政府保障，正绅维护，住持得人，何能屡经兵燹，历数百年而庙宇如新，庙产弗失。乃近有近庙恶棍土豪，意图肥己，不惜摧残，估佃包粮，不一其事，在住持固莫伊何，而绅等知之，自当主持正义，难安缄默也，理合具文协请钧府俯赐鉴核，布告严禁该地棍豪，估佃庙产，欠租不纳，借故干涉，挟制住持，摧残庙宇，种种滋扰，并请令饬该地乡公所转知所属人民一体遵照保护，俾住持得安，刁风以息，庶期保存古迹，而垂永久，实为德便！邑绅：潘子和、刘子清、李克明、彭介卿、刘平章、杨子炎、李丕基、彭衡镒、王道禄、陈晓亭、罗增五、黄永年①

时县政府吴县长批示除了依请出示布告牌以外，还要求安居、千子两乡（千子即今郪江镇，云台观处于安居和郪江二镇之间）公所切实保护，如果再有出现呈书所述摧毁庙产、欠租不缴等事件的发生，即送有关部门究办。从政府层面来看，对于保护云台观庙产是较为积极的，但从成效上来看却并不理想。即使是在四川省政府、四川省临时参议会等相继出台训令至各地，对有着悠久历史的寺庙道观进行保护，但由于整个社会破除迷信的大背景下，仍然无法阻止包括佛教在内的传统宗教的衰微之势。

---

① 《为据情令饬切实保护云台观庙产一案由》，三台县档案馆，档号：10－3－2177，第 030－033 号。

第七章　当代云台观：持续发展与民俗文化的兴盛

　　在当代社会经济文化大变革的历史洪流中，道教文化与道教宫观作为传统文化变迁和现代旅游经济的聚焦点，吸引了越来越多的关注，并在错综复杂的社会背景下，持续发展。中华人民共和国成立之后的云台观经历了复杂的发展历程，这个历程是伴随着中国社会逐步走向现代化过程而进行的。社会变迁过程中的宫观建筑、道教组织、道派、道士等诸多元素，莫不呈现出明显的时代特色。然而，在社会经济变革过程当中，云台观道教文化旅游开发却由于种种原因陷入困境。本章主要对中华人民共和国成立之后云台观的发展历程进行简要回顾，并对当代云台观发展过程中出现的旅游开发困境进行探析，最后对云台观历史悠久的"祖师会"进行考察和研究。

第一节　云台观的保护与旅游开发困局

中华人民共和国成立之初，道教被定性为封建迷信，加之土地改革和农业合作化运动，云台观宗教活动基本停滞，道士所剩无几。"文革"十年对宗教的破坏不言而喻，云台观之中神像被砸，诸多文物遭到破坏。到了20世纪80年代，国家落实了宗教政策，云台观进入了重新建设的历程。云台观被列为国家文物保护单位，完全恢复了宗教活动。政府宗教部门和文化部门对于云台观的管理与维护，则进一步体现出我国宗教信仰自由政策的贯彻实施，以及国家对于传统文化的重视。当然，地方政府在大力发展经济过程中，也出现了对于客观情况的认识不足而出现的决策上的失误，这也为未来宗教文化的发展提供了重要的策略依据。

一　中华人民共和国成立后云台观发展

民国时期国民党政府对全国寺庙道观进行了严格管制，地方政府兴起提取庙产的风潮，地方豪强恶棍对道观财产趁机侵占和破坏，加之古老建筑物年久失修，中华人民共和国成立之前云台观已经一派衰败的景象。中华人民共和国成立初期的云台观有常

住道士 30 多人，其中包括正式道士和龛师①以及雇请的长工和
小工。道观住持仍然为李信敏，但由于其年岁已高，道观里大小
事务主要由李崇岳和邹诚宽负责处理，其中李崇岳主持全面工
作，邹诚宽主管财务。

土地改革时期，因为拥有相当数量的房产耕地和山林，云台
观被划为富农，继而所有的庙产均被征收。道观中的正式道士共
21 人被作为一户人家而参加土改分配，道士们分了 29.1 亩土地
房产，22 间房屋，住在小山门处的院子里，大概在今天华表广
场一侧。另外有两名道士左承元和王高翔进入政府机构工作，张
才兴、代绪瑶、易崇钊和赵高容等四人回到了原籍后去向不明。
按照当时的相关规定，唯有贫下中农才能加入农业社，所以云台
观的道众仅分得了房屋居住，但生活上只能靠自己劳动为生，又
由于大多道士为年老之人，仅能做一些担水、扭绳子等简单体力
劳动，所以生活较为艰难。

1958 年人民公社化运动时，剩下的道众参加了合作社，生
活来源有了一定的保障。同年云台观大院房屋被安居公社用来举
办农中（即农业中学），占用道观房屋面积约 500 平方米。1960
年部分房屋被征用为三台县精神病院收容所，精神病院与道众滴
水为界，和平共处，其间多次联名向县政府申请资金培修颓危的
建筑。到了"文化大革命"时期，云台观遭遇了前所未有的浩
劫，道士均被迫还俗，道观中的珍贵文物大量丢失或损毁，所有

---

① 根据 1977 年安居镇革委会对中华人民共和国成立初云台观道士的访谈，其
中道士左承元谈到，道观中有道士和龛师。道士是正式拜师入道有法脉之人，可以
收徒；而龛师则没有师承法脉，不能收徒。见《关于处理云台观寺庙道众房产意见
的批复》，三台县档案馆，档号：060—01—0322—046。

神像均被摧毁，造成了极大的损失。

　　1977 年三台县革委会、财政局与民政局对云台观的庙产进行了清理，同时对于道观中道士的基本情况进行了调查，从调查结果中可以了解到"文革"前后云台观的基本情况①。"文革"前云台观的房屋约有一半已经被精神病院拆除，安居公社八大队革委会要求用剩下一半房屋来作为林场、医疗站、妇产院、农科站、饲养场等集体组织所有的办公场所。此外，许多年老还俗道士，在 1950 年至 1958 年之间也陆陆续续去世，仅剩数人在世。云台观住持李信敏早在 1950 年左右便已去世，之后李崇岳（中华人民共和国成立前曾任三台县道教分会理事长和保和观住持）于 1952 年去世。在李信敏和李崇岳去世之后，邹诚宽成为云台观住持。邹诚宽，号青松真人，出生日期不详，1974 年 11 月去世。云台观现存有"邹大真人青松墓道碑"，刻于 1983 年，应该是云台观在落实宗教政策之后补刻的。碑文所记墓志铭云："青松真人，云台栖真。良医济世，植树造林。政协代表，有功于民。无疾而终，寿享遐龄。诗人和蔼，处己苞真。爰为坚碣，表彰□灵。"从中可见邹诚宽擅长医术，并且重视植树造林，曾经是政协代表，深受信众的爱戴。

　　20 世纪 80 年代全国落实宗教政策之后，原有道众陆续回到道观之中，恢复了道士身份与宗教活动。1986 年 12 月云台观正式开放为宗教活动场所，"将寺观交由宗教组织和僧道人员管理

---

　　① 《关于处理云台观寺庙道众房产意见的批复》，三台县档案馆，档号：060 - 01 - 0322—046。

使用"①，至此云台观完全恢复了宗教活动。1986 年 5 月，经过
三台县委批准成立了三台县云台观道教协会筹委会，詹少卿为筹
委会主任，左承元、赵理均为筹委会副主任。同年 9 月，詹少卿
作为三台县道教界代表参加在北京白云观召开的中国道教协会第
四次代表会议。1988 年 11 月，云台观道教协会正式成立，选出
理事会理事九人，詹少卿为会长，负责全面工作，傅复圆、左承
元为副会长，左承元负责行政事务和财务，傅复圆负责教务。
1991 年，三台县民宗办批准云台观詹少卿、傅复圆、李宗岱、
李明荣、邹本果、邹本元、梁柱等七人为正式道士。1992 年云
台观道教协会改名为云台观道教管委会，傅复圆负责全面工
作②。傅道长至今健在，除了任云台观当家之外，还担任四川道
教协会副会长，绵阳市政协委员，绵阳道教协会会长。由于年岁
已高，行政事务繁忙，现在云台观之中诸事务由其弟子严本真道
长全面负责。

二　三台县政府对云台观的保护与维修

中华人民共和国成立之初，三台县政府便针对云台观文物颁
布了相关保护文件。从现有留存档案来看，最早的一份文件是在
1953 年。当年 7 月三台县人民政府发文，建议该县第四区人民
政府"将你区云台观之《道大藏经》、象笏及圣诏等，应速收归

---

① 《三台县人民政府关于云台观、大佛寺作为宗教活动场所开放的通知》，三
台县档案馆，档号：024 - 01 - 0085 - 068。
② 《绵阳市民族宗教志》，成都：四川人民出版社，1998 年，第 356 - 357 页、
第 367 页。

县文化馆保存，以防遭受损失"①。此后派遣文化馆干部前去收取相关文物，象笏和圣诏现存于三台县博物馆，《道大藏经》则存于四川省图书馆。1957 年，三台县政府发出布告，针对有损毁云台观建筑物、砍伐树木和破坏名胜古迹的行为，责成有关部门严加查处，并教育当地群众保护云台观古迹②。

20 世纪 60 年代，地方政府对于云台观开展了部分的修缮工作。1962 年，因"桥亭子"漏烂歪斜，三台县人民委员会拨款400 元予以培修③。1964 年，三台县精神病院与云台观住持邹诚宽共同向政府请求拨款培修玄天宫、客堂与降魔殿等处。作为名胜古迹，云台观应由省政府专项资金处理，三台县政府为防止意外，一边向省文化局申请专款，一边在县政府预算外垫付 3000元维修资金，要求整个维修"加强计划和管理，严格掌握开支"。最后整个培修工程共支出 6000 余元，四川省文化局进行了拨款④。

1981 年 5 月，三台县人民政府公布云台观为县文物保护单位，并向上级主管部门积极申请批准云台观为省级和国家级文物保护单位。在公布云台观为县级文物保护单位之后，三台县人民政府发布了对于县辖区内包括云台观、郪江汉墓和琴泉寺等文物古迹予以保护的文件，其中提到云台观是"明清两代古建筑

---

① 《为通知妥为保护你区文物古迹由》，三台县档案馆，档号：028 - 09 - 0064 - 025。

② 《县人委布告》，《三台县志》资料卡，(57) 财产字第 180 号，三台县档案馆，档案号：029 - 01 - 0034 - 011。

③ 《关于培修云台观'桥亭子'的批复》，《三台县志》资料卡，(62) 财行字第 353 号，三台县档案馆，档案号：029 - 01 - 0034 - 011。

④ 《关于申请培修云台观危险房屋的批复》，(64) 财行字第 110 号，三台县档案馆，档案号：029 - 01 - 0034 - 012。

群……有很高的历史、艺术和科学价值"，并特别指出保护云台观的明代古柏，要求公安局、文化馆等部门加强保护工作①。文件中明确了云台观作为文物保护单位的范围，即玉带桥至云台胜景牌坊路段的朝山路两侧 20 米以内、云台胜景牌坊至云台观古建筑正门（三合门）段两侧 100 米以内为保护范围，云台观古建筑以围墙四周 50 米为界，保护范围外延 30 米为建设控制地带。

1984 年三台县公安局与三台县文化局联合发布公告，要求加强对云台观古建筑安全的保护，从该文中可以看到当时的云台观受到的破坏是较为严重的："由于十年动乱，使庙内珍贵的木雕艺术和铜铁铸塑遭到严重破坏，庙宇因年久失修，建筑业已变形，加之经常有人上庙焚香化纸，已将柱壁熏烤焦黑，如不采取措施，随时有遭焚毁的危险。"②

三台县财政局档案显示，从 1986 年开始，包括信众募资、县乡财政拨款共计 40 万元用于对玄天宫、降魔殿进行抢修。1987 年，三台县精神病院与云台观联合报告请求政府拨款 20 余万元维修道观内数处危房③。从报告中可以看出当时因为玄天宫、茅庵殿、九间房、降魔殿以及云台胜景等建筑物的木制柱梁大量朽坏，亟须维修，涉及的维修金额巨大。1991 年 9 月四川省人民政府公布云台观为四川省风景名胜区。1995 年，财政局

《关于保护我县云台观等地文物的通知》，三府发（1981）072 号，三台县档案馆，档案号：028 - 01 - 0177 - 008。

② 《三台县公安局、三台县文化局关于保护云台观古建筑物的公告》，三公发（1984）14 号，三文字（1984）02 号，三台县档案馆，档案号：066 - 01 - 0134 - 004。

③ 《三台县云台观和三台县精神病院请示抢修房屋的报告》，三台县档案馆，档案号：66 - 2004 - 19。

又向四川省财政厅请求拨款 30 万元用于抢修九间房、青龙白虎殿等存在朽倾危险的建筑。1996 年 9 月 16 日四川省人民政府公布云台观为四川省文物保护单位。1997 年三台县建委请求县政府拨款 20 万元用于三皇观的修复和农户搬迁。

另外，三台县文化体育局和三台县文物管理所还聘请了四川省考古研究院古建专家现场指导，对古建筑进行了局部修缮。2001 年 4 月组织绵阳市古建园林研究所对玄天宫前檐糟朽檩木进行更换和加固。2003 年 5 月对青龙白虎殿当心间内柱糟朽和藏经阁重檐前左角梁断裂等险情进行了排危修复①。2004 年和 2005 年组织实施抢救维修玄天宫和青龙白虎两殿，对玄天宫屋顶琉璃瓦、椽子等重要部件进行翻修，对青龙、白虎殿壁画进行了古壁画专业修补。2007 年三台县财政局与文化体育局又向绵阳市申报云台观总体保护规划项目经费 25 元，用于对云台观地形、建筑进行实测和航拍，对古建筑及其构件的测绘。2011 年青龙白虎殿部分建筑突然垮塌，2012 年四川省文物局组织文物专家对青龙白虎殿进行排危抢险，并对玄天宫的梁枋彩绘进行了修复。2013 年 7 月，国务院公布云台观为第七批全国重点文物保护单位。

三　云台观旅游资源开发与困局

在改革开放之后，随着全国整体经济复苏的大趋势，各地政府在促进本地经济增长方面各尽所能，各显神通。其中，在许多

---

① 《关于三台县云台观青龙白虎殿和藏经阁险情处理的报告》，三文发（2004）04 号，档案号：060 - 02 - 0121 - 074。

有着文化传统的地方，"文化搭台，经济唱戏"的发展模式逐渐兴盛起来。有着悠久历史的寺庙道观往往被地方政府打造，以拉动旅游消费、促进经济增长。四川知名的峨眉山、青城山等佛道圣地在地方政府的主导之下，与旅游公司共同开发旅游资源，为拉动消费贡献了不小的力量。如负责峨眉山旅游开发和运营的峨眉山旅游股份有限公司，其股东之一的峨眉山旅游总公司成立于1992年。如今该股份有限公司作为西南地区第一家旅游上市公司也成为四川旅游的龙头企业，每年为拉动当地旅游经济做出了巨大贡献。

在这样的背景之下，三台县政府在20世纪80年代就开始启动了综合开发云台观的步伐，从相关档案资料中可以看出，当时进行开发的目的是"为了改善我县环境，增强经济发展后劲，扶持云台观周围的农民脱贫致富"①。1989年10月，三台县副县长朱家清在安居区公所主持召开"综合开发云台观的现场办公会议"，县委县政府各部门领导参加了会议。在该次会议上做出将精神病院和"云台小学"搬出云台观的决定，并对开发云台观过程中涉及的专门机构、总体规划、部门工作以及资金来源等均做了统一部署②。

综合开发云台观的项目正式展开是在1990年10月。为了全面推进开发项目，当地政府专门成立了"云台观开发领导小组"，涉及人事、财政、国土、文化、宗教、林业以及旅游等部

---

① 《三台县人民政府关于综合开发云台观的通知》，三府函（1990）151号，三台县档案馆，档案号：028-13-0173-006。
② 《县府关于综合开发云台观现场办公会议纪要》，（89）总序第6号，三台县档案馆，档案号：028-13-0024-006。

门的工作配合，对云台观的宗教活动、文化活动、文物保护、林木发展和旅游设施方面进行综合开发。三台县政府首先在云台观成立了"三台县云台观管理所"作为直接管理机构，据1990年11月三台县机构编制委员会发文《关于成立三台县云台观管理所的通知》①，三台县云台观管理所性质为乡级事业单位，编制5名，其中领导1名，业务员2名（出纳、保卫），工勤2名。1991年1月"三台县云台观管理所"正式成立，职工共8人，正副所长各1名，职工6人，比此前计划编制人数增加了3名。该机构隶属县建委和县环保局，主要职责是负责云台观景区综合开发的各项准备和实施工作，并对云台观现有建筑、林木和全部财产进行清理和妥善管理；对云台观风景区的综合开发提出初步方案；负责综合开发云台观风景区所需资金的筹集、管理和使用；承办县政府交办的开发、管理、利用云台观的其他各项职能②。

在旅游风景资源开发的设计上，或许认为仅靠云台观并不足以形成规模性旅游项目，三台县政府决定整合现有旅游资源，打造一个"鲁班湖—云台观—郪王城"的市级风景名胜区③。然而遗憾的是，经过数年的运营，这种由行政机关指导、乡镇主管的旅游项目开发模式并没有带来众所期望的成功。

2005年，为了加速云台风景名胜区的旅游开发，三台县人民政府借鉴其他地方的旅游发展模式，引入了对旅游资源的商业

① 三台县档案馆，档案号：308-01-0192-103。
② 《三台县人民政府关于建设三台县云台观生态示范区的请示》，1997年，三台县档案馆，档案号：028-13-0470-008。
③ 《绵阳市人民政府关于批准鲁班湖—云台观—郪王城风景区为市级风景名胜区的批复》，绵府函（1992）122号，三台县档案馆，档案号：320-01-0014-005。

化开发运营模式。当年县政府与四川锦盛集团有限公司签订了《中国·四川古郪国风景区投资开发协议》，授权该公司投资开发云台观、鲁班湖和郪江古镇。从开发协议来看，该公司将投入21亿元对三个景点进行四期开发，整个建设周期为10年（2006—2016），而授予的开发经营期限为50年。2006年，县政府又与四川锦盛集团子公司，四川郪汉文化旅游开发有限公司（下称郪汉公司）签订了《云台观风景区经营权移交及国有资产处置协议》，将云台观所管理使用的全部国有固定资产（包括综合楼、停车场、餐厅、茶廊、公厕、二天门、三天门、南北牌坊等）产权和经营权移交郪汉公司。

从2006年开始，郪汉公司在云台山东边山脚规划用地上开始了"玄天云台"项目规划建设，修建了包括山门、广场、游客中心等建筑，并铺设了通向二天门的上山阶梯，另外还塑了一尊高达十余丈的巨大金色玄帝造像。所有建筑物均采用仿古建造方式，红墙青瓦在绿树红花掩映之下，古朴别致，从整个建筑群的规模来看，显然投入了大量的资金。

然而，古郪国风景区建成并投入运营之后，并未如开发之初所规划的那样取得预期成功，成为川北地区的一张旅游名片。出于各方面的原因，热热闹闹的开发工程和铺天盖地的政府宣传之后，并未吸引多少游客前来，景区运营近乎停滞。笔者探访发现，如今的鲁班水库、郪王城与云台观的游人寥寥无几。鲁班水库仅有两三个餐馆打着鲁班水库野生鱼的招牌惨淡经营，水库旁边有数个出租小船的乡民在招揽生意，除了笔者调研一行人，并未见其他游客身影。郪王城新修的街道两边为两层仿古建筑，居住者均为本地居民。一楼铺面出售服装、百货、食品甚至是农具，虽然处处悬挂着古式酒幡，但大街之上除了本地乡民，却无外地游客，与普通乡镇并无太大差别。而云台观之外的"玄天云台"除了偶尔有个别外地游客从游客中心购买 30 元门票进入之外，几乎无人光顾。通过询问附近乡民和前来朝拜的香客，笔者得知，在"玄天云台"项目点的游客中心大门以外，有两条很近的小路上山，这也是云台观上山的老路。熟悉云台观的香客均从道观侧面的小路或者登云路上山，在三合门的老道长那里花 5 元钱购买一张门票进入道观。也就是说，即使是在旅游公司所修建的大山门那里买票上山了，想要进入云台观还是需要再花 5 元钱才能进入。如此一来，即使是在最吸引香客的云台观庙会期间，信众们也会选择直接由登云路上山进入云台观。所以郪汉公司的"玄天云台"项目的运营处于负债状态，最后不得不退出了该项目的持续投入，现在收费处由本地乡镇接手管理。

从表面来看，四川古郪国风景区是一个整合了各方面的优质资源，前景光明的旅游项目。它依托于有着悠久民间传说的鲁班湖、历史文化古镇郪江镇以及明代皇家道观云台观等文化内涵丰富的旅游产品，有当地政府的高度重视和政策扶持，有雄厚的建设资金，有专业的旅游开发公司独立开发运营。然而遗憾的是这个项目最终却归于失败，笔者认为主要的原因在于对旅游产品的市场价值考察不够充分，运营方式单一，旅游附加服务不够。一项景区项目的投资与运营，应该进行科学的投入与产出的分析与风险评估，在景区具体设计打造上应避免低水平、同质化以及盲目性。

具体来看，鲁班湖湖水清澈，绿树环绕，但就自然景观的观赏价值来看，相较于其他地方的水库并无特别之处。郪江镇虽经过重新修建，但新铺的石板路和沿街阁楼以及当街铺面的凌乱无序，却处处透露出城乡结合的尴尬。尤为遗憾的是最有文化价值和观赏价值的清代古建筑地主宫和王爷庙却没有得到妥善保护和管理，处于自然放任状态，破坏严重。云台观有着大量稳定的信众群体，旅游公司将道观之外的区域重新圈定起来修建游客中心并单独收费，信众们显然是不买账的，他们自然会从小路上山而避免额外费用。云台观作为文物保护单位，其内部建筑结构是不允许任意进行增减的，旅游公司仅能在大门之外进行附加项目的运营，并没有非常有力的刺激普通游客旅游消费热情的附加产品，而茶座、餐厅与停车场又无法带来更多的盈利收入。所以景区在项目设计上应该更加注重服务管理意识，加大旅游产品的创新性研发，这样才能为景区不断注入源源不断的能量，使景区有着可持续发展的动力。

另外，交通也是一个限制旅游业发展的难题。鲁班湖、郪江镇、云台观各处距离三台县城十余公里，全程为狭窄的乡镇道路，其他各个景点之间又有着数公里的距离。游客们如果要完全游览完这几个景点，只能自己驾车前往，这显然与成熟旅游景区如青城山、都江堰、九寨沟等有景区摆渡车和缆车不可同日而语。虽然云台观在传统的"祖师会"和"城隍庙会"会吸引数万人前来参加，但是他们并不是促进云台观旅游事业发展的主要消费群体。真正需要吸引的应该是在节假日和闲暇之余走出户外的游客群体，让他们可以带着对美好自然景观的向往和对有深厚底蕴的人文景观的浓厚兴趣，在较为成熟的旅游景点之中，享受着方便快捷完善的旅游配套服务，放松身心，陶冶情操，以此带动旅游消费的热情。四川古郪国风景区整体的设计规划显然无法满足当下日益多元化的旅游消费需求，也无法在激烈的旅游竞争之中获得一席之地，由此归于失败也在情理之中。

2018 年新修订的《宗教事务条例》明确规定，宗教活动场所是非营利性组织，任何组织和个人不得对宗教活动场所进行投资、承包并获得经济收益，禁止以宗教名义进行商业宣传。换句话说，从 2018 年开始，国家明令禁止宗教活动场所的商业化倾向。所以近年来在郪汉旅游公司退出云台观旅游项目之后，三台县政府相关部门除了对云台观进行常规的保护和维修之外，没有继续进行旅游资源开发的举措。

第二节　云台观"祖师会"的宗教社会学考察

云台观为北方玄天上帝道场，也是明代四川蜀藩王府主要修醮之所，被封为明代皇家道观。通过对云台观纪念玄天上帝诞辰而举行"祖师会"的宗教社会学考察，可以看到道教玄帝信仰在四川地方社会中的广泛流布与持续影响。民间传说中玄帝大帝所具有的降福、禳灾、护民、降雨、护生等神性功能满足了信众的多方需求，体现出道教在地方社会信众中鲜明的信仰特征。本节立足于笔者对"祖师会"的实地调研，通过对具体的问卷数据分析和个别访谈材料的分析，结合丰富的文献史料，考察和研究"祖师会"所体现出的时间上的集中性与态势上的群体性，以及在不同信众的性别与年龄上的分布特点，也为研究地域宗教文化的传播以及现代道教在乡土社会中的发展特点提供重要参考。

一 祖师会溯源与进香路线

云台观祖师会于每年农历三月初三举行，从初一开始，川渝各地的信众便携家带口，呼朋引伴，齐聚云台观。他们烧香化纸，点灯燃烛，求神祈福，寻求着神圣空间与世俗需求的完美契合，以达到精神和心理的共鸣。近年来，从初一到初三短短三天时间，前往云台观烧香的信众有 3 万余人，可谓盛况空前。（如图 7 - 2 - 1）而在 20 世纪 80 年代，参加"祖师会"的香客甚至高达 8 万人次，除了三台本地的香客，还有来自成都、盐亭、乐至、中江、蓬溪和射洪等地的香客①。

祖师会具体始于何时并无史料可考，但从云台观创建和发展的历史及与玄帝信仰的密切联系，可大致推断出祖师会源起的时间。据明朝万安《重修云台观碑记》载："绍熙间，屡应祈祷，有司请于朝，封以妙济真人之号。自时厥后，威灵益著，香火益降，上自王公大人，下至闾阎小子，莫不争先快睹，奔走恐后。论者以为蜀之太和云。"② 可见，云台观自宋绍熙年间（1190—1194）便有着诸多灵应事迹，香火十分繁盛③，当时人们都将云

① 《关于开放三台县安居区道教寺庙"云台观"的请示》，三台县档案馆，档号：024—01—0076—010。

② （民国）林志茂等修，谢勤等纂，（民国）《三台县志》卷四《舆地志四·寺观》，民国二十年（1931）铅印本。

③ 美国学者韩森在《变迁之神—南宋时期的民间信仰》一书中提出，中国的民间宗教信仰具有典型"唯灵是信"的特征，庙宇越大、香火越生、信众越多，表明该处的神灵越能实现信众的各种祈求，也就是民众口口相传的"灵"。按照这种观点，云台观在宋朝时期的兴盛，与其主神真武大帝在信众心目中的灵应不无关系。

台观誉为"蜀之太和"①。当时的云台观甚至受到了朝廷的关注，赵法应被敕封为"妙济真人"，使云台观在巴蜀地区的社会影响不断扩大。无论是王公大臣，还是黎民百姓，都成为云台观的忠实信徒。

图7－2－1 "祖师会"上在玄天宫烧香点灯的信众（笔者摄）

自创建以来，云台观便以玄天上帝为供奉主神，因此在每年玄帝诞辰（农历三月初三）时，必定有隆重的祭祀活动。毫无疑问，对于供奉主神诸如诞辰、得道以及其他重要的纪念日里，举行的隆重的纪念活动和祭祀活动，是所有寺观庙宇必不可少的宗教活动之一。所以在宋绍熙年间，云台观一定有纪念玄天上帝的祭祀活动，而这应该是"祖师会"的源头。

撰写于在清光绪癸巳年（1893）的《云台山佑圣观碑记》再现了当时云台观祖师会的盛况，其文曰："若夫上巳之吉，搽

---

① "太和"是武当山的别称，明代真武信仰兴盛之后，武当山亦成为真武信仰道场的代称。此处"蜀之太和"即指云台观在当时被认为是可与武当山齐名的真武信仰道场。

度记辰，士女缤纷，香烟络绎，人然波律，户贡旆檀。"① 该文中所述的"上巳日"在农历三月初三，这一天既是中国传统的上巳节，同时也是道教玄天上帝的诞辰。此外，近代三台县资料中也有对祖师会的记载：每年三月初三为祖师圣诞，远近男女朝谒名山，少则两三万人，多则四五万人②。所以，可以肯定的是，云台观祖师会有着悠久的历史，在巴蜀地区信众中的影响也非常深远。

云台观的进香路线从山门下的玉带桥开始。该桥为明代建筑，近代在原有桥体基础上进行了加固。玉带桥旁有土地庙，祖师会这天，香客们首先要给土地爷烧香烛纸钱，祈求土地爷保佑家庭和美幸福。距玉带桥数米远的山路口，便是云台观第一个木制牌坊——"步上南天"牌坊。"南天门"是传说中进入天宫的大门，这第一道牌坊似乎是提醒香客们云台观作为玄天上帝在人间的道场，与其居住的天宫遥相呼应，走到此处，也就是迈进了天宫之门。

牌坊左边山崖上有一个半人高的崖洞，进深两米左右，里面空无一物，但是香客们在洞口旁边也进行烧香礼拜，问及香客们祭祀的对象时，他们均称此处为"风洞菩萨"③。再往上十几米的崖壁上，有一通碑刻，名为"培修云台观登云路碑记"，其上

①　（清）罗意辰：《云台山佑圣观碑记》，（民国）林志茂等修，谢勤等纂：《三台县志》卷二十二《艺文志三·文征上》，民国二十年（1931）铅印本。
②　《三台县文史资料选辑·第十三辑》1995年10月，第35页。
③　《三台县郪江、云台观、鲁班湖历史文化旅游丛书》之《民间传说故事歌谣集》，记载有当地民间关于"奇风洞"的传说，该洞位于云台观西南山麓入口处，深邃神秘，四时有风，传说洞里曾居住着一位白发仙翁。仙翁在当地发生瘟疫的时候，免费施药救人。在与当地一恶霸斗争之后，仙翁遁走，留下一个四季透风的石穴，即"奇风洞"。信众们口中的"风洞菩萨"应为此传说中的仙翁。

详细记述了 20 世纪 90 年代，一部分香客集资对云台观朝山进香传统线路"登云路"进行培修的基本情况。到云台观参加祖师会的香客一般便沿着这一传统的朝山进香路线，从玉带桥西岸石阶而上，经过"步上南天"山门牌坊，过一天门、三皇观、二天门、送子观音殿、三天门、云台胜景坊、廊桥之后，才正式到了云台观正大门——三合门，再往里走就是供奉各种神祇的神殿，包括十殿、城隍殿、观音殿、青龙白虎殿、灵官殿、降魔殿、玉皇殿、茅庵殿，最后至云台观供奉玄天上帝的主殿——玄天宫。

二　对祖师会的田野调查

对于川渝地区的许多信众来说，云台观祖师会是一个非常重要的庙会。每到农历三月初一早上，他们便会早早起床，拿上早已准备好的香蜡纸钱，或扶老携幼，或跟随香会，或独自前往，来参加这一乡村庙会。有的信众提前一天到达云台观，住在道观提供的居士房内，还有一些自愿帮忙的信众也提前来到云台观，协助道长们添香油、卖香蜡、做斋饭以及参与其他服务性的事务。所以在祖师会举行前几天，道观中已经是一派热闹繁忙的景象了。以下将立足于笔者 2018 年 4 月 16 日和 2019 年 4 月 5 日两次实地考察和访谈，对云台观祖师会这一兴盛于现代乡土社会中的传统庙会所展现出的宗教现象进行具体分析。

（一）作为信仰主体的香客

为了更清晰了解祖师会香客的基本情况，2018 年 4 月笔者设计了一份简略的调查问卷，并于祖师会当天发放给前来烧香的香客们。调查问卷共计发放了200份，收回问卷200份，有效问卷200份。通过收回的全部调查问卷，进行量化分析，获得了前来参加祖师会的香客的年龄、性别、地域分布等基础数据。此外，问卷也涉及香客参加祖师会的次数，交通方式、参加方式以及参加祖师会的主要目的，以下进行逐一分析。

1. 香客的性别与年龄分布

在此次接受调查的200人中，女性104人，占被调查人数的52%，男性96人，占被调查人数的48%。（如图7-2-2）

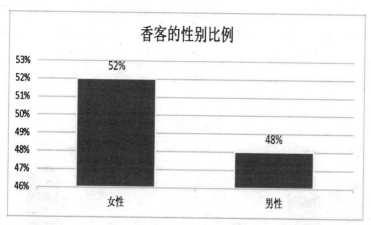

图7-2-2 香客的性别比例

从性别比例来看，女性略多于男性。事实上，这并非是个别现象，"当我们在统计宗教信仰者的人数时，都会发现这样一种具有普遍性的现象，即女性信教者一般多于男性。这种宗教信仰率的性别现象不是一种偶然现象，而是人类社会发展过程中历史性的必然现象。"① 事实上，中国妇女因为在家庭中所体现的慈爱、忍辱、包容等特质，需要担负更多的精神与情感的压力；同时，女性相较于男性更为感性，更容易产生对具有神秘力量的神祇的崇敬与期望，因此在对宗教活动的热忱方面，女性明显高于男性。在云台观祖师会上，有数十位活跃在各处的志愿者，无一例外的都是女性信众，也有力证明了上述观点。

从年龄分布来看，在此次接受调查的 200 人中，30 岁以下的年轻人 54 人，占被调查人数的 27%；31—40 岁 28 人，占被调查人数的 14%；41—50 岁以及 51—60 岁各 24 人，分别占被调查人数的 12%；60 岁以上 70 人，占被调查人数的 35%，是香客中人数比列最大的人群，其中不乏八十多岁的耄耋老人，拄着拐杖或者由家人扶着前去参加庙会。（如图 7 - 2 - 3）

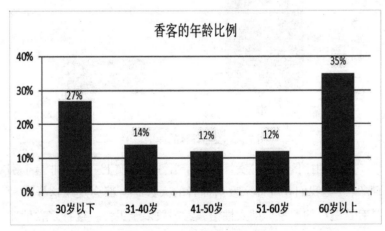

图 7 - 2 - 3　香客的年龄比例

---

①　陈麟书、陈霞：《宗教学原理》，北京：宗教文化出版社，2003 年，第 257 - 258 页。

通过统计可以看出，此次参加祖师会的香客50岁以上老年人占多数。事实上，年龄与宗教信仰存在着非常密切的联系："宗教信仰率与不同年龄段的社会成员之间存在着一种统计学规律的正比例关系，即老年人的宗教信仰率是最高的，中年人次之，青年则是最低的……在老年人中较为普遍地存在一种'宗教亲近'现象。"① 相比较中年人与青年人而言，老年人存在更为直接的身体衰老与疾病的焦虑，以及基于人生历程更为丰富的体验和对生死更为深刻的困惑。宗教之中神祇的慈悲护佑以及对于彼岸世界的描画，可以起到减轻面对疾病与生死所带来的精神压力和焦虑。而在现代乡村中，空巢老人的普遍存在使得老年人的精神世界更为孤独，对宗教的信仰与教友之间的互助也可以消解老年人的孤独感。

值得注意的是，受调查的30岁以下的年轻人达到了27%的比例，这不禁令人感到困惑。事实上，这种现象的原因也是有迹可循的。近二十年来，整个国家处于现代化与城市化的过程中，地方社会的发展伴随着急剧的社会变迁，青年人面临着比他们的长辈更多的生存压力和来自外界社会的诱惑与挑战，他们的焦虑与困惑也与日俱增。在这种情况下，有些青年人也会与他们的长辈一样，把未来获得更大成功与幸福的期望求助于神灵的护佑。

2. 香客的地域分布

从香客的地域分布来看，前来参加祖师会的香客主要为以下地方：114人来自三台县本地各乡镇，如观桥镇、潼川镇、鲁班镇等，占被调查人数的57%；84人来自川内其他市县，如成都、

---

① 陈麟书、陈霞：《宗教学原理》，北京：宗教文化出版社，2003年，第262页。

绵阳、中江等，占被调查人数的42%；2人来自四川省外，占被调查人数的1%。（如图7－2－4）

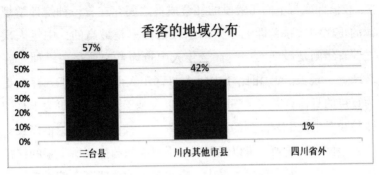

图7－2－4　香客的地域分布

　　来自四川省内其他县市的香客中，最多的来自紧邻三台县的中江县。实际上，云台观离中江县仅一江（锦江）之隔，历史上中江县曾经与三台县同为潼川府和梓州所辖之地，云台观也曾属于中江县管辖。在云台观历史上，中江县的信徒是云台观重要的捐赠者之一，在云台观现存的诸多匾额与楹联之中，记录着大量中江信徒的捐资情况。降魔殿大门外柱子上镌刻的楹联落款显示，清朝时培修降魔殿的资金由数十位中江居士共同捐资；灵官殿匾额上亦书写有"中江居士某某数十人捐赠"；此外，在《云台胜纪》中也记载了云台观数次大规模修缮中，中江信士捐赠了大量钱物，说明云台观历史上在中江县信众中的影响力是非常大的。

　　3. 香客参加祖师会的频率

　　在调查问卷的统计中可以看到，此次前来参加祖师会的香客中，有128人超过四次（含）以上来参加庙会，占被调查人数的 64%；另外有 30 人是第一次来参加，占被调查人数的 15%；
26 人第二次来，占被调查人数的 13%；第三次参加庙会的香客
占被调查人数的 8%。（如图 7 – 2 – 5）

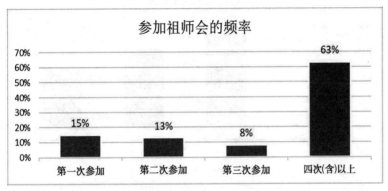

图 7 – 2 – 5　参加祖师会的频率

在祖师会当天随机进行访谈的时候，我们便发现前来参加祖
师会的香客们大多数并不是第一次来，有些年长的香客表示他们
在过去的几十年中几乎每一年都会来参加云台观的庙会活动，由
此可见云台观在巴蜀地区保持着一定的宗教影响力，有着相对稳
定的信众群体。正如云台观黄本还道长介绍说，云台观祖师会每
年至少有三万人参加，十余年来这个数字基本上是相对稳定的。
在采访另外几位年纪较大的香客的时候，他们同样认为，在 20
世纪，虽然交通并没有现在这样方便，然而那个时候的祖师会比
现在更为热闹，规模更大。

4. 参加祖师会的组织形式及交通工具

对于参加祖师会的形式的调查，我们得到的结果是，12 人
独自前来，占被调查人数 6%；有 76 人与家人一同前来，占被
调查人数的 38%；有 64 人和朋友一起来，占被调查人数的

32%；有 48 人与香会一起来，占被调查人数的 24%。（如图 7 -
2 - 6）

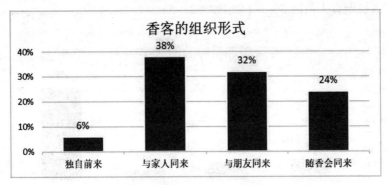

图 7 - 2 - 6　香客的组织形式

　　从调查数据可以看到，大多数香客是和关系亲密的家人与朋
友一同前来参加祖师会的，其比例高达被调查人数的 70%。这
说明在地方社会的宗教活动和宗教信仰中，亲缘关系和人情关系
是信仰传递与沟通最主要的途径。也即是说，如果一个家庭中有
亲人是某一种宗教的信徒，其家人和朋友受到相应宗教影响的可
能性更大。

　　香会是中国民间信仰群体的一种表现形式，在全国各地的大
多数庙会上，都有各种规模香会的身影。此次参加祖师会的香会
有 30 余个，他们的人数少则 5—6 人，多则 30 余人。他们往往
辗转于四川各地的庙会，并不刻意区分是道教宫观还是佛教寺
庙。香会一般由香头带领，有着明显的组织性，成员预先缴纳足
够数额的活动经费（如交通费、住宿费、香蜡纸钱费等），并在
烧香、礼拜、念祷祝词等方面听从香头的指挥。从现场观察来
看，香头在香会中的权威性不言而喻。他们往往熟悉祭拜仪式，

知晓不同神灵的赞颂词，香会成员对香头则是完全的信任与服从。从整个祖师会上出现的香会来看，有的规模较小的香会，仅仅带着香烛与纸钱，遇庙烧香及礼拜。有的则有着一套完整的祭拜模式，除了烧香烛纸钱外，还有作揖、吟唱、放鞭炮，还有两个香会举着五色彩旗，分列两班，敲锣打鼓，声势甚大，其所到之处，引人注目。

在使用的交通工具方面，在被调查对象中，有80人自驾汽车或者骑摩托车前来，占被调查人数40%；有42人搭乘公交车前来，占被调查人数21%；48人包车前来，占被调查人数24%；另外还有30人步行前来，占被调查人数15%。（如图7-2-7）

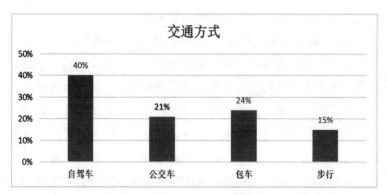

图7-2-7　香客的交通方式

从调查的结果来看，现代交通工具为庙会的香客提供了更为便捷的交通方式，但仍然有相当一部分香客保持着步行朝山进香的传统。有一部分来自中江县以及三台周边乡镇的香客往往结伴步行前来，他们有的会在祖师会举行的前一天下午到达云台观，住在云台观的居士房内。另一些则从祖师会当天早晨六时左右出

发，步行三四个小时到达云台观，并于下午五时点左右步行
返程。

通过观察与访谈，这些步行的香客有如下特点：首先，年龄
偏大，大多在五十岁上下；其次，多为农村女性，穿着朴素；再
次，较为虔诚，随身背着香蜡纸钱，逢神必拜，言语动作熟稔，
积极捐功德钱。最后，这一部分香客往往属于参加祖师会频率最
高的那一部分人，是云台观相对固定和较为虔诚的信众。从他们
身上可以看到乡土社会生活中曾经世代延续的民间信仰传统，这
种传统蕴含着民众们对他们所信仰的神祇的崇拜与笃信。它是通
过信众不畏艰难，长途跋涉的朝山进香的方式来实现的，而随着
时间的推移，这种步行朝山进香的传统或许会随着人们生活水平
的提高与道路交通进一步发展而逐渐消失。

（二）朝山进香的向度——神圣与世俗的沟通

通过长途跋涉参加庙会的朝山进香活动，信众们将生活的美
好期望寄予他们所相信的神祇。一系列外在宗教行为方式蕴含着
人与神之间的沟通与交流，这其中既有通过香蜡纸钱等宗教器物
对神进行表意的单向度沟通，也有通过世俗物转为神性物的双向
度沟通。在这个过程当中，人的心灵得到净化，神的灵性得到彰
显，使得乡村庙会作为一种人神沟通的神圣空间得到了强化。

1. 以香烛、纸钱与鞭炮为媒介的单向度沟通

祖师会上，来自各地的香客们，怀抱虔诚的信仰与不同的愿
望，以不同的形式表现着自己对心目中神灵的崇奉与祈求。通常
的形式是，人们手持香、烛、纸钱，在庙外烧香处点燃香烛，然
后再到纸钱焚化处，焚化纸钱，在三皇殿、送子观音殿和玄天宫
外，均有专门的放鞭炮处，有的香客会在上香之后，在这些地方

燃放鞭炮。他们表情肃穆，双目低垂，嘴里念念有词，大多为祈求神灵保佑家人健康、平安等内容。点燃香烛和焚化纸钱后，便到神殿之中去跪拜殿中供奉的神祇，跪拜磕头之际，殿中执事的道长会敲响供桌旁边的磬，在悠悠的磬声中，执事会以"平安健康、家庭和美、事业顺利"等祝福之语赠予跪拜者。跪拜完毕，香客大多会掏出不定额的功德钱放入香案前的功德箱中。除了功德箱外，在有的神殿门口，也设有专门的功德捐赠点，有专门的人收取功德钱并在册子上写下捐赠人的名字。在这个时候，捐赠者对于捐赠人名字的书写比较在意，会反复确认自己及家人的名字是否书写正确，因为日后这些功德钱被用于修庙之用的话，捐赠者的名字会出现在功德碑中，在信众们看来，这是为自己和家人积累功德的好机会。

2. 物的流转及人与物的双向沟通

（1）对于物的神性赋予

在祖师会上出现的供品有两种，一种是食品。一些香客手上端着一个托盘，覆以精美的方巾红布，其上一般放着水果、花生与糖，双手捧进叩拜神灵，但这些贡品不会放于神龛之上，而是在辗转于每一个神殿，拜完神灵之后，带回去与家人分享。（如图7-2-9）这样一种行为的背后逻辑在于，"对于献祭之后的食物类供品，信众相信其具有辟邪的灵力，分食共享是常态……总体而言，食物类贡品在庙会现场的流转是双向度的、循环的，即人→神→人"①。在香客的心中，糖果等祭品在祭献神灵之后，便成为神灵神性的载体，具有了某种特殊的意义与价值，这种意

① 岳永逸、王雅宏：《掺乎、神圣与世俗：庙会中物的流转与辩证法》，《世界宗教文化》2015年第3期。

义与价值也给予了信众信心与力量，将这种力量带回去，也是其朝山进香的成就与目的的实现。

另一种供品是香客手工制作的纸衣纸鞋。笔者见到一位来自中江县的70岁左右的老奶奶，背了一整筐纸质供品，步行至云台观参加庙会。背筐的纸制衣服是老奶奶亲手裁剪糊制的，包括衣服、裤子和鞋子。衣服、裤子与鞋子均为巴掌大小，有红色、绿色、蓝色和紫色，这些纸质的服装，为诸位神灵所制。至于敬献方式，则通过在玄天宫旁边的纸钱焚化处点燃祝祷，以求上启神灵。老奶奶一一展示她的作品，说"这是给观音菩萨的，这是给祖师菩萨的，这是给玉皇大帝的"等等。给神灵制作衣物并焚化的祭献方式，是中国传统祭拜方式之一，此时的神格与人格达到一种互通，人际交往的逻辑被置换为人神交往的逻辑，变成一种人神"互惠原则"。在这个原则下，焚化的完成象征着人神沟通的完成，神祇会给予供奉者保佑和愿望的满足。（如图7-2-8）

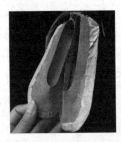

图7-2-8　纸鞋（笔者摄）　　　图7-2-9　贡品（笔者摄）

（2）对人的神性赋予

在祖师会上，香客通常双手合十，或抬眼凝视，或垂首闭目，或高声颂赞，或低声祷告，以求祈愿可以上达神灵。在这种与神灵沟通的过程中，语言与行为担负着重要的媒介作用。庙会更像是一种集体对话行为，在这个过程当中，人与神祇以特定的语言和行为进行着沟通和交流，从而构建出一个象征性的人—神交流体系，形成一种浓厚的宗教氛围。

以香会组织形式进香的团体呈现出独有的特点。有的香会只有六七人，由香头统一指挥行动，包括上香、化纸钱、祝祷、跪拜与随喜功德。而有的香会则声势浩大，彩旗飘扬、敲锣打鼓，所到之处，引人注目。其中有一个来自中江的香会，在王姓香头的带领之下，四个人手持彩旗，另外一人拿锣，一人拿铙，剩下五人手持香烛，每来到一个神殿，首先敲打一番，然后由香头大声唱出"菩萨保佑"等祈祷用语，同时上香、跪拜，动作整齐，一气呵成，行礼完毕之后，又至下一个神殿。这类香会组织的特点是，规模在六七人到数十人不等，有统一的香头组织带队，香头熟谙祭拜流程，可以随时吸收新成员的加入，成员具有某种集体认同感，很显然，成员之间的这种集体认同感能够强化人与神灵交流的有效性。

（三）庙会经济——宗教与商业的耦合

祖师会除了吸引众多香客以外，也吸引了一些商贩到此进行经营活动。从早上7点开始，从三皇观开始一直到华表广场的道路两旁，就陆陆续续摆满了各种摊点。第一类为看相算命的摊点。在三皇观到三天门之间坐着数十名中老年男子，他们坐在小凳上，脚下放置着小牌子，上面写着算卦、看相、批八字等内容。第二类为食物。除了在小路旁边出售油煎玉米饼、干果、牛肉干、水果等小吃摊点以外，颇具规模的是当地村民在华表广场上搭建了十余平方米的遮阳棚，放置了几十张桌子与长凳，摊主们争相向来往的香客推销着凉面、凉粉和酸辣粉等川味小吃。第三类是生活类用品，包括各种居家使用的洗碗布、万能胶、老花眼镜等。第四类是宗教纪念品。以各类手链、珠串与挂件为主，并在摊点上挂着横幅，声称为开光吉祥首饰。

这些摊点的生意并不好，算命的摊点偶尔会有一两个年轻人驻足，而出售生活用品的摊点有一些老年人观望，大多数的香客则行色匆匆，基本上忽视了道旁的这些商贩们热情的推销。从地理位置上来看，云台观并不处于交通要道。同时，大多数香客前来参加祖师会的主要目的还是进行祭拜与祈福，因此在完成了他们的祭拜之后，这些香客都要赶回去，对于这些交易活动并不十分感兴趣，这也是笔者所见祖师会的商业意味并不浓厚的主要原因。

杨庆堃在《中国社会中的宗教》中提到，中国北方的庙会通常将宗教信仰、经济事务与娱乐活动交织在一起，将数以万计的人参与这一活动。但同时他也提到，除了汇集商业活动与娱乐活动的庙会以外，还有一种庙会，主要是"庆祝某个神明的生日或其他有关事项的大众宗教集会"①。庙会往往在郊外偏僻、风景优美的地方举行，然而即使是需要历尽千辛万苦，长途跋涉，仍然可以吸引大量信众前来朝拜。"这种类型的宗教集会在中国很多地区的著名寺庙都常出现，当一个寺庙和庙里所供神灵的声望大到足以吸引远方的朝拜者时，很自然地就会有附近及远方的香客到庙里来上香。"②这种庙会商业意味不浓厚，除了朝拜所需香蜡纸钱之外，还有一些小食品和宗教纪念品，品种较为单一，交易并不活跃，很显然，祖师会便是这样一种庙会。

---

① 杨庆堃：《中国社会中的宗教》，成都：四川人民出版社，2016 年，第 69 页。
② 同上，第 121 页。

三　对祖师会的宗教学探析

在传统中国，玄天上帝也被称之为荡魔天尊，因其荡魔涤秽的强大能量、除邪辅正的神职护佑着国家与人民的平安，受到世人崇奉。"在许多与上天权威相联系的民间信仰中，玄帝信仰是主要的一种，在中国大部分地区都有。"① 云台观之所以在地方上获得民众的拥护和支持，和其主神——玄天上帝有着直接联系。对于乡土社会中的民众来讲，贫穷、疾病、战乱、灾荒以及家庭生活的诸多不如意，都使他们不堪重负。如果这些压力现实世界找不到实际有效的解决办法，他们会转向神秘的彼岸世界的神灵，从宗教信仰中寻找精神的慰藉和解脱。在玄帝信仰体系中，玄天上帝从彼岸给予了民众以慈悲的关注，在口口相传的神迹中，体现出现实的关怀。在云台观历史上，有着许多关于玄天上帝显灵的记载，其中既包括玄天上帝真身的显现，也包括当地乡民祈求风调雨顺而如愿以偿，更包括祈求子嗣而获灵应。《云台胜纪》记载了云台观玄天上帝显灵降雨的事迹：

> 宋嘉定九年三月内阙雨。府、县各处官并诣帝前祈祷，于当日立获雨泽。嘉定十年入夏以来，苦旱不雨。农心傲傲，恐伤苗稼。合境士民及府、县僚属，诣中殿祈祷于六月初七日，随即甘雨如霆。此宋罗祖高奏请敕赐……国朝弘治三年立夏后至夏中无雨，民心惊骇。乡民拜投本山。道士陈冲范、刘洞明申祠祷帝，得雨栽种，民心始安。嘉靖七年

---

① 杨庆堃：《中国社会中的宗教》，成都：四川人民出版社，2016年，第121页。

五、六月遭旱，叩帝祷雨。至七月初，得雨一救，谷得十之三，豆得十之七……嘉靖四十三年夏，祈雨有感……万历九年夏及秋旱，祈雨有感。即屡年来，有祈即应，四野沾足，皆帝之赐也①。

从这一记录来看，从宋嘉定到明朝弘治、嘉靖、万历等年间的旱灾，官员们及道观之中的道士均通过祈祷玄天上帝而获得降雨。农业社会中，社会生产更多的是依赖风调雨顺的天时。对于神灵的祈求，是农业社会于宗教信仰中获得帮助最重要的一个方面。从这个角度来看，云台观已然成为一个为地方农业生产带来希望的道观，由此获得地方政府及民众的支持也就不足为奇了。

此外，农业社会对于人口的需求也使得人们将子嗣绵延的希望寄托于神灵的护佑。从各地送子观音庙的兴盛便可见一斑。在巴蜀的地方社会，云台观也因其求子的灵应而获得了人们的关注。这其中也包括蜀藩王府。成化六年，蜀怀王朱申钺派遣府官到云台观建醮乞恩，"启坛宿夜，七星现于岍峋峰岩，高低恍惚。众官瞻拜惊异。应感王宫，孕诞世子。"在那次建醮仪式之后，很快王府就迎来了世子的孕诞，这对于王府来说不啻是一件非常重大的喜事，对于民间信众来说，这也成为云台观求子灵应的一个证据。

此外，在云台观二天门与三天门之间的送子观音殿外立着一

---

① （明）郭元翰：《云台胜纪》卷四《灵奕显应》。

块石碑①，详细记述了三台县民间流传着的关于"打儿窝"的传说：

> "打儿树"的传说——在素有"九龙捧圣"美誉之称的云台观，绿树成荫、古柏森森，进的山中有寒气逼人之感。离二天门北行约百米远的登云路旁，向外斜长着一棵奇树，人们称它为"打儿树"。据当地人称，在明末崇祯四年（1632），一秀才高中做了状元，娶得一貌美如花的公主，三年后没有怀孕，官人娘子焦急万分，忽一日晚喜得送子观音一梦：在云台观众多树中有一颗斜长着的"打儿树"，在树干约四米多高处长着约尺长一条槽，槽下端有一圆形小孔，即"生殖"之象征，若谁能投石到孔中方能得子，投石到槽中只能得女。次日，状元即陪家眷，安排兵马起驾，来到云台观林中探寻。在悦心之际，官人与娘子一起投石问子，夫妻各投一石于槽、孔之中。半年后，娘子果真有孕在身，后生下一龙凤双胞胎。一日当朝，状元奏章皇上，要求在云台观修建送子观音殿。久而久之，成为当地民间一个古老的传说，人们都说石能打到孔内要生儿，打到槽内要生女。因此，不少夫妇为了得子便来此处投石进香，挂红放炮，香火日趋旺盛。从而，人们也叫它"打儿窝"。20 世纪50 年代末，在破旧立新时代该奇树被滥伐，当时被人们称

---

① 该碑刻为 2000 年以后所立，落款处为"冷代林口述"。冷代林（1943— ），三台县安居镇云台村人，自述家族世代均与云台观有密切关系，其叔父曾为云台观道士。笔者通过实地访谈，证实了该碑刻内容确为其讲述，是当地广为流传的关于云台观"打儿树"的传说。访谈时间：2018 年 4 月 16 日。访谈地点：三台县安居镇敬老院。

为"打儿树"的树龄在 600 年以上，但如今仍留有痕迹，进香之人仍络绎不绝。

从该碑中可以看到历史上云台观的玄天上帝在护佑民众的子嗣绵延方面的影响力。无论是在传统社会还是现代社会，对于中国家庭来说，生育能力和子嗣绵延是一个家庭实现其完整性和幸福指数最主要的方面。在古代医学技术不甚发达的情况下，某地神灵"祈嗣获应"会成为乡民们特别关注的对象，进而吸引大量香火。而即使是现代社会，青年人在积极通过现代医学的功能获得生育疾病的治疗的同时，他们的长辈仍然可能会通过对某些传说中护生保生的神灵的祈求来获得心理的安慰。由此可见，玄天上帝的职能已经在原有职能上进行了拓展，顺应了民众的更多的现实诉求。除了对于地方百姓进行降福、禳灾、护民、降雨以外，还增加了护生职能，这体现了道教信仰在发展过程中为获得自身发展空间而与地方民众需求相结合的必然结果，也是宗教要获得自身发展的必然要求，这或许也是现代云台观仍然有大量信众的原因之一。

在信众心中，玄天上帝通过各种灵应神迹在护佑着他们。而随着赵法应"玄帝八十三化身"的传说显现以及云台观的建造与兴起，遥远的天上之神更直接地降临于世间进行扶危济困、救拔世人，这个时候民众与神灵的距离被极大地拉近。一方面，神祇的投生与显圣的传说，增强了民众对所信仰神灵庇佑力量的信心；另一方面，供奉神祇的宫观提供的神圣场所、以神之名举行的庙会提供的集体沟通与交流的方式，使这种信仰更为具象化和生活化。于是以云台观为中心的玄帝信仰在四川诸多地区广为兴起，再加上社会上层统治者的大力扶植与宣传，四川民间对玄帝的崇奉和信仰更成为他们生活中重要的一部分。每年一度的祖师会以朝山进香、供奉祭品、捐献功德、祈求还愿等方式呈现出来，年复一年，对这种信仰记忆进行强化和巩固，成为一种具有相对稳定性的地方传统。

当然，除了相信神灵护佑以外，云台观中道长们的医术和道术，也吸引了众多香客们前来。祖师会当天，玉皇殿旁有几位60岁左右的大娘，从早上开始便忙碌着准备凉面、凉粉等小吃，他们每年祖师会都会来义务帮助道观做事情。通过了解，其中两位大娘的家人有难治的疾患，后经云台观傅复圆道长治疗痊愈。这一事件使其家人及其周边乡民都对云台观道长的医术钦佩不已。笔者调研过程中，还有许多香客谈到，云台观的道长解签预测"特别灵"，帮助他们解决了许多难题。可见在道教保持对于信众持续吸引力方面，并非仅仅依赖久远的灵应传说，还有道教从业者产生的实际影响力，包括道观进行的祈福禳灾的斋醮科仪以及道长们擅长的道术和医术。

民间的宗教信仰形成与嬗变，一方面受到官方意识形态的影响，成为统治者进行"神道设教"的重要方式；另一方面，无论是传统的官方神祇，还是基于民间神话传说形成的民间神灵，因其自有的生存和发展逻辑，更在乡土之中有存在和发展的广阔的土壤和空间，构建了一种集体的历史记忆。因为人们在面对不可控制的自然灾害、社会变动以及对于未来美好生活希冀，都需要在世俗之外的神圣空间中找到一个立足点，在封建社会如此，在现代社会依然如此。因此，玄帝信仰在四川的兴盛和广为流布，既源于国家和地方政权的提倡与宣传，也来源于民间的心理需求。

结　语

公元 2 世纪末，中国社会面临着前所未有的危机，汉王朝的统治秩序被宦官、外戚与豪强之间的激烈斗争破坏得四分五裂，贵族的贪婪掠夺与周期性的自然灾害使得百姓苦不堪言。当传统的儒家学说对于这样一种困境寻找不到出路的时候，以"道"为信仰核心的道教团体逐渐发展并壮大起来。太平道与五斗米道的兴盛正是反映了流离失所的百姓们寻求新的秩序建立的要求。在这个教团发展的鼎盛时期，五斗米道甚至在四川和陕西临近地区建立起了一套地方统治机构①。自此之后，道教以一种宗教化的形式存在中国社会之中，上到最高统治阶层，下到普通民众，以及作为社会中间阶层的文人精英阶层，都与道教有着千丝万缕的关系。这种复杂关系广泛存在于地方社会之中，并以道教宫观作为主要的联系场所而表现出来。四川三台县云台观的发展历史恰恰呈现了四川地区道教与各种社会力量之间的密切联系以及相

---

① 马克思·韦伯称之为"教会国家"，参见 Max Weber, *The Religion of China*, tr. by Hans H. Gerth, Glencoe, 1951, p. 193, 转引自杨庆堃：《中国社会中的宗教》，成都：四川人民出版社，2016 年，第 91 页。

互之间的影响。

一　云台观在道教发展史中的独特价值

道教发展的整个历史，是随着宗派、人物、理论、仪式等一系列元素的不断变化、充实与完善的过程而综合呈现出来的历史。无论在道教发展的哪一个时期，都不可能忽视道教宫观在其中所扮演的重要角色。特别是在道教发展的鼎盛时期，会出现道观数量与规模的扩展、信众大量增加、声名远播等明显的发展态势。最典型的就是金元时期，在丘处机的努力之下，全真道受到成吉思汗的认可，北方全真道的宫观和道士的数量剧增，社会影响力极大增强。所以也可以说，道观发展的规模也是道教或者道教宗派发展的外在表现。另外，供奉不同主神的道观的兴衰，也在一定程度上反映出信众对该神祇的信仰的变化。以上两个方面，在云台观的发展历史中均有着一定的体现。

首先，从道教发展历史来看，一方面，云台观的兴衰与中国道教发展的整体趋势相呼应，体现出典型的时代特色。另一方面，云台观在清代的兴盛体现出四川道教发展的独特趋势。

《蜀王重修拱宸楼记》中提到云台观"宋、元来屹然，庙貌载废载兴"①，这与其在历史上影响力的变化和信众的支持程度有关。云台观发展鼎盛时期，主要集中在道教发展较为兴盛的明代。明代初期到中期，统治者对道教都是较为崇奉的，尤其是对正一派。不少正一派的道徒被朝廷委以重要官职，深入宫廷参与

---

① （明）郭元翰：《云台胜纪》卷五《天府留题》。

朝政，甚至有的位极人臣，声势显赫①。到了明世宗时期，道教达到了发展的高潮时期。世宗热衷于斋醮炼丹，宠信道士，其朝政亦带上了浓厚的道教色彩。

　　在这样的背景之下，云台观受到了明皇室的重视。自永乐六年开始，云台观便受到了蜀藩王府的大量封赏，其中包括土地、财物与法器。另外在建筑规模上也不断扩大，以至于到了成化年间，已达到了"巍峨大殿倚云开，上去青苍才尺五"②的宏大规模。随着知名度的提高，到了世宗时期，云台观被纳入国家祀典的范围，"与大和鼎足者，莫如西岳云台。太和肇封于成祖，西岳祀典于世宗"③，这使得云台观获得了前所未有的殊荣，成为四川地区首屈一指的皇家道观。如此一来，上到皇室成员、政府官僚，下到商贾文士、匠人农夫，都趋之若鹜。在明代中后期，云台观因为年久失修也出现了"不无颓圮之弊"的情况，但由于蜀藩王府的重视，又发内帑进行了重新培修。蜀王府承奉正杨旭还为此专门到京城请内阁首辅万安撰写重修碑记，由此也受到了万历皇帝的重视，分别于万历二十七年和万历四十四年颁赐《道藏》于云台观供奉。

　　到了清代，清朝统治者更为崇奉藏传佛教，对于道教采取了既拉拢又限制的政策，使得道教整体发展呈现出衰落的趋势。虽然如此，在没有得到上层统治者推崇的情况下，地方道教却在政

---

　　① 卿希泰：《中国道教史》第三卷，成都：四川人民出版社，1996年，第383页。
　　② （明）万安：《重修云台观碑记》，林志茂等修，谢勤等纂：《三台县志》卷四《舆地志·寺观》，民国二十年（1931）铅印本。
　　③ （明）乔璧星：《重修云台记》，明陈时宜修，张世雍等纂：万历《潼川州志》，明万历四十七年刻本，载于李勇先，高志刚主编：《日本藏巴蜀珍稀文献汇刊》（第一辑），成都：巴蜀书社，2017年，第193—198页。

府官员和社会精英的扶持下保持了一定的兴盛态势。这在云台观发生于清光绪年间的募资重修事件中就可以看出来。当时参与云台观重修的达到了数千人，其中参与者既有地方州府县的主要官员，也有地方精英文人，还有各类宗教组织和团体，至于个人就更是数不胜数。从中可以看出，清代地方社会的政治权力和精神权力基本上都掌握在官员与社会精英的手里，他们通过主导和积极参与包括宗教文化在内的地方文化建设，展现自己参与国家与地方社会事务的决心与能力。同时，道教中人也积极与各种社会力量保持着良性互动，以维持自身的影响力与发展的空间。

其次，从道教神仙信仰的角度来看，云台观"玄帝八十三化"的信仰体系的形成与变化反映了道教神仙信仰的流变特点。

道教的神仙信仰体系庞大而复杂，不同神仙有着不同的位阶和等级。在中国社会，存在如此多的神仙并不会让信仰者的产生迷惘和信仰的混乱，反而在某种程度上满足了人们多样性的信仰需求。不仅如此，宗教信仰所具有的凝聚力和整合性功能，往往会使得信仰群体在某种观念层面上达到一致性，并且这种群体往往带有一定的地域性特征。比如东南沿海渔民们对妈祖的信仰，四川一带对文昌帝君的信仰，山东一带对东岳大帝和碧霞元君的信仰。当然，更为特殊的是一种全国范围内的信仰，如明代对玄天上帝的全国性信仰。

信仰是宗教最重要和最本质的特征，它往往产生自人们在社会生活和实践过程中的心理需求。"人类交往实践的日常内容或最高内容往往都把心理形式的信仰当作支柱，以至于其中最终产生了一种'信仰'需要，并且还体现到了自己的对象身上——

这些对象可以说既是信仰的原因，也是信仰的目的。"① 换句话说，人们的信仰对象呈现出特定神格的原因主要来源于信仰者自身，所谓的信仰是人们将自身信仰需求对象化在特定神灵身上，并使之逐渐走向独立的过程。从中国社会生活中人们对于各种神灵的信仰我们也可以看出这样一种显著特点。比如佛教的观世音菩萨，在佛典之中是作为西方三圣之一、阿弥陀佛的胁侍而受到崇奉的。但随着观音信仰的发展，其大慈大悲、救度众生的神格中衍生出了"送子观音"的神格，而这正是基于中国传统社会延续子嗣这一重要生活需求而被创生出来的。

云台观之所以能够成为与湖北武当山相媲美的玄帝道场，其根本原因在于"玄帝八十三化"传说对玄帝神性的重新构建。玄帝本为北方战神，在宋、元、明三代均被赋予了镇守国家，护佑天下疆土的重任。随着时间的推移，普通百姓不仅接受了这样一种被统治者设定的神性，还基于自身需求赋予了其更多的现实内涵。当然，要将神格从护佑帝王的千秋基业转化到保佑黎民百姓的平凡生活，则需要一个合乎逻辑的转化。而"玄帝八十三化"就承担了这样一种责任。具体而言，玄帝降生在久有玄武传说的中江地区，化身为一个普通道士。赵法应幼年之时便显现出与众不同的聪颖与智慧，以一己之力建立了玄帝的道场，进而炼丹修行、收徒传道以及建殿铸像，最后遗留不坏金身供后人瞻仰。除此之外，无论是禳灾祈雨，护佑一方安定这样的公共需求，还是健康延生、求子护生这样的私人需求，都能在这里得到满足。这或许就是数百年来云台观香火繁盛的主要原因之一。由

---

① ［德］格奥尔格·西美尔：《宗教社会学》，北京：北京师范大学出版社，2017 年，第 13 页。

此也充分说明了道观这一神圣空间在道教信仰体系建构之中所发挥的重要作用，它既是信仰源头发生的物质基础，也是信仰能够长久延续的物质载体，更是神仙信仰的神圣性与世俗性相互交融的核心所在。当承载着神灵信仰的道观处于繁荣之时，说明信众对其所寄予的生命与生活的期盼，而如果承载着神灵信仰的道观走向衰败，也就说明了信众对该神灵的信仰逐渐丧失。

二　云台观在地方社会政权与神权关系之中的作用

在对中国宗教特点的解析中，有学者认为中国宗教是一种"神伦关系模式"。这种模式构建了中国社会最基本的价值秩序和精神权力。"在这里，神伦关系作为人们无法回避的关系网络，直接地渗透到了其他各种社会资源之中，成为人们生活的意义象征。而对这种神圣资源的争取和获得，其实就是一种对于社会世界统治权力的争取及其合法性的获得。"① 明代地方藩王们对于宗教的热衷在一定程度上印证了这一观点。明代的藩王制度与汉、唐等时期的藩王有着明显的区别，其中最重要的区别在于明代藩王的政治和军事权力被极大消减。明代藩王被分封各地之后，并没有任命自己王府官员的权力，王府官僚机构最主要的首领长史只需要直接向皇帝负责，实际上成为派驻王府去监督藩王的眼线。另外，藩王对于属地的军队没有直接的控制权，宗室成员也不得在京城为官，这使得藩王们既无直接军事权力，也无强大的政治权力。

---

① 李向平：《信仰、革命与权力秩序——中国宗教社会学研究》，上海：上海人民出版社，2006年，第130页。

在这种情况下，藩王们将注意力转向了道教和与地方社会精英的接触。这其中一个原因在于明代道教亦具有较高的政治势力，甚至在皇帝的宠信之下道官可以直接进入权力体系之内。英宗、代宗朝道士蒋守约被提拔为礼部尚书。到了宪宗朝，许多道士在"传升"制度之下登堂入室，不问才学、不经考核而直接担任文武道官。在这样的背景之下，分封藩王在缓解与帝王之间的紧张关系时，共同的宗教爱好与倾向无疑是一种调节手段。从史实中也可以看出，明代的藩王们热衷道教的非常之多。一些藩王热衷于炼丹，如宁献王朱权、靖江王朱约佶、湘王朱柏，另一些则将注意力放在道教书籍的出版事业上，除了宁王朱权以外，还有弋阳荣庄王朱奠壏、辽简王朱植以及蜀献王朱椿等。藩王们与道官们的接触与交流也是非常频繁的，比如蜀献王朱椿与天师道四十三代天师张宇初的私交就非常好，除了赠送张宇初千金裘以外，在张宇初去世之后还专门为其撰写祭文①。这样一些崇道行为，包括结交道士与道教精英，支持道观发展，除了个人爱好以外，更主要的是"确保自身在地方社会及道教教团中的影响力"②。

蜀藩王一系从献王朱椿开始，便积极与道士结交并参与到地方道观的建设之中，最主要的就是对云台观的扶持，并将云台观作为王府的主要祭祀场所。云台观影响力的扩大，直至引起了皇帝的注意，这其中不得不说是蜀府有意而为之。众所周知，从永

---

① （明）朱椿：《献园睿制集》，载胡开全编：《明蜀王文集五种》，成都：巴蜀书社，2018年，第321—322页。

② 王岗著，秦国帅译：《明代藩王与道教》，上海：上海古籍出版社，2019年，第221页。

乐年间开始，玄帝便作为护国神的身份而存在于国家嗣典之中，成祖朱棣更自认为是玄帝的化身。对于玄帝的崇奉和对玄帝道场的护持，毫无疑问能够体现出对于国家和皇帝的忠诚。所以，与其说云台观是表达蜀藩王们宗教爱好和倾向的场所，毋宁说是他们作为向朝廷表达信仰一致性和皇帝绝对服从的一种工具。果然，在万历年间两次颁赐《道藏》至天下著名宫观的活动中，云台观都赫然在列，表明蜀藩王府及云台观在获得最高统治者注意力方面所获得的极大成功。所以我们也可以这样说，从道教在地方社会的扮演角色来看，云台观是地方藩王巩固政治资本与宗教资本的重要工具。

三 云台观在乡土社会秩序构建之中的角色

通过对云台观在清代以后的发展趋势的研究，可以看出云台观在参与四川地方社会乡土秩序的构建过程中发挥了一定的作用。学界曾有这样一种看法，认为明末清代道教是处于一种逐渐衰微直至没落的发展趋势①。这一理论的根据之一是基于历史学的视角，在明末资本主义经济萌芽之后，中国封建社会进入了衰老期，而道教是依附于封建制度的一种宗教形态，因此也必然随着其封建母体而走向衰落；另一个原因则在于清代的统治者在宗教政策上对道教实行的是限制和打压的手段，由于道教不再受到统治者的宠信和支持，自然从上层走向了民间，道教团体也逐渐分散，并形成了许多小宗派。但经过许多学者的考察，发现在清

---

① 卿希泰：《中国道教史》第四卷，成都：四川人民出版社，1996年，第1页。

代道教发展在逐渐走向下层和民间之后，深入到了民间土壤之中，努力寻求自身发展的路径。各地官府和士绅出于稳定社会秩序、发挥道教对社会教化的辅助目的，对道教采取了各种方式的支持，这也是清初全真道复兴的重要社会条件①。

云台观在清代为全真道所主持，从清代官员与云台观的频繁互动来看，二者之间保持了良好的关系。特别是在清光绪年间云台观大型募资重修事件来看，整个潼川府与三台县的不同阶层人士均参与其中。既包括潼川府知府、三台县县长和他们的下属官员，又包括文人精英、士绅，同时还有其他各个寺庙道观、民间信仰的宗堂，以及大量的香会组织和行业组织。

从募捐重修事件来看，政府官员牵头，社会精英主导，社会成员积极参加，表明当时三台县社会关系的宗教整合性是非常高的，而这一整合性的核心即是云台观。因为云台观以及道观中道士在地方社会中所具有的影响力，才能够得到最大限度的认同，并在重修这一重要事件之中，受到极大的关注，并成功地实现宗教资源的整合。当然，云台观并非是唯一受益者。

首先，从官员的角度来看，政治控制仅仅是治理手段之一，文化教化同样也是重要的治理方式。在民间的文化教化之中，宗教文化的作用必不可少，如果能够掌握地方社会重要的宗教力量，那么亦可在心里层面上获得民众同样的附有宗教色彩的认可。

其次，从社会精英和士绅的角度来看，民俗乡约是实现乡土社会秩序的重要方面，而这些中间阶层要保证能够最大限度地成

---

① 尹志华:《清初全真道新探》，载赵卫东主编:《全真道研究》第二辑，济南:齐鲁书社，2011 年，第 163—203 页。

为民俗乡约的制定者和执行者，他们必须在宗教层面上有所作为。显然，积极主持并推动具有重要影响力的云台观的重修是一个绝好的机会。而对于各类宗教组织和行业组织来说，持续的生存与发展是首先要考虑的，那么形成一种组织上的联盟显然比自我孤立更有利。所以积极参与到其他有较大势力的宗教组织的重修事业之中去，既配合了政府与精英们的工作，也表现了自身的实力。

再次，对于普通信众来说，助修道观是为他们及家人增加今生与来世福报的重要举措，能够将自己的名字铭刻于功德碑之上，既可以反映的自己无比虔诚而流名后世，也可以让神灵知悉进而保佑自己。

总之，传统乡土社会之中的秩序构建来源于三个方面：第一个方面来自地方政府行政举措的制定和有效实施，这一方面显然是强制性的，其公正性来源于治理者自身的施政水平；第二个方面来自乡约民俗，这需要有社会精英和宗族势力的掌握与实施，具有相对弹性，但容易成为牟取个人私利的工具；第三个方面则来自神圣信仰在人们心中树立的道德准则，具有完全的柔性。然而就是这种柔性道德约束力，却是乡土社会秩序构建必不可少的方面，它与前面两者共同作用，在前两者表现出公正性缺失或者有效性丧失的情况下，能够提供道德上的支撑，并以"举头三尺有神明"的神性威慑力给乡民们以最终的精神抚慰，让权力掌握者的行为也不至于完全失范，至少在表面上是如此。云台观中供奉的玄帝自身带有除妖降魔、赏善罚恶的神格，在三台县地方社会长期存在并具有重要影响力，自然可以带给信众们一定的精神力量。正如《云台胜纪》卷四《显奕灵应》中所载的一则

"暗刑惩恶"故事所言,如果有作恶多端的人,玄帝自然会进行严厉惩处,护佑一方平安。或许,这也是封建社会之中被现实的天灾人祸压迫而不得喘息的人们,最后所能祈求庇佑的一方净土。

参考文献

（一）古籍与类书

［1］《重刊道藏辑要》，清光绪三十二年（1906）成都二仙庵刊本。

［2］萧天石主编：《道藏精华》，新北：台湾自由出版社，1956 年版。

［3］《道藏》，北京：文物出版社、天津：天津古籍出版社、上海：上海书店联合出版，1988 年版。

［4］任继愈主编、钟肇鹏副主编：《道藏提要》，北京：中国社会科学出版社，1991 年版。

［5］胡道静、陈耀庭等主编：《藏外道书》，成都：巴蜀书社，1994年版。

［6］《道藏辑要》，成都：巴蜀书社，1995 年版。

［7］胡道静等选辑：《道藏要籍选刊》，上海：上海古籍出版社，1989年版。

［8］守一子编纂：《道藏精华录》，杭州：浙江古籍出版社，1989 年版。

［9］汤一介主编：《道书集成》，北京：九州图书出版社，1999 年版。

［10］王卡、汪桂平主编：《三洞拾遗》，合肥：黄山书社，2005 年版。

［11］何建明主编：《中国地方志佛道教文献汇纂》，北京：国家图书出版社，2012 年版。

[12] 印光大师修订，弘化社编：《四大名山志》，北京：社会科学文献出版社，2017 年版。

[13] 上海书店出版社编：《明实录》，上海：上海书店出版社，2015年版。

[14] 文渊阁《四库全书》，上海：上海古籍出版社，1993 年版。

[15]《续修四库全书》：上海：上海古籍出版社，2002 年版。

[16]（晋）常璩：《华阳国志》，上海：商务印书馆，1938 年版。

[17]（晋）干宝：《搜神记》，北京：中华书局，2009 年版。

[18]（晋）葛洪撰，胡守为校释：《神仙传校释》，北京：中华书局，2010 年版。

[19]（宋）李昉：《太平御览》，北京：中华书局，1960 年版。

[20]（宋）张君房：《云笈七籤》，北京：中华书局，2003 年版。

[21]（宋）乐史：《太平寰宇记》，北京：中华书局，2013 年版。

[22]（宋）李昉等：《太平广记》，北京：中华书局，1961 年版。

[23]（宋）王存：《元丰九域志》，北京：中华书局，1984 年版。

[24]（宋）司马光：《资治通鉴》，北京：中华书局，1956 年版。

[25]（明）曹学佺：《蜀中广记》，上海：上海古籍出版社，1993 年版。

[26]（明）蒋一葵：《尧山堂外纪》，浙江鲍士恭家藏本。

[27]（清）永瑢、纪昀等编：《景印文渊阁四库全书》，台北：商务印书馆，1986 年版。

[28]（清）永瑢等撰：《四库全书总目提要》，北京：中华书局，1965年版。

[29]（清）阮元校刻：《十三经注疏》（清嘉庆刊本），北京：中华书局，2009 年版。

[30]（清）陈梦雷等编：《古今图书集成》，北京：中华书局，1990 年版。

[31]（元）脱脱等：《宋史》，北京：中华书局，1985 年版。

[32]（清）李元：《蜀水经》，成都：巴蜀书社，1985 年版。

［33］（清）张廷玉：《明史》，北京：中华书局，1974 年版。

［34］（明）宋濂：《元史》，北京：中华书局，1976 年版。

［35］（明）沈德符：《万历野获编》，北京：中华书局，1959 年版。

［36］（明）熊相纂修：《四川总志》，明正德十三年（1518）刻，嘉靖增补本。

［37］（明）刘大谟等修：《四川总志》，明嘉靖二十四年（1545）刻本。

［38］（明）虞怀忠等修：《四川总志》，明万历九年（1581）刻本。

［39］（明）吴之皥修：《四川总志》，明万历四十七年（1619）刻本。

［40］（清）蔡毓荣等修：《四川总志》，清康熙十二年（1673）刻本。

［41］（清）黄廷桂等修：《四川通志》，清雍正十一年（1733）刻本。

［42］（清）常明修，杨芳灿纂：《四川通志》，嘉庆二十年（1815）刻本。

［43］（清）张邦伸撰：《锦里新编》，清嘉庆五年（1800）敦彝堂藏版，民国二年（1913）成都存古书局补刻本，1984 年 12 月巴蜀书社本。

［44］（清）张澍撰：《蜀典》，清道光十四年（1834）刻本，光绪二年（1876），成都尊经书院刻本。

［45］（清）张松孙修：《潼川府志》，清乾隆五十一年（1786）刻本。

［46］（清）阿麟修：《新修潼川府志》，清光绪二十三年（1897）刻本。

［47］（清）沈昭兴纂修：《三台县志》，清嘉庆二十年（1815）刻本。

［48］（清）陈此和修，戴文奎等纂：《中江县志》，清嘉庆十七年（1812）刻本。

［49］（清）杨需修：《中江县新志》，清道光十九年（1839）刻本。

［50］（民国）赵尔巽等撰：《清史稿》，北京：中华书局，1998 年版。

［51］（民国）章钰等编：《清史稿艺文志及补编》，北京：中华书局，1982 年版。

［52］（民国）宋育仁等纂修：《四川通志稿》，民国二十五年（1936）稿本。

［53］（民国）宋育仁撰，龚维铸辑：《重修四川通志例言》，民国十五

年（1926）成都昌福公司排印本。

［54］（民国）宋育仁、陈钟信纂修：《重修四川通志目录》，民国二十五年（1936）四川通志局排印本。

［55］（民国）龚煦春撰：《四川郡县志》，1983 年成都古籍书店本。

［56］（民国）李肇甫纂：《四川省方志简编》，民国三十三年（1944）钞本。

［57］（民国）傅嵩炑撰：《西康建省记》，民国元年（1912）铅印本。

［58］（民国）李亦人编：《西康综览》，民国三十年（1941）正中书局排印本。

［59］（民国）林志茂等修：《三台县志》，民国二十年（1931）三台新民印刷公司铅印本。

［60］（民国）苏洪宽等修：《中江县志》，民国十九年（1930）日心印刷工业社铅印本。

（二）相关论著

［1］陈国符：《道藏源流考》，北京：中华书局，1963 年版。

［2］卿希泰：《中国道教思想史纲》（第 1 卷），成都：四川人民出版社，1980 年版。

［3］蒙文通：《巴蜀古史论述》，成都：四川人民出版社，1981 年版。

［4］邓少琴：《巴蜀史迹探索》，成都：四川人民出版社，1983 年版。

［5］陈国符：《道藏源流续考》，台北：明文书局，1983 年版。

［6］任乃强：《四川上古史新探》，成都：四川人民出版社，1983 年版。

［7］王明：《道家和道教思想研究》，北京：中国社会科学出版社，1984 年版。

［8］卿希泰：《中国道教思想史纲》（第 2 卷），成都：四川人民出版社，1985 年版。

［9］李远国：《四川道教史话》，成都：四川人民出版社，1985 年版。

［10］陈垣：《道家金石略》，北京：文物出版社，1988 年版。

［11］李养正：《道教概说》，北京：中华书局，1989 年版。

［12］卿希泰：《道教与中国传统文化》，福州：福建人民出版社，1990 年版。

［13］张继禹：《天师道史略》，北京：华文出版社，1990 年版。

［14］柳存仁：《和风堂文集》，上海：上海古籍出版社，1991 年版。

［15］段玉明：《寺庙与中国文化》，上海：上海人民出版社，1992 年版。

［16］王光德、杨立志：《武当道教史略》，北京：华文出版社，1993 年版。

［17］黄汉兆、郑炜明：《香港与澳门之道教》，香港：香港加略山房有限公司，1993 年版。

［18］胡孚琛：《道教与仙学》，北京：新华出版社，1993 年版。

［19］卿希泰：《中国道教》，上海：东方出版中心，1994 年版。

［20］卿希泰：《中国道教史》，成都：四川人民出版社，1996 年版。

［21］胡孚琛主编：《中华道教大辞典》，北京：中国社会科学出版社，1995 年版。

［22］朱越利：《道藏分类解题》，北京：华夏出版社，1996 年版。

［23］朱越利：《中国道教宫观文化》，北京：宗教文化出版社，1996 版。

［24］卢国龙：《道教哲学》，北京：华夏出版社，1997 年版。

［25］王纯五：《天师道二十四治考》，成都：四川大学出版社，1996 年版。

［26］龙显昭、黄海德主编：《巴蜀道教碑文集成》，成都：四川大学出版社，1997 年版。

［27］樊光春：《长安终南山道教史略》，西安：陕西人民出版社，1998 年版。

［28］詹石窗主编：《道韵》，第三辑《玄武精蕴》，第四辑《玄武与道教科技文化》，台北：中华大道文化事业股份有限公司，1998 年版。

[29] 张广保编：《超越心性：二十一世纪中国道教文化学术论集》，北京：中国广播出版社，1999 年版。

[30] 许地山：《道教史》，上海：古籍出版社，1999 年版。

[31] 赖宗贤：《台湾道教源流》，台湾：中华道统出版社，1999 年版。

[32] 许地山：《扶箕迷信的研究》，北京：商务印书馆，1999 年版。

[33] 段玉明：《中国寺庙文化论》，长春：吉林教育出版社，1999 年版。

[34] 李养正：《当代道教》，北京：东方出版社，2000 年版。

[35] 唐大潮：《明清之际道教"三教合一"思想论》，北京：宗教文化出版社，2000 年版。

[36] 郭武：《道教与云南文化——道教在云南传播、演变及影响》，昆明：云南大学出版社，2000 年版。

[37] 李勤璞：《八思巴帝师殿——大元帝国的国家意识形态》，台北：蒙藏委员会，2000 年版。

[38] 王志忠：《明清全真教论稿》，成都：巴蜀书社，2000 年版。

[39] 王卡：《道教三百题》，上海：上海古籍出版社，2000 年版。

[40] 张兴发：《道教神仙信仰》，北京：中国社会科学出版社，2001 年版。

[41] 詹石窗：《易学与道教符号揭秘》，北京：中国书店，2001 年版。

[42] 盖建民：《道教医学》，北京：宗教文化出版社，2001 年版。

[43] 詹石窗：《南宋金元道教文学研究》，上海：上海文化出版社，2001 年版。

[44] 陈耀庭：《道教礼仪》，北京：宗教文化出版社，2003 年版。

[45] 詹石窗：《道教文化十五讲》，北京：北京大学出版社，2003 年版。

[46] 张崇富：《上清派修道思想研究》，成都：巴蜀书社，2004 年版。

[47] 闵智亭：《道教仪范》，北京：宗教文化出版社，2004 年版。

[48] 马西沙、韩秉方：《中国民间宗教史》，中国社会科学出版社，2004 年版。

[49] 杨学政、刘婷：《云南道教》，北京：宗教文化出版社，2004 年版。

[50] 胡孚琛、吕锡琛：《道学通论》，北京：京社会科学文献出版社，2004 年版。

[51] 盖建民：《道教科学思想发凡》，北京：社会科学文献出版社，2005 年版。

[52] 余敦康、吕大吉、牟钟鉴、张践：《中国宗教与中国文化》，北京：中国社会科学出版社，2005 年版。

[53] 黎志添：《香港及华南道教研究》，香港：香港中华书局，2005 年版。

[54] 何光沪：《宗教与当代中国社会》，北京：中国人民大学出版社，2006 年版。

[55] 卿希泰、唐大潮：《道教史》，南京：江苏人民出版社，2006 年版。

[56] 萧霁虹、董允：《云南道教史》，昆明：云南大学出版社，2007 年版。

[57] 张宗奇：《宁夏道教史》，北京：宗教文化出版社，2007 年版。

[58] 黎志添：《广东地区道教研究：道观、道士及科仪》，香港：香港中文大学出版社，2007 年版。

[59] 何向东等：《新修潼川府志校注》，成都：巴蜀书社，2007 年版。

[60] 杨庆堃：《中国社会中的宗教》，上海：上海人民出版社，2007 年版。

[61] 胡锐：《道教宫观文化概论》，成都：巴蜀书社，2008 年版。

[62] 熊铁基、麦子飞主编：《全真道与老庄学国际研讨会论文集》（上册），武汉：华中师范大学出版社，2009 年版。

[63] 李光富、杨立志主编：《玄帝信仰与社会和谐》，武汉：湖北人民出版社，2009 年版。

[64] 肖登福主编：《玄天上帝典籍录编》，台北：楼观台文化事业有限公司，2009 年版。

［65］卿希泰：《中国道教思想史》，北京：人民出版社，2009 年版。

［66］朱越利主编：《道藏说略》，北京：北京燕山出版社，2009 年版。

［67］任林豪、马曙明：《台州道教考》，北京：中国社会科学出版社，2009 年版。

［68］樊光春：《西北道教史》，上海：商务印书馆，2010 年版。

［69］高信一主编：《道教宫观管理与戒律建设》，北京：宗教文化出版社，2010 年版。

［70］林正秋：《杭州道教史》，北京：中国社会科学出版社，2011 年版。

［71］詹石窗：《中国宗教思想通论》，北京：人民出版社，2011 年版。

［72］傅勤家：《中国道教史》上海：商务印书馆，2011 年版。

［73］李远国、刘仲宇、许尚枢：《道教与民间信仰》，上海：上海人民出版社，2011 年版。

［74］孔令宏、韩松涛：《江西道教史》，北京：中华书局，2011 年版。

［75］赵长松：《萃闻异事——三台民间故事》，北京：大众文艺出版社，2011 年版。

［76］景安宁：《道教全真派宫观、造像与祖师》，北京：中华书局，2012 年版。

［77］王卡：《中国史话：道教史话》，北京：社会科学文献出版社，2012 年版。

［78］吴亚魁：《江南全真道教》，上海：上海古籍出版社，2012 年版。

［79］汪桂平：《东北全真道研究》，北京：中国社会科学出版社，2012 年版。

［80］黎志添：《香港道教：历史源流及其现代转型》，香港：香港中华书局，2012 年版。

［81］程越：《金元时期全真道宫观研究》，济南：齐鲁书社，2012 年版。

［82］肖登福：《玄天上帝信仰研究》，台北：新文丰出版公司，2013 年版。

[83] 佟洵:《北京道教史》,北京:宗教文化出版社,2013 年版。

[84] 孔令宏、韩松涛:《民国杭州道教》,北京:九州出版社,2013 年版。

[85] 盖建民:《道教金丹派南宗考论:道派、历史、文献与思想综合研究》,北京:社会科学文献出版社,2013 年版。

[86] 张广保编,宋学立译:《多重视野下的西方全真教研究》,济南:齐鲁出版社,2013 年版。

[87] 张崇富:《中国历代张天师评传》,南昌:江西人民出版社,2014 年版。

[88] 孙亦平:《东亚道教研究》,北京:人民出版社,2014 年版。

[89] 赵芃:《山东道教史》,北京:中国社会科学出版社,2015 年版。

[90] 张广保:《全真教的创立与历史传承》,北京:中华书局,2015 年版。

[91] 李星丽:《四川道教宫观建筑艺术研究》,成都:巴蜀书社,2015 年版。

[92] 张庆:《梓州史迹录》,北京:中国文史出版社,2016 年版。

[93] 赵芃:《山东道教史》,北京:中国社会科学出版社,2015 年版。

[94] 汤一介:《早期道教史》,北京:中国人民大学出版社,2016 年版。

[95] 付海晏:《北京白云观与近代中国社会》,北京:中国社会科学出版社,2018 年版。

(三) 考古类文献

[1] 四川省博物馆、重庆市博物馆编:《四川出土铜镜》,北京:文物出版社,1960 年版。

[2] 四川省博物馆编:《四川船棺葬发掘报告》,北京:文物出版社,1960 年版。

[3] 冯汉骥编著:《前蜀王建墓发掘报告》,北京:文物出版社,1964

年版。

[4] 高文编:《四川汉代画像石》,成都:巴蜀书社,1987年版。

[5] 徐中舒主编:《巴蜀考古论文集》,北京:文物出版社,1987年版。

[6] 高文、袁愈高编:《四川铜币图录》,成都:四川大学出版社,1988年版。

[7] 高文、高成刚编:《四川历代碑刻》,成都:四川大学出版社,1990年版。

[8] 张勋燎、白彬:《中国道教考古》,线装书局,2006年版。

(四) 外文文献及译着

[1] [日] 小柳司气太:《白云观志》,东京:东方文化学院东京研究所,1934年版。

[2] [日] 湮德忠著,萧坤华译:《道教史》,上海:上海译文出版社,1987年版。

[3] [日] 伊藤清司著,刘晔原译:《〈山海经〉中的鬼神世界》,北京:中国民间文艺出版社,1990年版。

[4] [美] 韩书瑞 (Susan Naquin), *Peking:Temples and City Life*, 1400—1900, university of california press, 2000。

[5] [法] 高万桑 (Vincent Goossaert), *The Invention of an Order:Collective Identity in Thirteenth—Century Quanzhen Taoism*, In Journal of Chinese Religions 29 (2001)。

[6] [日] 小林正美著,李庆译:《六朝道教史研究》,成都:四川人民出版社,2001年版。

[7] [美] 米尔恰·伊利亚德著,王建光译:《神圣与世俗》,北京:华夏出版社,2002年版。

[8] [法] 索安著,吕鹏志、陈平等译:《西方道教研究编年史》,北京:中华书局,2002年版。

[9]［德］欧福克(Volker Olles)，*Der Berg des Lao Zi in der Provinz Sichuan und die 24 Diözesen der daoistischen Religion*,Wiesbaden:Harrassowitz,2005。

[10]［日］蜂屋邦夫著，钦伟刚译：《金代道教研究——王重阳与马丹阳》，北京：中国社会科学出版社，2007年版。

[11]［法］高万桑（Vincent Goossaert），*The Taoists of Peking* 1800—1949: *A Social History of Urban Clerics Cambridge（Massachusetts）and Lond*: Harvard University Asia Center，2007。

[12]［德］马克思·韦伯著，康乐、简惠美译：《中国的宗教：儒教与道教》，广西：广西师范大学出版社，2010年版。

[13]［英］李约瑟著，周曾雄等译：《中国科学技术史》第五卷，化学及相关技术；第二分册，炼丹术的发现和发明：金丹与长生，北京：科学出版社，上海：上海古籍出版社，2010年版。

[14]［英］李约瑟著，周曾雄等译：《中国科学技术史》第五卷，化学及相关技术；第五分册，炼丹术的发现和发明：内丹，北京：科学出版社，上海：上海古籍出版社，2010年版。

[15]［美］康豹著，吴光正、刘玮译：《多面相的神仙——永乐宫的吕洞宾信仰》，济南：齐鲁书社，2010年版。

[16]［日］小林正美著，王皓月译：《中国的道教》，济南：齐鲁书社，2010年版。

[17]［俄］陶奇夫著，邱凤侠译：《道教——历史宗教的试述》，济南：齐鲁书社，2011年版。

[18]［美］赵昕毅（Shin—yi Chao），*Daoist Ritual，State Religion，and Popular Practices: Zhenwu Worship from Song to Ming（960—1644）*，Routledge（2011）。

[19]［日］小林正美著，王皓月、李之美译：《唐代的道教与天师道》，济南：齐鲁出版社，2013年版。

[20]［德］欧福克（Volker Olles），*Ritual Words: Daoist Liturgy and the*

Confucian Liumen Tradition in Sichuan Province，*Wiesbaden*：Harrassowitz，2013。

[21]［日］蜂屋邦夫著，朱越利译：《金元时代的道教——七真研究》，济南：齐鲁书社，2014 年版。

[22]［德］欧福克（Volker Olles）：《川西夫子论碧洞真人——刘止唐笔下的陈清觉，兼论四川道观与民间团体的关系和互动》，载《第四届中国（成都）道教文化节"道在养生高峰论坛暨道教研究学术前沿国际会议"论文集》，成都：巴蜀书社，2015 年版。

[23]［美］韩森著，包伟民译：《变迁之神——南宋时期的民间信仰》，上海：中西书局，2016 年版。

[24]［日］酒井忠夫著，曾金兰译：《道家道教史的研究》，济南：齐鲁书社，2017 年版。

[25]［美］王岗著，秦国帅译：《明代藩王与道教——王朝精英的制度化护教》，上海：上海古籍出版社，2019 年版。

（五）期刊论文

[1] 陈宝良：《嘉靖皇帝与道教》，《北方论丛》1986 年第 5 期。

[2] 罗卡：《明太祖与道教》，《宗教学研究》1988 年第 1 期。

[3] 王宜峨：《道教宫观及其建筑艺术》，《世界宗教研究》1989 年第 3 期。

[4] 杨立志：《明成祖与武当道教》，《江汉论坛》1990 年第 12 期。

[5] 周香洪：《蜀中著名的道观——云台观》，《四川文物》1990 年第 3 期。

[6] 曾召南：《明代前中期诸帝崇道浅析》，《四川大学学报》1991 年第 4 期。

[7] 张泽洪：《川北道教名胜——云台观》，《中国道教》1991 年第 2 期。

[8] 李建军：《明世宗与道教》，《云南师范大学学报》1992 年第 5 期。

[9] 陈兵：《明代全真道》，《世界宗教研究》1992 年第 1 期。

[10] 任新建：《明蜀僖王陵藏式石刻考释》，《四川文物》1995 年第 3 期。

[11] 唐怡：《明代道教管理制度刍议》，《宗教与世界》1997 年第 2 期。

[12] 曾召南：《试论明宁献王朱权的道教思想》，《宗教学研究》1998 年第 4 期。

[13] 左启：《明代墨稿本〈云台胜纪〉》，《宗教学研究》1999 年第 3 期。

[14] 左启：《〈万历四十四年敕谕〉与三台云台观所存〈道大藏经〉》，《宗教学研究》1999 年第 9 期。

[15] 吴林羽：《清末庙产兴学及其社会反应》，《济南大学学报》2005 年第 3 期。

[16] 王宜娥：《北京白云观与明〈正统道藏〉》，《中国宗教》2007 年第 3 期。

[17] 刘延刚：《太一祖庭 云台揽胜——四川三台云台观》，《中国宗教》2009 年第 3 期。

[18] 刘迅：《护城保国——十九世纪中叶清廷抵御太平军时期的南阳玄妙观》，《全真道研究》第一辑，山东：齐鲁书社，2011 年。

[19] 张广保：《明代的国家宫观与国家祭典》，《全真道研究》第二辑，山东：齐鲁书社，2011 年。

[20] 梅莉：《民国〈湖北省长春观乙丑坛登真箓〉探研》，《世界宗教研究》2011 年第 2 期。

[21] 赵卫东：《全真道与民间信仰之间的互动——以济南长清马山隔马丰施侯庙为个案的研究》，《全真道研究》第一辑，山东：齐鲁书社，2011 年。

[22] 刘迅：《元代武昌的道教名观——武当万寿崇宁宫考略》，《全真

道研究》第二辑，山东：齐鲁书社，2011 年。

[23] 李裴：《略论道教环境艺术与审美》，《宗教学研究》2012 年第
2 期。

[24] 刘迅：《清末南阳玄妙观传戒考略》，《宗教学研究》2013 年第
3 期。

[25] 郭峰、梅莉：《晚清杭州玉皇山福星观传戒历史初探》，《宗教学
研究》2013 年第 3 期。

[26] 梅莉、张郎：《晚清武汉长春观的崛起》，《全真道研究》第三
辑，山东：齐鲁书社，2014 年。

[27] 张泽洪：《元明清时期全真道在西南地区的传播》，《全真道研
究》第四辑，山东：齐鲁书社，2015 年。

[28] 郭武：《陈复慧与兰台派——兼谈清代四川全真道与地方社会之
关系》，《全真道研究》第五辑，山东：齐鲁书社，2016 年。

[29] 王岗著，秦国帅译：《明代藩王与内丹修炼》，《全真道研究》第
五辑，山东：齐鲁书社，2016 年。

[30] 萧霁虹：《近代全真道与地方社会的研究——基于杨智聪与昆明
道教的考察》，《全真道研究》第六辑，山东：齐鲁书社，2017 年。

[31] 方若素：《成都博物馆藏蜀王陵出土陶俑初探》，《文物天地》
2018 年第 6 期。

（六）学位论文

[1] 何鑫：《云南道教建筑特色及其文化研究》，昆明理工大学 2010 年
硕士学位论文。

[2] 王辉刚：《晚清民国成都二仙庵传戒研究——以 1942 年传戒为中
心》，华中师范大学 2013 年硕士学位论文。

[3] 孙齐：《唐前道观研究》，山东大学 2014 年博士学位论文。

[4] 李欣韵：《成都代表性道教宫观环境研究初探》，北京林业大学

2014 年博士学位论文。

　[5] 宋立杰:《明代蜀王角色研究》，西南大学 2015 年硕士学位论文。

　[6] 梁曼容:《明代藩王研究》，东北师范大学 2016 年博士学位论文。

　[7] 潘存娟:《西安八仙宫历史与现状研究》，成都：四川大学 2016 年博士学位论文。

　[8] 汪玉玲:《明代齐云山道教研究》，上海：华中师范大学 2017 年博士学位论文。

附　录

附录一　图

图一　云台观全景图

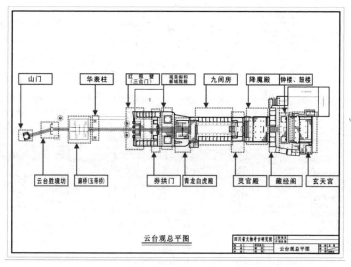

附图 1-1　云台观总平图（四川省文物考古研究院绘）

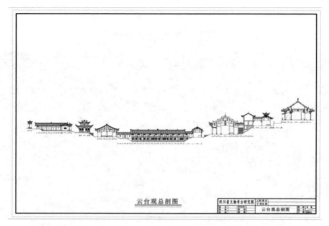

附图1-2　云台观总剖图（四川省文物考古研究院绘）

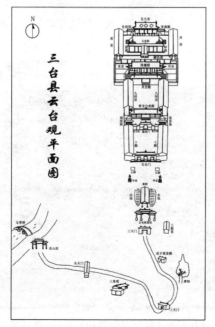

附图1-3　云台观平面图（据《溯源考究集》改绘）

图二　云台观文物图

敕諭四川成都府玄天佑聖
觀住持及道衆人等
朕發誠心印造道大藏經
頒施在京及天下名山
宮觀供奉經首護敕已
諭其住持及道衆
人等務要虔潔供安朝
夕禮誦保安眇躬康泰
宮壸肅清懺已往愆尤
祈無疆壽福民安國泰
天下太平俾四海八方
同歸仁慈善教朕成恭
己無爲之治道焉今特
差御馬監太監榮忠賫
請前去彼處供安各宜
仰體知悉欽哉故諭

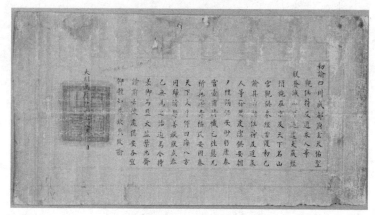

附图 2－1　万历四十四年赏赐《道藏》敕谕（三台县博物馆收藏并供图）

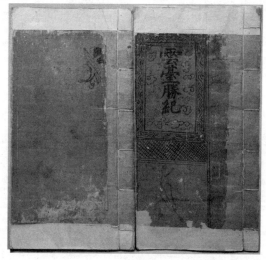

附图 2－2　明万历十九年《云台胜纪》（三台县博物馆摄并供图）

附图2-3　明代铁花篮（笔者摄）

附图2-4　明代龙纹铁花瓶一对（现存琴泉寺，笔者摄）

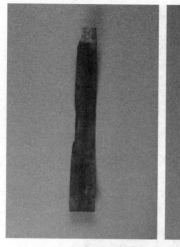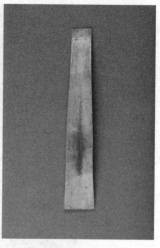

附图 2-5　象牙笏板（三台县博物馆收藏并供图）

附图 2-6　明代铜钟（三台县博物馆收藏并供图）

图三　云台观老照片（三台县档案馆供图）

附图3-1　三合门（正面）

附图3-2　三合门（背面）

附图3-3　九间房

附图3-4　廊桥

附图 3 - 5　玄天宫

附图 3 - 6　鼓楼一角

附图 3 - 7　明代铁灯笼

附图 3 - 8　明代铁鼎

图四　实地调研图集

附图 4-1　笔者访谈云台观当家傅复圆（2017 年 8 月）

附图 4-2　笔者访谈安居镇民俗专家冷代林（2018 年 4 月）

附图 4-3　笔者与安居镇养老院的老人们交谈（2018 年 4 月）

附图 4-4　笔者与《明蜀王文集五种》作者胡开全研究员交流(2018 年 4 月)

附图 4-5　笔者与三台县国家档案馆罗承副馆长(中)合影(2019 年 7 月)

附图 4-6　笔者与三台县文物管理所陈卫副所长交流(2019 年 6 月)

附图 4 - 7　笔者在三台县国家档案馆查阅档案(2019 年 7 月)

附图 4 - 8　笔者与三台县文史专家、《梓州史记录》作者张庆交流(2019 年 7 月)

附图 4 - 9　笔者与云台观监院严本真道长交流(2019 年 8 月)

附录二　表

附表一　云台观大事年表

时　间	事　件
南宋庆元元年（1195）	三月三日，云台观开山祖师赵法应出生于蜀梓州飞乌县（今四川绵阳三台县）
南宋开禧二年（1206）	赵法应入云台山，首结茅屋修炼
南宋嘉定三年（1210）	赵法应募资修建大殿三间
南宋嘉定七年（1214）	九月八日，定名"云台十景"，又定观名为"佑圣"，殿名为"普应"。九日辰时，坐化升隐回归"天界"，其徒众称为"玄帝八十三化身"
明永乐六年（1408）	九月九日，蜀献王朱椿把云台山四周田地十三段划归云台观
明永乐十一年（1413）	九月九日，蜀献王朱椿差官翻盖云台观正殿
明正统七年（1442）	九月九日，蜀府铸玄帝圣像

明景泰年间（1450—1457）	蜀和王朱悦爉特别诏谕减免云台观税粮
明天顺五年（1461）	住持谢应玄、何玄澄重建拱宸楼
明成化二年（1466）	仲夏，蜀怀王朱申鈘下诏为正殿和拱宸楼造琉璃结盖
明成化六年（1470）	蜀王府遣臣至云台观建醮
明正德八年（1513）	九月十五日，朝廷钦派太监锦兴、锦衣卫千户龚清诣观修醮，其后，建双拱玉带桥
明正德十年（1515）	肃府淳化王朱真泓遣内官造金玉帝像神幂纹炉、府花爵盏，恭谐云台朝谒。又筹建拱宸楼，中砌碧瑶阶，阶下原玉玺台上建八角楼，题名"天乙阁"
明正德十一年（1516）	蜀成王朱让栩遣官重修拱宸楼，正德十六年（1521）七月落成
明正德十五年（1520）	朝廷钦赐绿幡二首，上绣"大明皇帝，喜舍宝幡"八个大字
明嘉靖三十年（1551）	蜀康王朱承爝差官至云台观岷峨峰植树十万余株，简州御史王完启等出资建岷峨殿。
明嘉靖四十三年（1564）	肃怀工朱绅堵铸渗金帝像一尊，执旗、捧剑灵童、玉女，温、关、马、赵和灵官等十像，于二月二十四日遣官送观安放
明隆庆元年（1567）	蜀端王朱宣圻重为正殿造琉璃结盖顶
明万历十五年（1587）	中江王家麟捐资培修，重盖正殿。截止此年，观内有肃昭宪王妃郭氏、延安王妃宫眷叶氏、肃府职官玉堂刘伦、肃府承奉正何保、承奉副郭朝敬造的铜神像和铜香炉十余件

明万历十六年（1588）	蜀端王朱宣圻派承奉正杨旭赐金到观，琉璃盖顶，完善工程，殿堂修葺一新；用砖石砌合门三重，修甬道直抵殿门；铸铜香炉五副，三副由蜀王恩施，另为承奉正宋景、阮亨敬造。承奉赵昌捐植柏树千株
明万历十九年（1591）	隆昌举人郭元翰撰成《云台胜纪》
明万历二十七（1599）	明神宗遣内官颁《道藏》
明万历三十一年（1603）	广汉生员宋绳祖、县丞宋守愚，云台居士宋光祖、中江生员宋守林各送铜铸神像一尊，中江生员宋守愁铸铜香炉一个
明万历三十二年（1604）	云台观遭遇大火。同年在蜀端王朱宣圻以及当朝皇太后的共同出资下，对云台观进行了明代规模最大的一次重修
明万历四十四年（1616）	明神宗遣内官颁《道藏》
清光绪十二年（1886）	大火烧毁前殿和拱宸楼
清光绪十五年（1889）	众多地方官员、文人与广大信众共同筹资重建云台观，在拱宸楼遗址建降魔殿
民国十九年（1930）	三台县道教会成立，会址设三台县城隍庙；云台观住持李信敏任会长，会址设云台观
1960 年	云台观被征用为三台县精神病院收容所
1981 年 5 月	三台县人民政府公布云台观为三台县文物保护单位
1986 年 12 月	云台观正式开放为宗教活动场所
1990 年 10 月	三台县正式启动对云台观的旅游项目综合开发

1992 年 9 月	四川省人民政府公布云台观为四川省风景名胜区
1996 年	四川大学博士生导师、中国道教学会副会长卿希泰考察云台观
1996 年 9 月 16 日	四川省人民政府公布云台观为四川省文物保护单位
2005 年	三台县政府与四川锦盛集团有限公司签订了《中国·四川古郪国风景区投资开发协议》,预计总共投资 21 个亿对云台观、鲁班湖和郪江古镇进行旅游开发
2013 年 7 月	国务院公布云台观为第七批全国重点文物保护单位

附表二　云台观道士名录

朝　代	姓名（法名）	备　注
南宋	赵法应（肖庵）	云台观创始人
南宋	赵希真、李纲、米玉窗、黄鼎之	"玄帝八十三化身"
明天顺五年（1461）	谢应玄、何玄澄	赵法应弟子
明弘治三年（1490）	陈冲范、刘洞明	重建拱宸楼
明正德年间（1505—1521）	李云春	重修拱宸楼
明嘉靖十八年（1539）	陈九仙、孟仙、宋子仙、黄畏仙	
明嘉靖三十年（1551）	杜升仙、王云登	在圣母山植柏树十万株
明万历十九年（1591）	陈范符	
清康熙年间（1669 年以后）	张清云	住云台观
约在康熙至乾隆之间	龙一泉	住持并开建云台观
清乾隆三十六年（1771）	李复元、任复莲、潘本通、刘本宁、余本忠、雷合煓、冷合英、郑教琳	

清咸丰元年 （1851）	赵明灿、杨元珍	修建回龙阁
清同治七年 （1868）	杨明正、赵明亮、赵至斌	重修三合门
光绪十三年 （1887）	龚至湖、冷理怀、杨明正、赵明亮、任理权、赵至霖、王理金、张理顺、宋宗清、戴宗科、侯宗德、李宗荣、彭宗杨、杨宗恩、万诚章、苏性端	重修降魔殿、九间房
民国十九年 （1930）	李信敏、李崇岳、周青松	
建国初 （1949—1967）	李信敏、李崇岳、周青松（周诚宽）、张才兴（张信友）、易崇钏、易崇剑、易高志、易金山、易有田、彭云山、龙保兴（龙信新）、邓元新、郭胡子、王衍禄、王高祥、左成元（左信基）、陈云生、文仰虎、袁诚学、代胜光、赵高容、黄崇益、罗胡子、周家贵、王德隆	
1986—1992	詹少卿、傅复圆、左承元、赵理均	重建四川省道教会三台县道教分会

后 记

  本书是在笔者博士论文基础之上修改而成的。2016 年，笔者有幸忝列盖建民先生门下，攻读中国道教方向博士研究生。数载春秋，业师不以余愚钝，谆谆教诲，言传身教，余方于道教学术研究渐窥堂奥。以盖先生所见，构建"中国学派"话语体系是当前中国道教研究新的发展方向与学术增长点，其路径之一在于道教研究的"本土化"和"在地化"。当然，区域道教研究并不是道教通史在地域范围上的缩小，而应该带有特定地域文化内涵。不言而喻，四川道教自然带有典型巴蜀文化的特色，具有重要研究价值。

  本书研究对象云台观是四川颇具影响力的明代皇家道观，纵观其发展轨迹，可以看到不同历史时期道教与四川地方社会政治、经济与文化之间错综复杂的关系。以笔者愚见，区域道教的研究重在"以小见大"，而"以小见大"需要三个条件：资料翔实、视角独特、方法科学。本书要达到以上要求并不是件容易的事情，首先要面对的就是研究资料的匮乏。云台观作为历史上的皇家道观虽然曾经荣极一时，但由于历史变迁与兵燹火灾，直接的文献资料和实物资料留存下来的极少。有鉴于此，笔者除了广泛阅读历史典籍以外，还到四川大学图书馆和四川省图书馆查阅资料文献，并联系三台县的文物局、档案馆、方志办查阅相关资料，同时向当地有关文史研究专家咨询。除此之外，笔者还花了近一年时间到云台观实地调研，走访云台观周边地区百姓，以期尽可能搜集到所有与本书相关的资料。其次，研究视角的切入与转换是本书的关键。道教宫观是道教徒修道、祀神和举行宗教仪式的场所，也是道教信仰得以立足的重要标志，更是道教历史发展的重要物质载体。纵观道观发展历史，其中既有既定不变的物质性形态，也有变动发展的非物质形态。基于此，本书以历史和现实纵横两条线，连缀信仰、人物、道派和仪式等，一方面还原云台观历史发展真实面目，另一方面深入探究区域道教和道教文化在国家、政府和乡土社会中的地位与影响。在研究方法的运用上，除了传统的文史研究方法之外，也充分运用了考古学、社会学、档案学和民俗学等相关人文社科的研究方法，从而实现历史文献研究与田野考察的有机结合。经过多次调整和修改，同时也吸取了其他学者的意见和建议，书稿方初见雏形。

本书从选题、框架建构到撰写都得到了盖建民先生的悉心指导，书稿能够得以顺利完成，要完全归功于恩师。盖先生德行高尚，博学多才，治学严谨，成果卓著，实为我辈一生学习之楷模。他认为做学问不能好高骛远、急功近利，一定要老老实实做"笨功夫"，甘于"板凳一坐十年冷"。这一治学精神也深深影响了笔者，在未来学术研究中，笔者当谨记先生传递的学术精神，并身体力行，不敢稍有懈怠。同时，笔者也要感谢师母杨军女士一直以来的关怀，师母优雅贤淑，令人如沐春风，在此对恩师和师母表示最诚挚的谢意！

　　四川大学道教与宗教研究所唐大潮教授、詹石窗教授、欧福克教授、张崇富教授、李裴教授和张钦教授在博士论文开题和预答辩均提出许多宝贵的建议，令笔者受益匪浅。陈兵教授、詹石窗教授、黄海德教授和李远国教授在博士论文答辩过程中提出了中肯的意见，他们严谨的治学态度与开阔的视野，对笔者博士论文的完善和书稿的完成助益良多、弥足珍贵，对诸位老师的指导笔者铭记于心。

　　本书研究中较为重要的一部分是对现存明代《道藏》的考证，然而，要亲见作为文物的两部明代《道藏》实为难事一桩。幸得恩师盖建民先生关心与亲自联系，笔者方得以研究之名到四川大学图书馆及四川省图书馆进行查阅，在此感谢四川大学舒大刚教授、党跃武馆长、丁伟主任和四川省图书馆杜桂英副馆长为本研究提供的相关支持。

　　承蒙龙泉驿档案局胡开全研究员慨然惠示他从日本影印回国的《蜀王文集》，并对书中涉及的蜀藩王相关研究提出诸多宝贵意见，不仅丰富了本书研究素材，也开阔了笔者的研究思路。云台观当家傅复圆道长、监院严本真道长，玉皇观住持黄本还道长以及三台县民俗专家冷代林在接受笔者的采访的时候畅所欲言，为本书提供了许多重要研究线索，感谢他们的不吝赐教。

　　在本书写作过程中，还得到了三台县相关部门的和文史专家的鼎力支持。三台县统战部陈映州副部长和民宗局张勇副局长对本书的文献收集与实地考察给予了极大的支持和方便。文物管理所陈卫副所长不辞辛劳陪同笔者到云台观、郪江古城、琴泉寺等文物遗迹进行考察。三台县国家档案馆罗承副馆长亲自为笔者查找与云台观有关的珍贵历史档案。三台县文史专家张庆老师将收藏的三台县历史文献资料分享给笔者，并慨然赠予大作，感谢他们的无私帮助。

　　袁方明、黄子鉴、王鲁辛、李怀宗、徐靖焱、罗海军、阳媛、金凯文、蒋欢宜、马志伟等同学在读博生涯中与笔者互相勉励、共同进步，建立了深厚友谊，在本书写作过程中亦多有探讨及建议。剑阁鹤鸣阁道观陈云鹤道长和云南何玲居士在笔者博士就读期间曾提供慷慨资助，在此一并表示感谢。

　　我还要特别感谢家人，没有他们的全力支持与无私付出，笔者不可能顺利完成学业。除了以上诸多师友以外，还有许许多多关爱、帮助笔者的人，虽然无法一一说出他们的名字，但感恩之情恒在，在此一并感谢他们，愿他们吉祥安康、万事如意！

　　最后，感谢巴蜀书社编辑对本书出版付出的辛勤努力！愿本书不违学人初心，不负尊师恩情，是为记！

袁春霞
岁次壬寅仲春于南充顺庆府

《儒道释博士论文丛书》已出书目

图书在版编目（CIP）数据

四川三台县云台观研究/袁春霞著 . —成都：
巴蜀书社，2023.4
（儒道释博士论文丛书）
ISBN 978-7-5531-1782-9

Ⅰ.①四… Ⅱ.①袁… Ⅲ.①寺庙－宗教建筑－研究
－三台县 Ⅳ.①TU-885

中国版本图书馆 CIP 数据核字（2022）第 147344 号

四 川 三 台 县 云 台 观 研 究
SICHUAN SANTAIXIAN YUNTAIGUAN YANJIU
袁春霞　著

责任编辑　陈　礼
出　　版　巴蜀书社
　　　　　成都市锦江区三色路 238 号新华之星 A 座 36 层
　　　　　邮政编码：610023
　　　　　总编室电话：(028) 86361843
网　　址　www. bsbook. com
发　　行　巴蜀书社
　　　　　发行科电话：(028) 86361852
经　　销　新华书店
印　　刷　四川宏丰印务有限公司
　　　　　电话：(028) 85726655　13689082673
版　　次　2023 年 4 月第 1 版
印　　次　2023 年 4 月第 1 次印刷
成品尺寸　203mm×140mm
印　　张　15.25
字　　数　420 千字
书　　号　ISBN 978-7-5531-1782-9
定　　价　75.00 元

本书如有印装质量问题，请与印刷厂调换